U0251582

污染红土的迁移特性

黄 英　金克盛　樊宇航　等／著

WURAN HONGTU DE
QIANYI TEXING

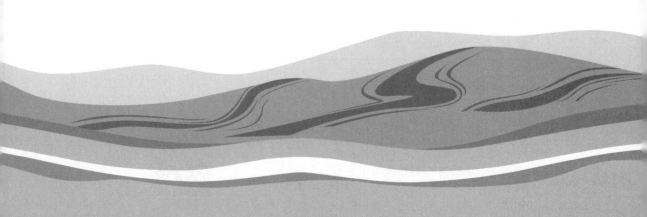

四川大学出版社
SICHUAN UNIVERSITY PRESS

项目策划：唐　飞
责任编辑：唐　飞
责任校对：刘柳序
封面设计：墨创文化
责任印制：王　炜

图书在版编目（CIP）数据

污染红土的迁移特性 / 黄英等著 . 一 成都：四川
大学出版社，2021.7
　ISBN 978-7-5690-4750-9

　Ⅰ．①污… Ⅱ．①黄… Ⅲ．①红土－土壤污染－污染
防治－云南 Ⅳ．① X53

中国版本图书馆 CIP 数据核字（2021）第 105221 号

书名	污染红土的迁移特性
著　者	黄　英　金克盛　樊宇航　等
出　版	四川大学出版社
地　址	成都市一环路南一段 24 号（610065）
发　行	四川大学出版社
书　号	ISBN 978-7-5690-4750-9
印前制作	四川胜翔数码印务设计有限公司
印　刷	成都市新都华兴印务有限公司
成品尺寸	185mm×260mm
印　张	15
字　数	381 千字
版　次	2021 年 7 月第 1 版
印　次	2021 年 7 月第 1 次印刷
定　价	60.00 元

◆ 读者邮购本书，请与本社发行科联系。
　电话：(028)85408408/(028)85401670/
　(028)86408023　邮政编码：610065
◆ 本社图书如有印装质量问题，请寄回出版社调换。
◆ 网址：http://press.scu.edu.cn

四川大学出版社
微信公众号

前言

随着社会的不断发展，环境污染问题愈发突出，传统单纯的岩土工程问题已经演变为环境岩土工程问题，相应地也导致各种土体的污染问题不断涌现。实际工程中，由于土体受到库水、河水的浸泡以及雨水的入渗、淋溶、迁移和扩散，一方面，已被污染土体中的污染物随着库水、河水、雨水等迁移出来，污染水溶液；另一方面，已被污染的库水、河水、雨水等污染液迁入土体中，又引起土体的污染。因此，污染物在土体中的迁入迁出，必然导致污染土体宏微观特性的变化，相应地也引起污染土体的工程性能的劣化，降低了岩土体结构的安全性。因此，研究土体中污染物的迁移问题，对于有效保障岩土体结构的安全以及地下水环境安全具有重要的工程现实意义和生态环境意义。

本书针对云南红土，以盐酸、氢氧化钠、硫酸铜、六偏磷酸钠、硫酸亚铁等污染物作为污染源，以红土作为污染对象，以污染液浸泡素红土模拟污染物的迁入、水溶液浸泡污染红土模拟污染物的迁出作为控制条件，通过室内宏微观试验结合理论分析和图像处理方法，对比分析了污染物迁入、迁出条件下污染红土的强度、压缩、渗透等宏观特性以及颗粒组成、矿化组成、离子组成、微结构图像等微观结构特性。该研究成果为深入揭示迁移条件下污染红土产生劣化的机理奠定了重要基础，对于有效解决实际红土型工程由于污染物的迁移扩散作用导致的病害问题具有重要的指导价值。

本书是国家自然科学基金项目"污染红土的宏微观响应及污染物的迁移机制研究"（项目编号：51168022）的部分研究成果。本书的出版得到了国家自然科学基金委员会和昆明理工大学的大力支持，在此表示衷心的感谢！

李高、李瑶、杨小宝、王盼、刘鹏作为本书的著作者，参与了本书的编写工作，在此表示衷心的感谢！

由于作者水平有限，书中不妥之处在所难免，敬请广大读者批评、指正。

作者
2021 年 3 月

目　录

第1章　土体中污染物的迁移问题 ………………………………………（ 1 ）

1.1　概述 …………………………………………………………………（ 1 ）

1.2　土体中污染物的迁移转化特性 ……………………………………（ 1 ）

1.3　迁移条件下污染土体的工程特性 …………………………………（ 3 ）

第2章　盐酸污染红土的迁移特性 ………………………………………（ 7 ）

2.1　试验设计 ……………………………………………………………（ 7 ）

2.2　迁移条件下酸污染红土的抗剪强度特性 …………………………（ 9 ）

2.3　迁移条件下酸污染红土的抗剪强度指标特性 ……………………（ 35 ）

2.4　迁移条件下酸污染红土的压缩特性 ………………………………（ 47 ）

2.5　迁移条件下酸污染红土的离子组成特性 …………………………（ 54 ）

2.6　迁移条件下酸污染红土的化学组成特性 …………………………（ 60 ）

2.7　迁移条件下酸污染红土的微结构特性 ……………………………（ 68 ）

第3章　氢氧化钠污染红土的迁移特性 …………………………………（ 77 ）

3.1　试验设计 ……………………………………………………………（ 77 ）

3.2　迁移条件下碱污染红土的抗剪强度特性 …………………………（ 79 ）

3.3　迁移条件下碱污染红土的压缩特性 ………………………………（ 96 ）

3.4　迁移条件下碱污染红土的渗透特性 ………………………………（108）

3.5　迁移条件下碱污染红土的物质组成特性 …………………………（114）

3.6　迁移条件下碱污染红土的微结构特性 ……………………………（124）

第4章　硫酸铜污染红土的迁移特性 ……………………………………（137）

4.1　试验设计 ……………………………………………………………（137）

4.2　迁移条件下硫酸铜污染红土的比重特性 …………………………（139）

4.3　迁移条件下硫酸铜污染红土的颗粒组成特性 ……………………（144）

4.4　迁移条件下硫酸铜污染红土的抗剪强度特性 ……………………（154）

4.5　迁移条件下硫酸铜污染红土的离子组成特性 ……………………（162）

4.6　迁移条件下硫酸铜污染红土的微结构特性 ………………………（167）

第5章 六偏磷酸钠污染红土的迁移特性 ·········· (174)

5.1 试验设计 ·········· (174)

5.2 迁移条件下六偏磷酸钠污染红土的宏观特性 ·········· (176)

5.3 迁移条件下六偏磷酸钠污染红土的物质组成特性 ·········· (180)

5.4 迁移条件下六偏磷酸钠污染红土的微结构特性 ·········· (195)

第6章 硫酸亚铁污染红土的迁移特性 ·········· (200)

6.1 试验设计 ·········· (200)

6.2 迁移条件下硫酸亚铁污染红土的颗粒特性 ·········· (201)

6.3 迁移条件下硫酸亚铁污染红土的力学特性 ·········· (213)

6.4 迁移条件下硫酸亚铁污染红土的离子特性 ·········· (222)

6.5 迁移条件下硫酸亚铁对红土特性的影响 ·········· (225)

参考文献 ·········· (230)

第1章　土体中污染物的迁移问题

1.1　概述

随着社会的不断发展，环境污染问题愈发突出，传统单纯的岩土工程问题已经演变为环境岩土工程问题，相应地也导致各种土体的污染问题不断涌现。例如 2010 年，河南一批老旧化工场在几十年前产生的超过六百万吨的废料铬渣，由于没有采取防雨、防渗措施，在雨水的冲淋下，随着雨水的迁移、渗透、扩散，引起周围地下水和农田的污染。2008 年，云南昆明阳宗海附近工厂堆放的矿石中的砷污染物先通过降雨淋溶作用带入地下红土中，再通过红土中地下水的运动带入阳宗海，从而引起污染物的迁移，导致污染物的扩散，产生了污染红土问题。而昆明某硫酸厂仅投产一年多，由于地面封闭不好，生产中的硫酸溶液等污水渗入地基土体，导致地基土体被酸液侵蚀，造成地基产生差异沉降，仅一个月观测到的沉降差就达 40mm，厂房墙体及地面开裂，屋面板拉裂，行车轨道扭曲，无法使用。2012 年，广西龙江河镉污染事件、云南曲靖 5000t 铬渣倒入水库引起的污染事件都是典型的环境污染事件。究其原因就在于污染物的迁移扩散。

实际工程中，由于土体受到库水、河水的浸泡以及雨水的入渗、淋溶、迁移和扩散，一方面，引起已污染土体中的污染物随着库水、河水、雨水等迁移出来，污染水溶液；另一方面，已污染的库水、河水、雨水等污染液迁入土体中，引起土体的污染。因此，污染物在土体中的迁入迁出，必然导致污染土体宏微观特性的变化，相应地也引起污染土体的工程性能的劣化，降低了岩土体结构的安全性。因此，研究土体中污染物的迁移问题，对于有效保障岩土体结构的安全以及地下水环境安全具有重要的工程现实意义和生态环境意义。

1.2　土体中污染物的迁移转化特性

1.2.1　试验研究

土体中污染物的迁移转化特性可以通过试验来研究。陈如海[1]（2011）以三种不同类型的污染场地作为研究对象，分别以氯离子、总氮和三甲苯为示踪污染物，通过理论分析和实测数据的比较，研究了不同污染物在地基土体中的空间分布规律及迁移特性，预测了污染物在土体中的迁移扩散趋势，提出了不同类型的污染场地的工程控制措施。宋雪英等[2]（2010）以氯化镉（$CdCl_2$）作为污染物，通过人工模拟试验开展了重金属镉在土壤中沿横向及纵向的迁移过程和特征研究。左自波等[3]（2011）研究了降雨条件下非饱和土中污染物的迁移现象，表明，降雨入渗对污染物的迁移扩散影响显著，随着入渗时间的延长，非饱和土体中污染物的浓度呈先增大后减小的变化趋势。

刘鹏等[4,5]（2012，2009）通过浸泡迁移试验，考虑击数、含水率、温度的影响，研究了硫酸亚铁污染红土中铁离子的迁移特性。蔡红[6]（2007）针对低渗透黏性土中影响污染扩散范围和严重程度的主要因素，选择惰性污染因子 Cl^- 及可吸附的 F^- 和 Cr^{6+} 3 种污染因子，开展了污染物在低渗透性土体中迁移的离心模型试验研究，论证了采用离心模拟试验方法研究污染物在低渗透土体中迁移的可行性，探讨了污染因子在土壤中的长期迁移规律。张建红等[7]（2006）采用土工离心机试验，研究了非饱和土体中 Cu^{2+} 的迁移转化特性，表明，土体中的黏粒含量对 Cu^{2+} 迁移影响显著，黏粒含量较低时 Cu^{2+} 迁移较快，黏粒含量较高时 Cu^{2+} 迁移较慢。

1.2.2 模型研究

土体中污染物的迁移转化特性除通过试验研究外，还可以通过建立数学模型来模拟研究。陈乐等[8]（2015）分析总结了土体的固结变形对污染物运移行为影响的研究进展。李华伟等[9]（2015）研究了可溶性污染物在非饱和成层土中的迁移规律，建立了污染物在一维三层非饱和土体中迁移的数学模型，表明，积水入渗条件下，污染物在粗颗粒土中的迁移速度、弥散度大于细颗粒土，初始压力水头对污染物迁移速度的影响不大，但随初始压力水头的减小对应的浓度峰值有增大的趋势；降雨入渗条件下，降雨强度越大，峰值浓度越大，粗颗粒土的峰值浓度略小于细颗粒土，降雨入渗促进了土体中污染物的迁移效应。何雨森等[10]（2013）采用数学建模的方法分析了污染物对城市表层土壤的污染，较准确地推断出了污染源的位置及污染物分布状况，基本实现了对污染物迁移过程的模拟。李成龙[11]（2013）研究了黏土的固结变形对污染物迁移的影响，表明，不考虑荷载对土体的固结变形作用时，污染物的迁移受土体的吸附系数和孔隙率的影响较大，受扩散系数和弥散系数的影响较小；考虑荷载对土体的固结变形作用时，污染物的迁移程度按"孔隙率的影响＞吸附系数的影响＞扩散系数的影响"的顺序排列；随着荷载的增加，土体的固结变形程度增大，污染物的迁移范围明显扩大，但迁移范围的增幅逐渐降低。

李涛等[12]（2012）基于 Gibson 一维大变形固结理论和饱和多孔介质中的污染物对流扩散方程，考虑土体自重和生物降解作用的影响，建立了可变形多孔介质中污染物的运移转化耦合模型，研究了大变形黏土防渗层中的污染物迁移和转化规律，表明，土体大变形加速了黏土防渗层中污染物的运移，而土体固结带来的渗透性减小又增加了污染物的穿透时间。陈威等[13]（2010）结合溶质在非饱和土壤中迁移的对流—弥散规律，考虑土壤骨架对重金属污染物的吸附特性，数值模拟结果表明，重金属污染物在不同深度处的土壤中迁移规律相似，随深度增加，污染物迁移具有滞后性；若加大土壤中的水分含量，则会增强重金属污染物的迁移。张志红等[14]（2005）在 Biot 固结理论和污染物运移理论相结合的基础上，考虑土体受力固结变形对污染物运移的影响，开展了污染物的运移模型研究，提出了污染物在黏土防渗层中迁移转化的一维数学模型。孙智[15]（2004）采用数学模型解析解和计算分析相结合的方法，对污染物在土体中的迁移转化问题进行了系统研究，建立了污染物一维迁移转化的基本方程，给出了一维污染物迁移转化方程的通解，分析了弥散系数随时间的变化规律。

1.3　迁移条件下污染土体的工程特性

1.3.1　一般污染土体

浸泡、淋溶过程中，污染物在土体中发生迁移，引起污染土体的工程特性发生相应的变化。赵三青[16]（2018）采用普通硅酸盐水泥（OPC）和磷酸镁水泥（MPC）2 种固化剂，通过浸出试验，研究了干湿循环对 Pb 污染土固化体的浸出特性的影响，表明，干湿循环作用破坏了固化土的结构完整性，OPC 和 MPC 固化 Pb 污染土体的浸出浓度均随干湿循环次数的增加而增加。陈宇龙等[17]（2016）通过浸泡试验和界限含水、压缩、三轴固结不排水试验的方法，研究了 3 种不同 pH 的酸性环境对污染土力学性质的影响，表明，硫酸浸泡土的压缩变形量较原状土大；pH 越低、硫酸溶液浓度越大，发生溶蚀破坏越剧烈，孔隙比越大，压缩系数越大，压缩模量越小；随着 pH 的降低，扩散双电层被稀释，土的可塑性变弱，液限和塑性指数都减小；3 种 pH 环境下土体均表现出应变硬化现象，当 pH 为 6.0 时土体强度增高，而当 pH 为 4.0 时土体强度低于蒸馏水浸泡过的土体的强度。

伍艳等[18]（2015）通过浸泡试验结合宏微观试验的方法，研究了去离子水和河水对滏阳河堤防土体物理力学性能、矿物成分及微观形貌的影响，表明，不同浸泡条件下，土体的应力—应变关系曲线均呈应变硬化现象；相比去离子水浸泡，河水浸泡后土体的塑性指数和有效黏聚力减小，剪切峰值、有效内摩擦角增大；去离子水及河水与土体间发生相互作用，改变了土体的矿物成分含量，导致微观形貌及孔隙特征发生明显变化。查甫生等[19]（2015）通过系统的室内试验，研究了水泥固化铅污染土在 NaCl 溶液侵蚀环境下的强度特性和微观结构特征，表明，随着 NaCl 溶液浓度的增加，固化铅污染土体的无侧限抗压强度减小，压缩性增大；随浸泡时间的延长，强度增大、压缩性减小，浸泡 7d 时强度最小、压缩性最大；由于 NaCl 的侵蚀作用，浸泡 7d 时，固化土中的孔隙增多、结构疏松；浸泡 28d 和 90d 时，固化土中的颗粒排列较致密规则。

王绪民等[20]（2013）通过浸泡试验的方法，开展了不同浓度的盐酸溶液浸泡原状黄土的物理力学特性、微结构特性试验研究，表明，在酸性溶液浸泡作用下，黄土中钙质胶结物逐渐被溶蚀，试样中细小颗粒尤其是小于 0.005mm 的颗粒含量明显减少；浸泡液酸性越强，土体中钙质胶结物溶蚀速度越快，溶蚀越充分，土体的快剪应力—应变关系逐渐由应变硬化型向应变软化型转变，胶结物对土体的黏聚力影响较大，对内摩擦角影响不明显；随盐酸溶液浸泡时间的延长，黏聚力持续降低逐步趋于稳定，压缩系数增大。刘丽波等[21]（2012）开展了盐溶液和酸溶液污染土的物理试验研究，表明，盐溶液和酸溶液浸泡后，污染土的塑限、液限和塑性指数都与溶液的浓度呈负相关，随溶液浓度的增大，污染土体的最优含水率降低，最大干密度增大。韩鹏举等[22]（2012）以碱液（氢氧化钠和氨水溶液）和盐液（氯化钠和硫酸钠溶液）作为污染液，通过浸泡试验和物理力学试验的方法，研究了碱污染粉土和盐污染粉土的物理力学特性，表明，随碱液浓度的增大，碱污染粉土的液限、塑限、密度、塑性指数增大，孔隙比降低，氢氧化钠溶液的影响大于氨水溶液的影响；随盐溶液浓度的增大，盐污染粉土的密度、比重增加，孔隙比、液限、塑限、塑性指数降低。

曹海荣[23]（2012）基于上海地区浅层软粘性土，通过浸泡试验制备酸污染土的方法，研究了不同硫酸浓度、不同浸泡时间对污染土物理力学特性的影响，表明，随侵蚀时间的延长及硫酸浓度的增加，污染土的含水率、孔隙比、液塑限增大。师林等[24]（2011）研究了酸碱浸泡前后污染土样的液塑限特性，表明，随酸碱度的增大，污染土样的液限和塑性指数逐渐增大，塑限呈现两端大中间小；当酸碱度一定时，随浸泡时间的延长，污染土样的液限逐渐减小，塑限逐渐增大。相心华、王栋等[25,26]（2010，2009）研究了氢氧化钠和氨水侵蚀污染粉土的物理特性，表明，浸泡于碱溶液中的土样，随碱液浓度的增大，污染土的密度、液限、塑限、塑性指数增大，孔隙比降低。朱春鹏、刘汉龙等[27,28]（2011，2008）通过室内土工试验，研究了酸碱污染土的物理力学特性。孟庆芳[29]（2009）研究了生活污水和造纸厂污水污染粉质黏土的液塑限变化，表明，随侵蚀时间的延长，污染土样的可塑性变化显著；随污染浓度的增加，造纸污水侵蚀下污染土的液、塑限及塑限指数增大，生活污水下的液限和塑性指数减小，塑限增大。张晓璐[30]（2007）研究了酸、碱污染土的物理特性，表明，随酸溶液浓度的增加，污染土体的质量、密度、比重减小，碱液浸泡下与之相反；污染土体的含水率、孔隙比随酸、碱溶液浓度的增大而增大。

1.3.2 污染红土

关于迁移条件下污染红土的工程特性，王霄[31]（2019）通过直剪试验、三轴试验、微结构试验等方法，研究了 NaOH 碱溶液浸泡条件下碱污染网纹红土的强度特性。赵松克[32]（2017）以 NaCl 盐溶液污染桂林红黏土为研究对象，通过室内试验，研究了盐污染红黏土的物理力学特性，表明，桂林红黏土以 SiO_2、Al_2O_3、Fe_2O_3 和伊利石为主要矿化成分；随盐溶液浓度的增大，盐污染红黏土中氧化物的含量降低；试样的质量、密度和比重增大，含水率、孔隙、液塑限和塑性指数减小，压缩量、压缩系数增大，抗剪强度、黏聚力和内摩擦角呈降低趋势；随压实度的增加，盐污染红黏土的压缩系数减小，压缩模量、抗剪强度增大，压实度的增大对 NaCl 溶液的侵蚀具有一定的抵抗作用。刘奕畅[33]（2017）通过物理力学试验，研究了盐酸溶液污染桂林雁山红黏土的物理力学特性，表明，随盐酸溶液浓度的增加和浸泡时间的延长，酸污染红黏土的质量、密度、颗粒比重、液限、塑限、塑性指数，以及抗剪强度、黏聚力呈下降趋势，含水率、孔隙比、压缩系数呈增大趋势。

黄耀意[34]（2017）通过三轴试验、压汞试验、电镜扫描试验，研究了铅污染桂林重塑红黏土的力学性质与微观结构特性，表明，铅污染红黏土的应力—应变关系曲线均呈应变硬化特征；随铅离子浓度的增大，铅污染红黏土的抗剪强度、黏聚力、内摩擦角减低；随作用时间的延长，抗剪强度及强度指标变化不明显，铅离子的污染溶蚀了红黏土颗粒间的孔隙结构，致使孔隙变大，微观裂隙增加，宏观上表现为力学性质的减弱。吕海波等[35]（2017）通过盐酸溶液浸泡试验和物理力学试验，研究了迁移条件下强酸对柳州红黏土物理力学特性的影响，表明，随酸液浓度的增加和浸泡时间的延长，酸污染红土中的黏粒含量、液限、塑限、孔隙比、压缩系数、渗透系数增大，比表面积、游离氧化铁含量降低；强酸环境引起红黏土中的团粒崩解、游离氧化铁等物质发生溶解。王志驹[36]（2015）考虑碱性溶液的pH和压实度的影响，以蒸馏水和碱性溶液浸泡桂林红黏土为研究对象，通过不固结不排水三轴剪切试验，研究了碱性环境下桂林红黏土的三轴剪切特性，表明，碱性溶液对红黏土的抗剪强度有削弱作用，碱性溶液pH越高，对红黏土抗剪强度的削减越大，而压实度对于这种削减具有缓解作用。

关于迁移条件下云南污染红土的工程特性，李高等[37,38]（2016，2016）通过浸泡试验、直剪试验、压缩试验、渗透试验结合扫描电镜试验的方法，考虑氢氧化钠（NaOH）碱液浓度、迁出时间、迁入时间的影响，研究了碱液迁入、迁出的浸泡条件下碱污染红土的抗剪强度、压缩、渗透、微结构等特性，分析了碱与红土间的相互作用，明确了氢氧化钠对红土宏微观特性的影响。李瑶等[39,40]（2016，2016）通过土柱淋溶试验、颗粒分析试验、直剪试验、化学试验、扫描电镜试验等方法，考虑硫酸铜（CuSO₄）溶液浓度、迁移时间、土柱密度、土柱深度等影响因素，研究了迁移条件下硫酸铜污染红土的颗粒组成、抗剪强度、化学组成、微结构等特性，分析了硫酸铜与红土间的相互作用，明确了硫酸铜污染红土的宏微观特性。杨小宝等[41,42]（2015，2016）通过土柱淋溶试验结合宏微观试验的方法，研究了六偏磷酸钠溶液迁移条件下磷污染红土的比重、颗粒组成、界限含水、物质组成以及微结构等特性，明确了磷污染红土的宏微观特性。范华[43]（2015）通过加速寿命试验、显微观察、滤出离子检测、现场钻探试验结合灰色关联分析的方法，研究了碱侵蚀过程中碱污染红土的化学成分与工程性质的关系，建立求解了碱污染红土中多种氧化物与各工程指标之间的灰色关联模型，提出了主要化学成分与工程性质的量化评价指标，明确了碱污染红土的各成分变化对工程指标的影响。

樊宇航等[44,45]（2014，2014）采用浸泡试验模拟酸液（HCl）迁入、迁出的条件，通过直剪试验、压缩试验、化学试验和扫描电镜试验结合土工试验的方法，考虑酸液浓度、浸泡时间、环境温度的影响，研究了浸泡条件下酸污染红土的抗剪强度、压缩、化学组成以及微结构等特性，明确了盐酸对红土宏微观特性的影响。王盼等[46,47]（2013，2013）通过浸泡迁移试验结合土工试验的方法，考虑硫酸亚铁（FeSO₄）浓度和迁移时间的影响，研究了硫酸亚铁侵蚀红土的比重、颗粒组成、抗剪强度以及压缩等特性。杨华舒等[48,49]（2012，2014）基于化学分析和加速寿命试验原理，通过碱侵蚀试验的方法，研究了加固材料中的碱性物质与红土中的酸性或两性氧化物发生互损侵蚀的特性，分析了碱侵蚀红土的工程指标与受损物质的关系。陈刚[50]（2011）通过化学加速试验和常规物理力学试验，研究了库水环境的浸泡条件下，氯离子侵蚀筑坝红土的物理力学特性以及大坝的病害机理，表明，相比氯离子侵蚀前，侵蚀红土的密度、含水率、比重、液限、塑性指数、压缩模量减小，抗剪强度降低，塑限、压缩系数、渗透系数增大，粗颗粒增加，细颗粒减少；未侵蚀红土的表观结构密实性较好、胶结物填充联结，而侵蚀红土的表观结构密实性较差、孔隙较多、胶结物溶蚀减少。

以上研究表明，浸泡、淋溶条件下，土体中污染物的迁入、迁出，相应地改变了污染土体的宏微观特性。

第 2 章　盐酸污染红土的迁移特性

2.1　试验设计

2.1.1　试验材料

2.1.1.1　试验红土

试验土样选取昆明阳宗海地区的红土，该红土的颗粒组成以黏粒（55.1%）为主，塑性指数为 22.6，大于 17.0，分类为红黏土；其最优含水率为 32.2%，最大干密度为 1.43g/cm³。

2.1.1.2　污染物

选取盐酸（HCl）为酸污染源，分析纯含量为 36.5%，其中含有少量的灼烧残渣、硫酸亚铁、锡等百分比含量为 0.00%~0.05%。

2.1.2　试验方案

2.1.2.1　宏观力学特性试验方案

1. 酸液迁入条件

酸液迁入条件就是指用不同浓度的盐酸溶液浸泡素红土的过程中，酸液从溶液中迁入到素红土样中污染红土的情况。

酸液迁入的浸泡过程中，考虑含水率、干密度、酸液浓度、迁入时间、温度等影响因素，先采用分层击样法制备不同含水率、不同干密度下的素红土直剪试样和压缩试样；再包裹后放入不同浓度、不同温度的盐酸溶液中浸泡不同时间，模拟酸液从溶液中迁入红土污染的情况；最后在达到相应的迁入时间后，开展直剪试验和压缩试验，研究酸液迁入条件下酸污染红土的力学特性。含水率设定为 25.7%、28.2%、32.2%、35.0%，干密度设定为 1.25g/cm³、1.30g/cm³、1.35g/cm³、1.40g/cm³、1.45g/cm³，酸液迁入浓度设定为 0.0%、1.0%、3.0%、5.0%、8.0%，酸液迁入时间设定为 0d、1d、4d、7d、14d、30d，酸液迁入温度设定为 10℃、20℃、40℃。其中，酸液迁入浓度为 0.0%时，对应未污染的素红土。

2. 酸液迁出条件

酸液迁出条件就是指用水溶液浸泡酸污染红土的过程中，酸液从已经污染的红土试样中迁出到水溶液中的情况。

酸液迁出的浸泡过程中，考虑含水率、干密度、酸液浓度、迁出时间、温度等影响因素，先根据制样含水率制备不同浓度的盐酸溶液，加入松散的素红土中进行污染；再用分层击样法制备不同含水率、不同干密度下的酸污染红土直剪试样和压缩试样，包裹后放入不同温度的水溶液中浸泡不同时间，模拟酸液从污染红土中迁出到水溶液的情况；最后在达到相应的迁出时间后，开展直剪试验和压缩试验，研究酸液迁出条件下酸污染红土的力学特性。含水率设定为 25.7%、28.2%、32.2%、35.0%，干密度设定为 1.25g/cm³、1.30g/cm³、1.35g/cm³、1.40g/cm³、1.45g/cm³，酸液迁出浓度设定为 0.0%、1.0%、3.0%、5.0%、8.0%，酸液迁出时间设定为 0d、1d、4d、7d、14d、30d，酸液迁出温度设定为 10℃、20℃、40℃。其中，酸液迁出浓度为 0.0%时，对应未污染的素红土。

2.1.2.2　物质组成特性试验方案

1. 浸泡液的离子浓度

与宏观力学特性试验方案相对应，考虑酸液浓度、浸泡时间、温度等影响因素，提取酸液迁入后的浸泡液和酸液迁出后的浸泡液，采用电感偶合等离子体发射光谱仪（ICP）和紫外分光光度计测试分析浸泡液中的 Fe^{3+}、Al^{3+} 浓度的变化。

2. 酸污染红土的化学成分

与宏观力学特性试验方案相对应，考虑酸液浓度、浸泡时间、温度等影响因素，提取酸液迁入后、酸液迁出后的酸污染红土试样，测试分析酸液迁入、迁出的浸泡条件下酸污染红土试样的 Fe_2O_3、Al_2O_3、阳离子交换量、pH 值等化学成分的变化。

2.1.2.3　微结构特性试验方案

与宏观力学特性试验方案相对应，试样含水率为 28.2%，干密度为 1.45g/cm³，考虑酸液浓度、浸泡时间、温度等影响因素，制备酸液迁入、迁出的浸泡条件下酸污染红土的微结构试样，采用扫描电子显微镜观测分析不同放大倍数下的微观结构图像。

2.2　迁移条件下酸污染红土的抗剪强度特性

2.2.1　酸液浓度的影响

2.2.1.1　酸液迁入条件

1. 不同迁入时间下

图 2-1 给出了在酸液浸泡素红土的迁入条件下，垂直压力 σ 为 300kPa，不同迁入时间 t_r 时，酸污染红土的抗剪强度 τ_f 以及时间加权抗剪强度 τ_{fjt} 随酸液迁入浓度 a_{wr} 的变化。时间加权抗剪强度是指酸液浓度相同时，对不同迁入时间下的抗剪强度按时间进行加权平均，用以衡量迁入时间对酸污染红土抗剪强度的影响。以下同。

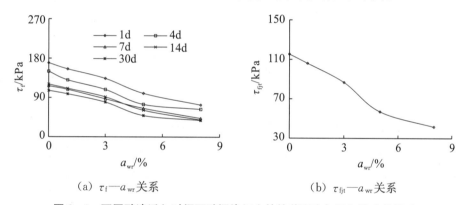

（a）τ_f—a_{wr} 关系　　　　　　　（b）τ_{fjt}—a_{wr} 关系

图 2-1　不同酸液迁入时间下酸污染红土的抗剪强度与迁入浓度的关系

图 2-1 表明：酸液浸泡素红土的迁入过程中，不同迁入时间下，随酸液迁入浓度的增加，酸污染红土的抗剪强度呈减小的变化趋势，相应的时间加权抗剪强度也呈减小变化。其减小程度见表 2-1。

表 2-1　不同酸液迁入时间下酸污染红土的抗剪强度随迁入浓度的变化程度

迁移条件	酸液迁入浓度 a_{wr}/%	抗剪强度的变化	酸液迁入时间 t_r/d				
			1	4	7	14	30
酸液迁入	0.0→8.0	τ_{f-aw}/%	−56.6	−57.5	−63.1	−67.3	−63.8
		τ_{f-awl}/（%/%）	−7.1	−7.2	−7.9	−8.4	−8.0

注：τ_{f-aw} 代表酸液迁入条件下，酸污染红土的抗剪强度随酸液迁入浓度的变化程度；τ_{f-awl} 代表酸液迁入浓度每增加 1.0%，抗剪强度的变化程度。

可见，当酸液迁入浓度由 0.0%→8.0%，迁入时间在 1～30d 之间，酸污染红土的抗剪强度的下降程度超过 50% 以上，下降范围在 56.6%～67.3% 之间；相应的时间加权抗剪强度减小了 63.8%。而酸液迁入浓度每增加 1.0%，各个迁入时间下，酸污染红土的抗剪强度平均下降了 7.1%~8.4%；相应的时间加权抗剪强度平均下降了 8.0%。说明酸液浸泡素红土的过程中，不论迁入时间长短，浸泡液中的酸液浓度越大，迁入红土后的侵蚀作用越强，微结构损伤越严重，酸污染红土抵抗剪切破坏的能力越弱，抗剪强度越小。

2. 不同迁入温度下

图 2-2 给出了酸液浸泡素红土的迁入条件下，垂直压力 σ 为 300kPa、不同迁入温度 T_r 时，酸污染红土的抗剪强度 τ_f 以及温度加权抗剪强度 τ_{fjT} 随酸液迁入浓度 a_{wr} 的变化。温度加权抗剪强度是指酸液浓度相同时，对不同酸液迁入温度下的抗剪强度按温度进行加权平均，用以衡量酸液迁入温度对酸污染红土抗剪强度的影响。以下同。

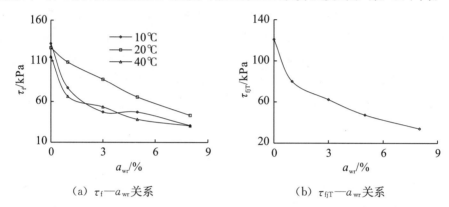

(a) τ_f—a_{wr} 关系　　　　　　(b) τ_{fjT}—a_{wr} 关系

图 2-2　不同酸液迁入温度下酸污染红土的抗剪强度与迁入浓度的关系

图 2-2 表明：不同温度的酸液浸泡时，随酸液迁入浓度的增大，酸污染红土的抗剪强度都呈减小的变化趋势，相应的温度加权抗剪强度也呈减小变化。其减小程度见表 2-2。

表 2-2　不同酸液迁入温度下酸污染红土的抗剪强度随迁入浓度的变化程度

迁移条件	酸液迁入浓度 a_{wr}/%	抗剪强度的变化	酸液迁入温度 T_r/℃		
			10	20	40
酸液迁入	0.0→8.0	τ_{f-aw}/%	−76.7	−65.8	−73.9
		τ_{f-awl}/(%/%)	−9.6	−8.2	−9.2

注：τ_{f-aw} 代表酸液迁入条件下，酸污染红土的抗剪强度随酸液迁入浓度的变化程度；τ_{f-awl} 代表酸液迁入浓度每增加 1.0%，抗剪强度的变化程度。

可见，当酸液迁入浓度由 0.0% 增大到 8.0%，浸泡迁入温度为 10℃~40℃，迁入条件下抗剪强度的减小程度为 76.7%~73.9%；相应的温度加权抗剪强度也减小了 71.9%。而酸液迁入浓度每增加 1.0%，各个浸泡温度下，酸污染红土的抗剪强度平均下降了 8.2%~9.6%；相应的温度加权抗剪强度平均下降了 9.0%。说明酸液浸泡素红土的过程中，不论温度高低，浸泡液中的酸液浓度越大，迁入红土后侵蚀作用越强，微结构损伤越严重，酸污染红土抵抗剪切破坏的能力越弱，抗剪强度越小。

2.2.1.2　酸液迁出条件

1. 不同迁出时间下

图 2−3 给出了水溶液浸泡酸污染红土的迁出条件下，垂直压力 σ 为 300kPa，不同迁出时间 t_c 时，酸污染红土的抗剪强度 τ_f 以及时间加权抗剪强度 τ_{fjt} 随酸液迁出浓度 a_{wc} 的变化。

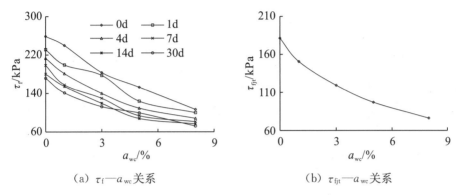

（a）τ_f—a_{wc} 关系　　　　　　　　　　（b）τ_{fjt}—a_{wc} 关系

图 2−3　不同酸液迁出时间下酸污染红土的抗剪强度与迁出浓度的关系

图 2−3 表明：酸液迁出的浸泡过程中，不同迁出时间下，随酸液迁出浓度的增大，酸污染红土的抗剪强度呈减小的变化趋势；相应的时间加权抗剪强度也呈减小的变化。其变化程度见表 2−3。

表 2−3　不同酸液迁出时间下酸污染红土的抗剪强度随迁出浓度的变化程度

迁移条件	酸液迁出浓度 a_{wc}/%	抗剪强度的变化	酸液迁出时间 t_c/d					
			0	1	4	7	14	30
酸液迁出	0.0→8.0	τ_{f-aw}/%	−58.8	−56.8	−58.7	−59.1	−57.6	−57.8
		τ_{f-awl}/（%/%）	−7.4	−7.1	−7.3	−7.4	−7.2	−7.2

注：τ_{f-aw} 代表酸液迁出条件下，酸污染红土的抗剪强度随酸液迁出浓度的变化程度；τ_{f-awl} 代表酸液迁出浓度每增加 1.0%，抗剪强度的变化程度。

可见，当酸液迁出浓度由 0.0% 增大到 8.0%，酸液迁出时间为 0～30d，迁出条件下酸污染红土的抗剪强度的减小程度为 56.8%～59.1%；相应的时间加权抗剪强度减小了 57.9%。而酸液迁出浓度每增加 1.0%，各个迁出时间下，酸污染红土的抗剪强度平均下降了 7.1%～7.4%，相应的时间加权抗剪强度平均下降了 7.2%。说明水溶液浸泡酸污染红土的过程中，不论酸液迁出时间的长短，只要浸泡前红土中的酸液浓度越大，浸泡后酸污染红土的抗剪强度越小。

2. 不同迁出温度下

图 2−4 给出了水溶液浸泡酸污染红土的迁出条件下，垂直压力 σ 为 300kPa，不同迁出温度 T_c 时，酸污染红土的抗剪强度 τ_f 以及温度加权抗剪强度 τ_{fjT} 随酸液迁出浓度 a_{wc} 的变化。

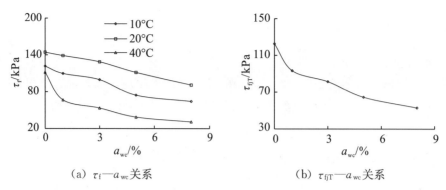

（a）τ_f—a_{wc}关系　　　　　　　（b）τ_{fjT}—a_{wc}关系

图 2—4　不同酸液迁出温度下酸污染红土的抗剪强度与迁出浓度的关系

图 2—4 表明：酸液迁出的浸泡过程中，不同温度下，随酸液迁出浓度的增大，酸污染红土的抗剪强度呈减小的变化趋势；相应的温度加权抗剪强度也呈减小的变化。其变化程度见表 2—4。

表 2—4　不同酸液迁出温度下酸污染红土的抗剪强度随迁出浓度的变化程度

迁移条件	酸液迁出浓度 a_{wc}/%	抗剪强度的变化	酸液迁出温度 T_c/℃		
			10	20	40
酸液迁出	0.0→8.0	τ_{f-aw}/%	−47.2	−36.9	−72.4
		τ_{f-awl}/（%/%）	−5.9	−4.6	−9.1

注：τ_{f-aw} 代表酸液迁出条件下，酸污染红土的抗剪强度随酸液迁出浓度的变化程度；τ_{f-awl} 代表酸液迁出浓度每增加 1.0%，抗剪强度的变化程度。

可见，当酸液迁出浓度由 0.0% 增大到 8.0%，温度为 10℃～40℃，迁出条件下酸污染红土的抗剪强度的减小程度为 36.9%～72.4%；对应的温度加权抗剪强度也减小了 56.8%。而酸液迁出浓度每增加 1.0%，各个温度下，酸污染红土的抗剪强度平均下降了 4.6%～9.1%；相应的温度加权抗剪强度平均下降了 7.1%。说明水溶液浸泡酸污染红土的过程中，不论温度高低，只要浸泡前红土中的酸液浓度越大，对红土的损伤作用越强，浸泡后酸污染红土的抗剪强度越小。

2.2.1.3　酸液迁入—迁出对比

1. 时间加权抗剪强度对比

图 2—5 给出了酸液迁入、迁出的浸泡条件下，垂直压力 σ 为 300kPa 时，迁移时间 t 为 1～30d，酸污染红土的时间加权抗剪强度 τ_{fjt} 随酸液迁移浓度 a_w 变化的迁入—迁出对比情况。这里的酸液迁移浓度 a_w 指的是酸液迁入浓度 a_{wr} 和酸液迁出浓度 a_{wc}，以下同。

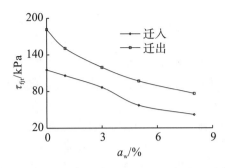

图 2-5　相同酸液迁移浓度下酸污染红土的时间加权抗剪强度迁入—迁出对比

图 2-5 表明：在酸液浸泡素红土的迁入条件下、水溶液浸泡酸污染红土的迁出条件下，随酸液迁入浓度、迁出浓度的增大，酸液迁入曲线、迁出曲线都呈下降趋势，表明不论是酸液迁入红土还是迁出红土，酸污染红土的时间加权抗剪强度都减小。当酸液迁入浓度或酸液迁出浓度由 0.0%→8.0% 时，迁入、迁出条件下的时间加权抗剪强度分别减小了 63.8%、57.9%，表现出相同的浓度变化范围，酸液迁入条件下时间加权抗剪强度的减小程度高于酸液迁出条件的相应值。而相同浓度下，酸液迁出曲线的位置高于酸液迁入曲线的位置，当酸液迁入浓度或迁出浓度分别为 0.0%、1.0%、3.0%、5.0%、8.0% 时，相比酸液迁入条件，酸液迁出条件下酸污染红土的时间加权抗剪强度分别增大了 57.2%、42.0%、37.8%、70.0%、82.7%，表明酸液迁出条件下的时间加权抗剪强度大于酸液迁入条件下的时间加权抗剪强度。其变化程度见表 2-5。

表 2-5　相同酸液迁移浓度下酸污染红土的时间加权抗剪强度迁入—迁出的变化程度

时间加权抗剪强度的变化	迁移条件	酸液迁移浓度 a_w/%				
		0.0	1.0	3.0	5.0	8.0
τ_{fjt-rc}/%	迁入→迁出	57.2	42.0	37.8	70.0	82.7

注：τ_{fjt-rc} 代表相比酸液迁入条件，酸液迁出条件下酸污染红土的时间加权抗剪强度的变化程度。

2. 温度加权抗剪强度对比

图 2-6 给出了酸液迁入、迁出的浸泡条件下，垂直压力 σ 为 300kPa，迁移温度 T 为 10℃～40℃，酸污染红土的温度加权抗剪强度 τ_{fjT} 随酸液迁移浓度 a_w 变化的迁入—迁出对比情况。

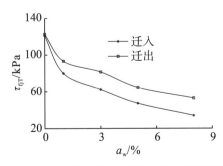

图 2-6　相同酸液迁移浓度下酸污染红土的温度加权抗剪强度迁入—迁出对比

图 2-6 表明：在酸液浸泡素红土的迁入条件下、水溶液浸泡酸污染红土的迁出条件下，随酸液迁入浓度或迁出浓度的增大，酸液迁入曲线、迁出曲线都呈下降趋势，表明不论是酸液迁入红土还是迁出红土，酸污染红土的温度加权抗剪强度都减小。当酸液浓度由 0.0%→8.0% 时，迁入条件下的温度加权抗剪强度减小了 71.9%，迁出条件下的温度加权抗剪强度减小了 56.8%。表现出相同的浓度变化范围，酸液迁入条件下温度加权抗剪强度的减小程度高于酸液迁出条件的相应值。而相同浓度下，酸液迁出曲线的位置高于酸液迁入曲线的位置，当酸液浓度分别为 0.0%、1.0%、3.0%、5.0%、8.0% 时，相比酸液迁入条件，酸液迁出条件下的温度加权抗剪强度分别增大了 1.4%、16.6%、30.8%、36.4%、55.6%，表明酸液迁出条件下的温度加权抗剪强度大于酸液迁入条件下的温度加权抗剪强度。其变化程度见表 2-6。

表 2-6　相同酸液迁移浓度下酸污染红土的温度加权抗剪强度迁入—迁出的变化程度

温度加权抗剪强度的变化	迁移条件	酸液迁移浓度 a_w/%				
		0.0	1.0	3.0	5.0	8.0
τ_{fjT-rc}/%	迁入→迁出	1.4	16.6	30.8	36.4	55.6

注：τ_{fjT-rc} 代表相比酸液迁入条件，酸液迁出条件下酸污染红土的温度加权抗剪强度的变化程度。

2.2.2　迁移时间的影响

2.2.2.1　酸液迁入条件

图 2-7 给出了酸液浸泡素红土的迁入条件下，垂直压力 σ 为 300kPa，相同初始干密度 ρ_d、不同初始含水率 ω_0 时，酸污染红土的抗剪强度 τ_f 随酸液迁入时间 t_r 的变化情况。

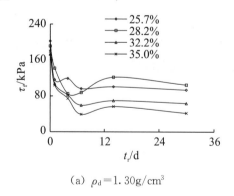

(a) $\rho_d = 1.30$g/cm³

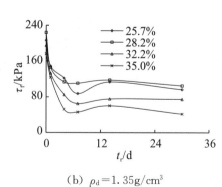

(b) $\rho_d = 1.35$g/cm³

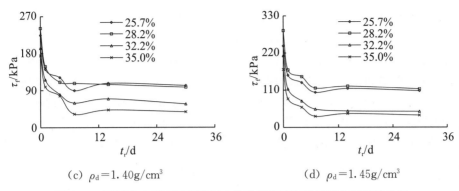

(c) $\rho_d = 1.40 \text{g/cm}^3$ 　　　　(d) $\rho_d = 1.45 \text{g/cm}^3$

图 2-7　不同含水率下酸污染红土的抗剪强度与酸液迁入时间的关系

图 2-8 给出了不同初始干密度 ρ_d 下，与图 2-7 相应的酸污染红土的含水率加权抗剪强度 $\tau_{fj\omega}$ 随酸液迁入时间 t_r 的变化关系。含水率加权抗剪强度是指初始干密度相同、酸液迁入时间相同时，对不同初始含水率下的抗剪强度按含水率进行加权平均，用以衡量初始含水率对抗剪强度的影响。

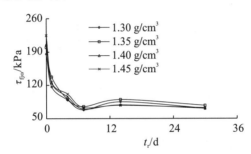

图 2-8　不同干密度下酸污染红土的含水率加权抗剪强度与酸液迁入时间的关系

图 2-7、图 2-8 表明，酸液浸泡素红土的迁入条件下，相同初始干密度、不同初始含水率时，相比浸泡前（$t_r = 0$），酸液浸泡污染红土后的抗剪强度明显减小，相应的含水率加权抗剪强度也减小；随酸液迁入时间的延长（$t_r = 1 \sim 30\text{d}$），酸污染红土的抗剪强度呈快速减小—缓慢增大—缓慢减小的变化趋势，相应的含水率加权抗剪强度也呈这一变化趋势。其酸液迁入过程可以分为快速下降（$t_r = 0 \sim 7\text{d}$）、缓慢上升（$t_r = 7 \sim 14\text{d}$）、缓慢下降（$t_r = 14 \sim 30\text{d}$）三个阶段，变化程度见表 2-7。

表 2-7　酸液迁入条件下酸污染红土的含水率加权抗剪强度随迁入时间的变化程度

迁移条件	迁入过程	迁入时间 t_r/d	含水率加权抗剪强度的变化	干密度 $\rho_d/(\text{g} \cdot \text{cm}^{-3})$			
				1.30	1.35	1.40	1.45
酸液迁入	快速下降	0→7	$\tau_{fj\omega-t1}/(\% \cdot \text{d}^{-1})$	−9.0	−8.9	−9.4	−9.6
	缓慢上升	7→14		3.5	2.8	1.8	0.9
	缓慢下降	14→30		−1.0	−0.9	−0.6	−0.4
	整个阶段	0→30	$\tau_{fj\omega-t}/\%$	−61.4	−61.2	−65.4	−67.7

注：$\tau_{fj\omega-t1}$ 代表酸液迁入条件下，迁入时间每延长 1d，酸污染红土的含水率加权抗剪强度的变化程度；$\tau_{fj\omega-t}$ 代表酸液迁入时间由 0→30d 时，酸污染红土的含水率加权抗剪强度的变化程度。

可见，当酸液迁入时间由 0d 延长到 30d 的整个浸泡过程，干密度为 $1.30 \sim 1.45 \mathrm{g/cm^3}$，酸污染红土的含水率加权抗剪强度的减小程度为 $61.2\% \sim 67.7\%$；而酸液迁入时间每延长 1d，快速下降段的含水率加权抗剪强度平均减小了 $8.9\% \sim 9.6\%$，缓慢上升段的含水率加权抗剪强度平均增大了 $0.9\% \sim 3.5\%$，缓慢下降段的含水率加权抗剪强度平均减小了 $0.4\% \sim 1.0\%$。说明短时间的酸液浸泡迁入，极大地破坏了红土颗粒之间的连接能力，严重损伤了红土的微结构，导致酸污染红土的抗剪强度明显减小；而长时间的酸液浸泡，对红土微结构的损伤程度减弱，表现出抗剪强度缓慢减小。

2.2.2.2 酸液迁出条件

图 2-9 给出了水溶液浸泡酸污染红土的迁出条件下，垂直压力 σ 为 300kPa，相同初始干密度 ρ_d、不同初始含水率 ω_0 时，酸污染红土的抗剪强度 τ_f 随酸液迁出时间 t_c 的变化情况。

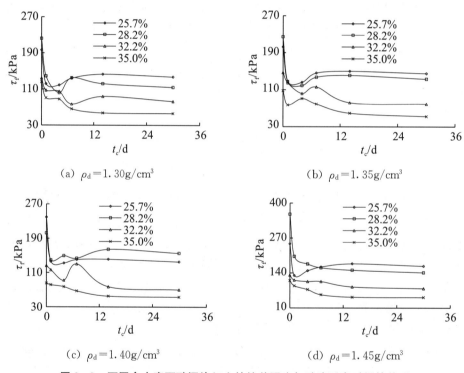

(a) $\rho_\mathrm{d}=1.30\mathrm{g/cm^3}$ (b) $\rho_\mathrm{d}=1.35\mathrm{g/cm^3}$

(c) $\rho_\mathrm{d}=1.40\mathrm{g/cm^3}$ (d) $\rho_\mathrm{d}=1.45\mathrm{g/cm^3}$

图 2-9　不同含水率下酸污染红土的抗剪强度与酸液迁出时间的关系

图 2-10 给出了不同初始干密度 ρ_d 的酸液迁出条件下，与图 2-9 相应的酸污染红土的含水率加权抗剪强度 $\tau_{\mathrm{f}j\omega}$ 随酸液迁出时间 t_c 的变化关系。含水率加权抗剪强度是指初始干密度相同、酸液迁出时间相同时，对不同初始含水率下的抗剪强度按含水率进行加权平均，用以衡量初始含水率对抗剪强度的影响。

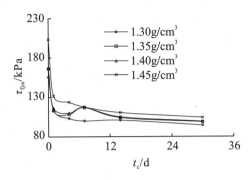

图 2—10　不同干密度下酸污染红土的含水率加权抗剪强度与酸液迁出时间的关系

图 2—9、图 2—10 表明：酸液迁出条件下，相同初始干密度、不同初始含水率时，与浸泡前相比，酸液浸泡红土后的抗剪强度明显减小（$t_c=0\sim30d$），相应的含水率加权抗剪强度也减小；随酸液迁出时间的延长（$t_c=1\sim30d$），酸污染红土的抗剪强度呈波动减小的变化趋势。浸泡时间较短（$0\sim4d$）时，抗剪强度下降较快；随浸泡时间的延长（$7\sim14d$），抗剪强度波动减小；浸泡时间更长（$14\sim30d$）时，抗剪强度缓慢减小。其变化程度见表 2—8。

表 2—8　酸液迁出条件下酸污染红土的含水率加权抗剪强度随迁出时间的变化程度

迁移阶段	迁出时间 t_c/d	含水率加权抗剪强度的变化	干密度 $\rho_d/$ (g·cm^{-3})			
			1.30	1.35	1.40	1.45
快速减小	0→4	$\tau_{fj\omega-t1}/(\%\cdot d^{-1})$	−9.5	−8.7	−7.4	−9.8
缓慢波动	4→7		−1.0	2.7	2.2	−1.6
缓慢减小	7→30		−0.2	−0.7	−0.7	−0.5
整个阶段	0→30	$\tau_{fj\omega-t}/\%$	−43.1	−40.7	−36.6	−48.7

注：$\tau_{fj\omega-t1}$ 代表酸液迁出条件下，迁出时间每延长 1d，酸污染红土的含水率加权抗剪强度的变化程度；$\tau_{fj\omega-t}$ 代表迁出时间由 0→30d 时，酸污染红土的含水率加权抗剪强度的变化程度。

可见，初始干密度为 $1.30\sim1.45g/cm^3$，在整个水溶液浸泡过程中，相比迁出前（$t_c=0$），迁出时间达到 30d 时，酸污染红土的含水率加权抗剪强度平均减小了 $36.6\%\sim48.7\%$。而酸液迁出时间每延长 1d，0d→4d 时的含水率加权抗剪强度平均减小了 $7.4\%\sim9.8\%$，为快速下降段；4d→7d 时的含水率加权抗剪强度波动增减了 $-1.6\%\sim2.7\%$，为缓慢波动段；7d→30d 时的含水率加权抗剪强度平均减小了 $0.2\%\sim0.8\%$，为缓慢下降段。说明水溶液浸泡前期，由于水的软化作用，极大地降低了酸污染红土抵抗剪切破坏的能力；而浸泡迁出时间越长，对红土微结构的损伤作用减弱，因而抗剪强度减小缓慢。

2.2.2.4　酸液迁入—迁出对比

1. 含水率加权抗剪强度对比

图 2—11 给出了酸液迁入、迁出的浸泡条件下，相同初始干密度 ρ_d 时，酸污染红土

的含水率加权抗剪强度 $\tau_{fj\omega}$ 随酸液迁移时间 t 变化的迁入—迁出对比情况。这里的酸液迁移时间 t 指的是酸液迁入时间 t_r 和酸液迁出时间 t_c，以下同。

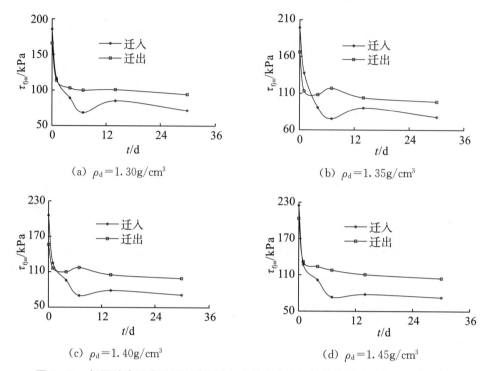

(a) $\rho_d = 1.30\text{g/cm}^3$

(b) $\rho_d = 1.35\text{g/cm}^3$

(c) $\rho_d = 1.40\text{g/cm}^3$

(d) $\rho_d = 1.45\text{g/cm}^3$

图 2—11　相同酸液迁移时间下酸污染红土的含水率加权抗剪强度迁入—迁出比较

图 2—11 表明：总体上，酸液迁移条件下，初始干密度相同时，在很短的迁移时间内（0～1d），酸液迁出曲线的位置略低于酸液迁入曲线的位置，这时酸液迁出条件下酸污染红土的含水率加权抗剪强度小于酸液迁入条件下的相应值；其他迁移时间（4～30d）下，酸液迁出曲线的位置高于酸液迁入曲线的位置，这时酸液迁出条件下的含水率加权抗剪强度大于酸液迁入条件下的相应值。其变化程度见表 2—9。

表 2—9　相同酸液迁移时间下酸污染红土的含水率加权抗剪强度迁入—迁出的变化程度

含水率加权抗剪强度的变化 $\tau_{fj\omega-rc}$/%	干密度 ρ_d/（g·cm⁻³）	酸液迁移时间 t/d					
		0	1	4	7	14	30
迁入→迁出	1.30	−10.7	−2.6	15.7	46.3	18.3	31.7
	1.35	−16.8	−17.8	19.6	55.2	15.6	27.1
	1.40	−24.1	−7.1	14.9	67.4	33.5	39.2
	1.45	−9.6	3.6	21.8	60.4	41.7	43.4

注：$\tau_{fj\omega-rc}$ 代表相比酸液迁入条件，酸液迁出条件下酸污染红土的含水率加权抗剪强度的变化程度。

由表 2—9 可知，干密度为 1.30～1.45g/cm³，酸液迁入时间为 0d，表示浸泡前酸液没有迁入，这时试样是素红土；而迁出时间为 0d，表示浸泡前酸液没有迁出，这时试样是酸污染红土。所以相比酸液没有迁入时的素红土，酸液没有迁出时的酸污染红土的抗剪强度呈减小变化，其减小程度为 9.6%～24.1%。迁移初期，浸泡时间达到 1d 时，相比酸液迁入条件，酸液迁出条件下除干密度为 1.45g/cm³ 时的含水率加权抗剪强度平均增大了 3.6% 外，干密度为 1.30～1.40cm³ 时的含水率加权抗剪强度平均减小了 2.6%～17.8%；而迁移时间为 4～30d，迁入→迁出相比，各个干密度下的含水率加权抗剪强度则平均增大了 15.7%～67.4%。说明本试验条件下，迁移时间较长时，各个干密度下酸液迁出后的抗剪强度明显增大。

2. 干密度加权抗剪强度对比

图 2-12 给出了酸液迁入、迁出的浸泡过程中，相同初始含水率 ω_0 下，酸污染红土的干密度加权抗剪强度 τ_{fjpd} 随酸液迁移时间 t 变化的迁入—迁出对比情况。

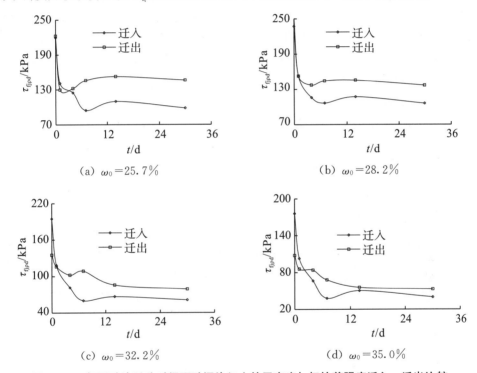

图 2-12 相同酸液迁移时间下酸污染红土的干密度加权抗剪强度迁入—迁出比较

图 2-12 表明：酸液迁移条件下，含水率相同时，0～1d 的迁移时间内，酸液迁入曲线的位置略高于酸液迁出曲线的位置，这时酸液迁入条件下酸污染红土的干密度加权抗剪强度大于酸液迁出条件下的相应值；其他迁移时间（4～30d）下，酸液迁出曲线的位置高于酸液迁入曲线的位置，这时酸液迁出条件下的干密度加权抗剪强度大于酸液迁入条件下的相应值。其变化程度见表 2-10。

表 2-10　相同酸液迁移时间下酸污染红土的干密度加权抗剪强度迁入—迁出的变化程度

干密度加权抗剪强度的变化 $\tau_{\mathrm{fjpd-rc}}$ /%	含水率 ω_0 /%	酸液迁移时间 t /d					
		0	1	4	7	14	30
迁入→迁出	25.7	1.3	−7.9	6.0	54.5	39.2	48.8
	28.2	6.9	0.4	18.4	35.6	24.1	29.1
	32.2	−30.6	−2.0	25.4	81.5	28.9	29.4
	35.0	−38.8	−16.7	26.2	79.4	10.7	32.6

　　注：$\tau_{\mathrm{fjpd-rc}}$ 代表相比酸液迁入条件，酸液迁出条件下酸污染红土的干密度加权抗剪强度的变化程度。

　　由表 2-10 可知，含水率为 25.7%～35.0%，酸液迁入时间为 0～1d 时，总体上，相比酸液迁入条件，酸液迁出条件下除少数几个试验点的干密度加权抗剪强度平均略增大了 0.4%～6.9% 外，大多数试验点的干密度加权抗剪强度平均减小了 2.0%～38.8%；而迁移时间为 4～30d，迁入→迁出相比，各个含水率下酸污染红土的干密度加权抗剪强度则平均增大了 6.0%～81.5%。说明本试验条件下，迁移时间较长时，各个含水率下酸液迁出后酸污染红土的抗剪强度明显增大。

2.2.3　迁移温度的影响

2.2.3.1　酸液迁入条件

　　图 2-13 给出了酸液浸泡素红土的迁入条件下，垂直压力 σ 为 300kPa、酸液迁入时间 t_{r} 为 7d、酸液迁入浓度 a_{wr} 不同时，酸污染红土的抗剪强度 τ_{f} 以及浓度加权抗剪强度 τ_{fjaw} 随酸液迁入温度 T_{r} 的变化情况。浓度加权抗剪强度是指酸液温度相同时，对不同酸液迁入浓度下的抗剪强度按浓度进行加权平均，用以衡量酸液迁入浓度对酸污染红土抗剪强度的影响。

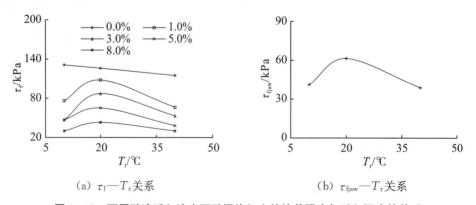

（a）τ_{f}—T_{r} 关系　　　　　　　　（b）τ_{fjaw}—T_{r} 关系

图 2-13　不同酸液迁入浓度下酸污染红土的抗剪强度与迁入温度的关系

　　图 2-13 表明：素红土（a_{wr}=0.0%）的抗剪强度随迁入温度的上升而减小，当温

度由 10℃上升到 40℃时，抗剪强度减小了 12.0%。而酸液迁入条件下，随着迁入温度的上升，酸污染红土的抗剪强度呈先增大后减小的变化趋势，总体上减小；相应的浓度加权抗剪强度也呈相同的变化趋势。其变化程度见表 2-11。

表 2-11 不同酸液迁入浓度下酸污染红土的抗剪强度随迁入温度的变化程度（τ_{f-T}/%）

迁移条件	迁移阶段	酸液迁入温度 T_r/℃	酸液迁入浓度 a_{wr}/%				
			0.0	1.0	3.0	5.0	8.0
酸液迁入	上升段	10→20	−4.0	41.2	85.4	39.3	40.8
	下降段	20→40	−8.3	−38.9	−39.0	−41.8	−29.7
	总体变化	10→40	−12.0	−13.7	13.1	−18.9	−1.0

注：τ_{f-T} 代表酸液迁入条件下，酸污染红土的抗剪强度随酸液迁入温度的变化程度。

可见，酸液迁入前（$a_{wr}=0.0\%$），素红土的抗剪强度随温度的升高（10℃→20℃）减小了 12.0%。而酸液迁入浓度为 1.0%～8.0%，当温度由 10℃上升到 20℃时，酸污染红土的抗剪强度增大了 39.3%～85.4%，相应的浓度加权抗剪强度平均增大了 49.4%；当温度由 20℃上升到 40℃时，抗剪强度减小了 29.7%～41.8%，相应的浓度加权抗剪强度平均减小了 36.8%；在试验温度范围内，当温度由 10℃上升到 40℃时，除酸液浓度 3.0%时抗剪强度增大了 13.1%外，其余浓度下抗剪强度减小了 1.0%～18.9%，相应的浓度加权抗剪强度平均减小了 5.6%。说明酸液迁入的温度太低或太高，酸液迁入后都会降低酸污染红土的结构稳定性，抵抗剪切破坏的能力较弱表现出较低的抗剪强度；而在 20℃的常温下，酸液迁入后酸污染红土相比而言具有较强的结构稳定性，因而具有较高的抗剪强度。

2.2.3.2 酸液迁出条件

图 2-14 给出了水溶液浸泡酸污染红土的迁出条件下，垂直压力 σ 为 300kPa、酸液迁出时间 t_c 为 7d、酸液迁出浓度 a_{wc} 不同时，酸污染红土的抗剪强度 τ_f 以及浓度加权抗剪强度 τ_{fjaw} 随酸液迁出温度 T_c 的变化关系。

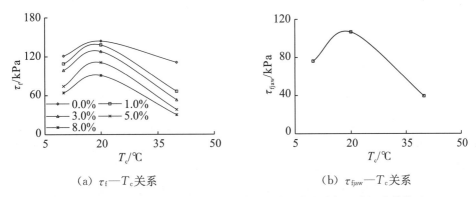

（a）τ_f—T_c 关系　　　　（b）τ_{fjaw}—T_c 关系

图 2-14 不同酸液迁出浓度下酸污染红土的抗剪强度与迁出温度的关系

图 2-14 表明：酸液迁出条件下，随着温度的上升，素红土和酸污染红土的抗剪强

度均呈先增大后减小的变化趋势，总体上减小；相应的浓度加权抗剪强度也呈相同的变化趋势。其变化程度见表2-12。

表2-12 不同酸液迁出浓度下酸污染红土的抗剪强度随迁出温度的变化程度（τ_{f-T}/%）

迁移条件	迁移阶段	酸液迁出温度 T_c/℃	酸液迁出浓度 a_{wc}/%				
			0.0	1.0	3.0	5.0	8.0
酸液迁出	上升段	10→20	18.7	26.5	29.1	50.1	41.9
	下降段	20→40	−22.6	−52.1	−58.5	−65.4	−66.1
	总体变化	10→40	−8.1	−39.4	−46.4	−48.0	−51.9

注：τ_{f-T}代表酸液迁出条件下，酸污染红土的抗剪强度随酸液迁出温度的变化程度。

可见，酸液迁出浓度为0.0%～8.0%，当迁出温度由10℃上升到20℃时，酸污染红土的抗剪强度增大了18.75%～50.1%，相应的浓度加权抗剪强度平均增大了39.9%；当温度由20℃上升到40℃时，抗剪强度减小了22.6%～66.1%，相应的浓度加权抗剪强度平均减小了63.2%；总体上，当温度由10℃上升到40℃时，抗剪强度减小了8.1%～51.9%，相应的浓度加权抗剪强度平均减小了48.5%。说明温度为20℃时，酸液迁出后酸污染红土的结构稳定性相对较强，抗剪强度较高。

2.2.3.3 酸液迁入—迁出对比

1. 浓度加权抗剪强度对比

图2-15给出了酸液迁入、迁出的浸泡条件下，酸液迁移浓度a_w为1.0%～8.0%，酸污染红土的浓度加权抗剪强度τ_{fjaw}随迁移温度T变化的迁入—迁出对比关系。这里的迁移温度指的是酸液迁入时浸泡液的温度T_r和酸液迁出时浸泡液的温度T_c。

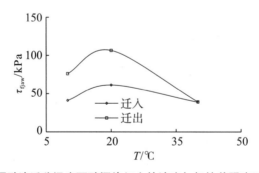

图2-15 相同酸液迁移温度下酸污染红土的浓度加权抗剪强度迁入—迁出比较

图2-15表明：迁移过程中，不同迁移温度下，酸液迁出曲线的位置总体上高于酸液迁入曲线的位置。当温度相同时，相比酸液迁入条件，酸液迁出条件下酸污染红土的浓度加权抗剪强度增大，其变化程度见表2-13。可见，相比酸液迁入条件，迁移温度为10℃、20℃时，酸液迁出后酸污染红土的浓度加权抗剪强度分别显著增大了85.2%和73.5%；而温度上升到40℃时，酸液迁出后的浓度加权抗剪强度只增大了1.0%，与迁入条件下的数值基本接近。

表 2－13　相同酸液迁移温度下酸污染红土的浓度加权抗剪强度迁入—迁出的变化程度

浓度加权抗剪强度的变化 $\tau_{\text{fjaw-rc}}$/%	酸液迁移温度 T/℃		
	10	20	40
迁入→迁出	85.2	73.5	1.0

注：$\tau_{\text{fjaw-rc}}$ 代表相比酸液迁入条件，酸液迁出条件下酸污染红土的浓度加权抗剪强度的变化程度。

2.2.4　含水率的影响

2.2.4.1　酸液迁入条件

图 2－16 给出了酸液浸泡素红土的迁入条件下，初始干密度 ρ_d 相同、酸液迁入时间 t_r 不同，垂直压力 σ 为 300kPa 时，酸污染红土的抗剪强度 τ_f 随初始含水率 ω_0 的变化情况。

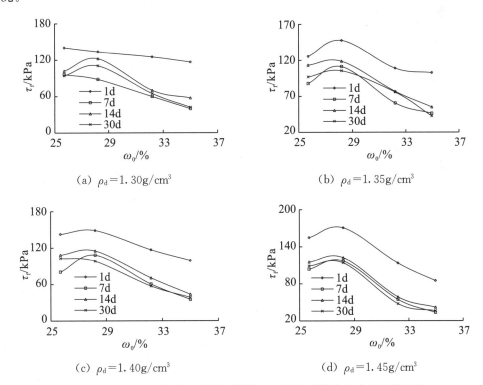

(a) $\rho_d=1.30\text{g/cm}^3$　　　　(b) $\rho_d=1.35\text{g/cm}^3$

(c) $\rho_d=1.40\text{g/cm}^3$　　　　(d) $\rho_d=1.45\text{g/cm}^3$

图 2－16　不同酸液迁入时间下酸污染红土的抗剪强度与含水率的关系

图 2－17 给出了酸液迁入的浸泡条件下，垂直压力 σ 为 300kPa 时，酸液迁入时间 t_r 为 1～30d，与图 2－16 相应的酸污染红土的时间加权抗剪强度 τ_{fjt} 随初始含水率 ω_0 的变化。时间加权抗剪强度是指初始干密度相同、初始含水率相同时，对不同酸液迁入时间下的抗剪强度按时间进行加权平均，用以衡量酸液迁入时间对抗剪强度的影响。

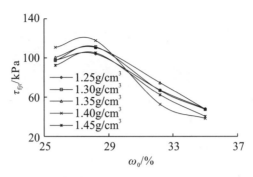

图 2-17 酸液迁入条件下酸污染红土的时间加权抗剪强度与含水率的关系

图 2-16、图 2-17 表明：酸液迁入条件下，当初始干密度较小、迁入时间较短时，酸污染红土的抗剪强度随初始含水率的增大而减小。当含水率由 25.7% 增大到 35.0%，迁移时间为 1d、7d，干密度为 1.25g/cm³ 时酸污染红土的抗剪强度分别减小了 14.3%、41.8%，干密度为 1.30g/cm³ 时抗剪强度分别减小了 17.0%、58.7%；其他不同迁入时间、不同初始干密度时，随初始含水率的增大，酸污染红土的抗剪强度呈先增大后减小的变化趋势，总体上减小；相应的时间加权抗剪强度也呈相同的先增大后减小的变化趋势。其变化程度见表 2-14。

表 2-14 酸液迁入条件下酸污染红土的时间加权抗剪强度随含水率的变化程度（$\tau_{fjt-\omega}$/%）

迁移条件	迁移阶段	含水率 ω_0/%	干密度 ρ_d/（g·cm⁻³）				
			1.25	1.30	1.35	1.40	1.45
酸液迁入	缓慢增大	25.7→28.2	6.3	14.2	9.9	13.7	6.2
	快速减小	28.2→35.0	−53.8	−57.4	−56.9	−61.7	−67.5
	总体	25.7→35.0	−50.8	−51.3	−52.6	−56.4	−65.5

注：$\tau_{fjt-\omega}$ 代表酸液迁入条件下，酸污染红土的时间加权抗剪强度随含水率的变化程度。

可见，初始干密度为 1.25~1.45g/cm³，初始含水率由 25.7%→28.2% 时，酸污染红土的时间加权抗剪强度缓慢增大了 6.2%~14.2%；而含水率由 28.2%→35.0% 时，时间加权抗剪强度快速减小了 53.8%~67.5%；总体上，含水率由 25.7% 增大到 35.0% 时，时间加权抗剪强度减小了 50.8%~65.5%。说明素红土在偏干的含水率下用酸液浸泡，酸液迁入后，酸污染红土仍具有较高的抗剪强度。但初始含水率越大，酸液浸泡后的结构稳定性越低，抗剪强度越小。

2.2.4.2 酸液迁出条件

图 2-18 给出了水溶液浸泡酸污染红土的迁出条件下，垂直压力 σ 为 300kPa、初始干密度 ρ_d 相同、酸液迁出时间 t_c 不同时，酸污染红土的抗剪强度 τ_f 随初始含水率 ω_0 的变化情况。

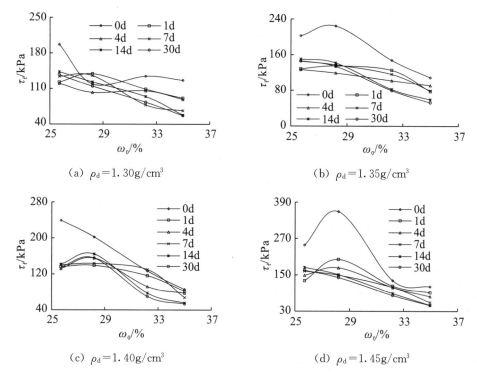

图 2-18　不同酸液迁出时间下酸污染红土的抗剪强度与含水率的关系

图 2-19 给出了酸液迁出的浸泡条件下，与图 2-18 相应的酸污染红土的时间加权抗剪强度 τ_{fjt} 随初始含水率 ω_0 的变化。时间加权抗剪强度是指初始干密度相同、初始含水率相同时，对不同酸液迁出时间下的抗剪强度按时间进行加权平均，用以衡量酸液迁出时间对抗剪强度的影响。

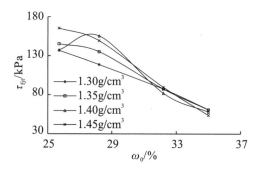

图 2-19　酸液迁出条件下酸污染红土的时间加权抗剪强度与含水率的关系

图 2-18、图 2-19 表明：酸液迁出的浸泡条件下，迁出时间不同时，随初始含水率的增大，酸污染红土的抗剪强度呈波动减小的变化；相应的时间加权抗剪强度也呈相同的变化趋势。其变化程度见表 2-15。

表 2-15　酸液迁出条件下酸污染红土的时间加权抗剪强度随含水率的变化程度（$\tau_{fjt-\omega}$/%）

迁移条件	迁移阶段	含水率 ω_0/%	干密度 ρ_d/（g·cm⁻³）			
			1.30	1.35	1.40	1.45
酸液迁出	缓慢下降	25.7→28.2	−13.2	−7.0	13.0	−9.7
	快速下降	28.2→35.0	−48.6	−55.0	−62.7	−64.0
	总体	25.7→35.0	−55.4	−58.2	−57.8	−67.5

注：$\tau_{fjt-\omega}$ 代表酸液迁出条件下，酸污染红土的时间加权抗剪强度随初始含水率的变化程度。

可见，总体上，干密度为 1.30~1.45g/cm³，含水率由 25.7%增大到 35.0%时，酸污染红土的时间加权抗剪强度平均减小了 55.4%~67.5%。其中，含水率在偏干状态下变化（25.7%→28.2%）时，除干密度为 1.40g/cm³ 的时间加权抗剪强度增大了 13.0%外，其余干密度下的抗剪强度都缓慢减小了 7.0%~13.2%；而含水率在偏湿状态下变化（28.2%→35.0%）时，各个干密度下的时间加权抗剪强度都快速减小了 48.6%~64.0%。说明偏干含水状态的酸污染红土在浸泡迁出酸液后，对微结构的损伤程度较低，抗剪强度减小不明显；但在偏湿含水状态下浸泡迁出酸液后，酸污染红土的结构稳定性显著降低，抗剪强度显著减小。初始含水率越大，酸污染红土浸泡后的抗剪强度减小越多。

2.2.4.3　酸液迁入—迁出对比

1. 干密度加权抗剪强度

图 2-20 给出了酸液迁入、迁出的浸泡条件下，酸液迁移时间 t 相同时，酸污染红土的干密度加权抗剪强度 τ_{fjpd} 随初始含水率 ω_0 变化的迁入—迁出对比情况。

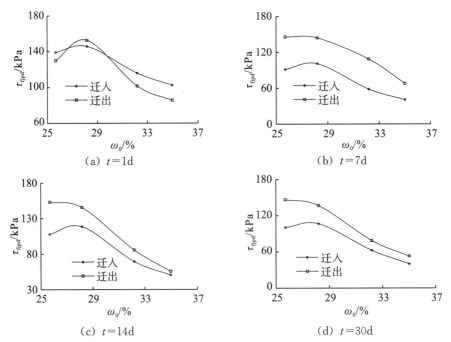

图 2-20　相同含水率下酸污染红土的干密度加权抗剪强度迁入—迁出比较

图 2-20 表明：酸液迁移时间 1d 的情况下，酸污染红土的干密度加权抗剪强度随初始含水率变化的迁出曲线、迁入曲线交叉；其他迁移时间下，迁出曲线的位置高于迁入曲线的位置。说明相同初始含水率时，酸液迁出红土的干密度加权抗剪强度大于酸液迁入红土的干密度加权抗剪强度。其变化程度见表 2-16。可见，初始含水率为 25.7%~35.0%，迁移时间为 7~30d，相比酸液迁入条件，酸液迁出条件下酸污染红土的干密度加权抗剪强度增大了 10.1%~85.8%。

表 2-16　相同含水率下酸污染红土的干密度加权抗剪强度迁入—迁出的变化程度

干密度加权抗剪强度的变化 $\tau_{fj\rho d-rc}$/%	迁移时间 t/d	含水率 ω_0/%			
		25.7	28.2	32.2	35.0
迁入→迁出	1	−6.7	4.7	−12.4	−16.4
	7	59.7	43.0	85.8	66.3
	14	41.7	22.8	23.7	10.1
	30	45.7	28.1	25.9	32.3

注：$\tau_{fj\rho d-rc}$ 代表相比酸液迁入条件，酸液迁出条件下酸污染红土的干密度加权抗剪强度的变化程度。

2. 时间加权抗剪强度

图 2-21 给出了酸液迁入、迁出的浸泡条件下，初始干密度 ρ_d 相同时，酸污染红土的时间加权抗剪强度 τ_{fjt} 随初始含水率 ω_0 变化的迁入—迁出对比情况。

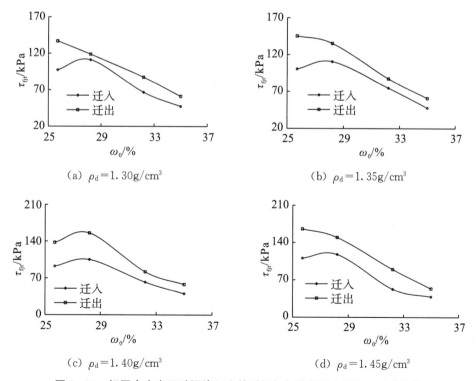

(a) ρ_d=1.30g/cm³　　　　　　(b) ρ_d=1.35g/cm³

(c) ρ_d=1.40g/cm³　　　　　　(d) ρ_d=1.45g/cm³

图 2-21　相同含水率下酸污染红土的时间加权抗剪强度迁入—迁出比较

图 2-21 表明：迁移条件下，初始干密度相同时，酸污染红土的时间加权抗剪强度随初始含水率变化的迁出曲线位置高于迁入曲线的位置。说明相同初始含水率时，酸液迁出红土的时间加权抗剪强度大于酸液迁入红土的时间加权抗剪强度。其变化程度见表 2-17。

表 2-17　相同含水率下酸污染红土的时间加权抗剪强度迁入—迁出的变化程度

时间加权抗剪强度的变化 $\tau_{fjt-rc}/\%$	干密度 $\rho_d/g \cdot cm^{-3}$	含水率 $\omega_0/\%$			
		25.7	28.2	32.2	35.0
迁入→迁出	1.30	40.6	6.8	31.0	28.9
	1.35	44.4	22.2	17.0	27.5
	1.40	48.8	47.9	31.5	43.9
	1.45	49.3	27.0	70.2	40.6

注：τ_{fjt-rc} 代表相比酸液迁入条件，酸液迁出条件下酸污染红土的时间加权抗剪强度的变化程度。

可见，初始含水率为 25.7%~35.0%，初始干密度为 1.30~1.45g/cm³，相比酸液迁入条件，酸液迁出条件下酸污染红土的时间加权抗剪强度平均增大了 6.8%~70.2%。说明相比酸液先迁入后污染，酸液先污染后迁出对酸污染红土的结构稳定性相对有利。

2.2.5　干密度的影响

2.2.5.1　酸液迁入条件

图 2-22 给出了酸液浸泡素红土的迁入条件下，垂直压力 σ 为 300kPa，初始含水率 ω_0 相同、酸液迁入时间 t_r 不同时，酸污染红土的抗剪强度 τ_f 随初始干密度 ρ_d 的变化情况。

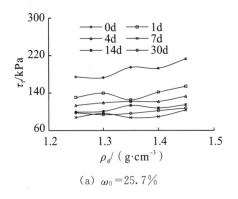

(a) $\omega_0 = 25.7\%$

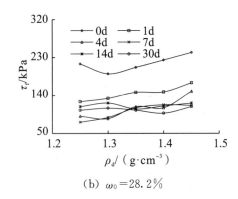

(b) $\omega_0 = 28.2\%$

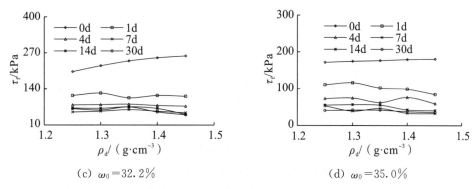

（c）$\omega_0 = 32.2\%$　　　　　　　　　（d）$\omega_0 = 35.0\%$

图 2-22　不同酸液迁入时间下酸污染红土的抗剪强度与干密度的关系

图 2-22 表明：酸液浸泡迁入前（$t_r = 0d$），各个含水率下，随干密度的增大，素红土的抗剪强度呈增大的变化趋势。迁入后，含水率较小时，酸污染红土的抗剪强度呈增大的变化趋势；含水率较大时，酸污染红土的抗剪强度呈减小的变化趋势。其变化程度见表 2-18。

表 2-18　酸液迁入条件下酸污染红土的抗剪强度随干密度的变化程度（$\tau_{f-\rho d}/\%$）

干密度 ρ_d/（g·cm⁻³）	含水率 $\omega_0/\%$	酸液迁入时间 t_r/d					
		0	1	4	7	14	30
1.25→1.45	25.7	21.8	18.4	17.1	17.6	15.6	10.2
	28.2	12.6	35.8	65.6	51.9	7.5	8.1
	32.2	27.9	-2.3	-5.3	-5.0	-32.0	-31.9
	35.0	5.1	-23.9	-18.7	-38.8	-26.8	-13.1

注：$\tau_{f-\rho d}$ 代表酸液迁入条件下，酸污染红土的抗剪强度随干密度的变化程度。

可见，当干密度由 1.25g/cm³→1.45g/cm³，迁入前，素红土在各个含水率下的抗剪强度均增大了 5.1%～1.8%。迁入后 1～30d，含水率为 25.7%～28.2% 时，酸污染红土的抗剪强度增大了 7.5%～65.6%；含水率为 32.2%～35.0% 时，酸污染红土的抗剪强度减小了 2.3%～38.8%。

图 2-23 给出了酸液迁入的浸泡条件下，与图 2-22 相应的酸污染红土的时间加权抗剪强度 τ_{fjt} 随初始干密度 ρ_d 的变化关系。时间加权抗剪强度是指初始含水率相同、初始干密度相同时，对不同酸液迁入时间下的抗剪强度按时间进行加权平均，用以衡量酸液迁入时间对抗剪强度的影响。

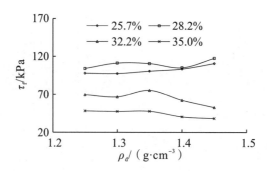

图 2-23　酸液迁入条件下酸污染红土的时间加权抗剪强度与干密度的关系

图 2-23 表明：酸液迁入条件下，随干密度的增大，含水率较小时，酸污染红土的时间加权抗剪强度呈增大的变化趋势；含水率较大时，酸污染红土的时间加权抗剪强度呈减小的变化趋势。其变化程度见表 2-19。

表 2-19　酸液迁入条件下酸污染红土的时间加权抗剪强度随干密度的变化程度（$\tau_{fjt-\rho d}$/%）

干密度	含水率 ω_0/%			
ρ_d/（g·cm^{-3}）	25.7	28.2	32.2	35.0
1.25→1.45	13.2	13.1	−24.2	−20.6

注：$\tau_{fjt-\rho d}$ 代表酸液迁入条件下，酸污染红土的时间加权抗剪强度随干密度的变化程度。

可见，干密度由 1.25g/cm³→1.45g/cm³，含水率为 25.7%～28.2%时，酸污染红土的时间加权抗剪强度平均增大了 13.1%～13.2%；含水率为 32.2%～35.0%时，时间加权抗剪强度平均减小了 20.6%～24.2%。说明在含水率较低的情况下，增大干密度可以提高酸污染红土的抗剪强度；而在含水率较高的情况下，即使增大干密度也不能提高酸污染红土的抗剪强度，反而引起抗剪强度的降低。

2.2.5.2　酸液迁出条件

图 2-24 给出了水溶液浸泡酸污染红土的迁出条件下，垂直压力 σ 为 300kPa，初始含水率 ω_0 相同、酸液迁出时间 t_c 不同时，酸污染红土抗剪强度 τ_f 随初始干密度 ρ_d 的变化关系。

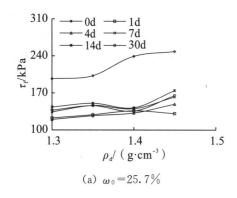

(a) ω_0=25.7%

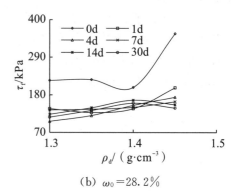

(b) ω_0=28.2%

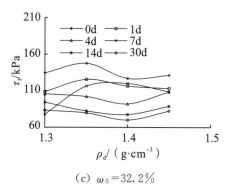 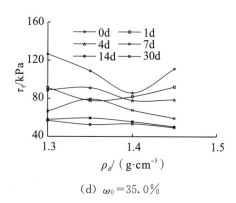

$$(c)\ \omega_0 = 32.2\%\qquad\qquad (d)\ \omega_0 = 35.0\%$$

图 2—24　不同酸液迁出时间下酸污染红土的抗剪强度与干密度的关系

图 2—24 表明：总体上，酸液迁出条件下，随初始干密度的增大，较低含水率时，酸污染红土的抗剪强度呈增大的变化趋势；较高含水率时，抗剪强度呈减小的变化趋势。其变化程度见表 2—20。

表 2—20　酸液迁出条件下酸污染红土的抗剪强度随干密度的变化程度（$\tau_{\text{f-}\rho d}$/%）

迁移条件	干密度 ρ_d/ ($g \cdot cm^{-3}$)	含水率 ω_0/%	酸液迁出时间 t_c/d					
			0	1	4	7	14	30
酸液迁出	$1.30\rightarrow1.45$	25.7	26.1	6.7	24.0	21.0	21.9	20.2
		28.2	61.5	44.3	69.3	17.9	22.8	23.3
		32.2	-2.4	4.1	2.8	39.7	-5.7	-1.1
		35.0	-12.1	1.1	-11.3	-11.1	-13.0	-12.9

注：$\tau_{\text{f-}\rho d}$ 代表酸液迁出条件下，酸污染红土的抗剪强度随干密度的变化程度。

可见，当干密度由 1.30g/cm³ 增大到 1.45g/cm³，含水率在 25.7%～28.2% 之间，酸液迁出前（$t_c=0$），酸污染红土的抗剪强度增大了 26.1%～61.5%；酸液迁出后（1～30d），酸污染红土的抗剪强度增大了 6.7%～69.3%。含水率在 32.2%～35.0% 之间，迁出前的抗剪强度减小了 2.4%～12.1%，迁出后的抗剪强度变化了 −13.0%～39.7%。

图 2—25 给出了酸液迁出的浸泡条件下，与图 2—24 相应的酸污染红土的时间加权抗剪强度 τ_{fjt} 随初始干密度 ρ_d 的变化。时间加权抗剪强度是指初始含水率相同、初始干密度相同时，对不同酸液迁出时间下的抗剪强度按时间进行加权平均，用以衡量酸液迁出时间对抗剪强度的影响。

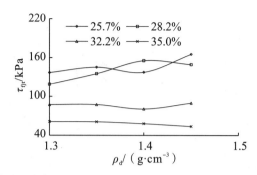

图 2—25　酸液迁出条件下酸污染红土的时间加权抗剪强度与干密度的关系

图 2—25 表明：酸液迁出条件下，随干密度的增大，由 1.30g/cm³ 增大到 1.45g/cm³ 时，含水率在 25.7%～32.2% 之间，酸污染红土的时间加权抗剪强度呈增大的变化趋势，增大程度在 2.6%～25.7% 之间；含水率达到 35.0% 时，酸污染红土的时间加权抗剪强度呈减小的变化趋势，减小程度为 12.1%。其变化程度见表 2—21。说明水溶液的浸泡条件下，通过增大干密度来提高酸污染红土的抗剪强度在含水率较低时效果较好，而含水率较高时反而不利。

表 2—21　酸液迁出条件下酸污染红土的时间加权抗剪强度随干密度的变化程度（$\tau_{fjt-\rho d}$/%）

迁移条件	干密度 ρ_d/（g·cm⁻³）	含水率 ω_0/%			
		25.7	28.2	32.2	35.0
酸液迁出	1.30→1.45	20.7	25.7	2.6	−12.1

注：$\tau_{fjt-\rho d}$ 代表酸液迁出条件下，酸污染红土的时间加权抗剪强度随干密度的变化程度。

2.2.5.3　酸液迁入—迁出对比

1. 含水率加权抗剪强度对比

图 2—26 给出了酸液迁入、迁出的浸泡条件下，垂直压力 σ 为 300kPa，迁移时间 t 相同时，酸污染红土的含水率加权抗剪强度 $\tau_{fj\omega}$ 随初始干密度 ρ_d 变化的迁入—迁出对比关系。

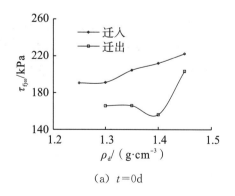

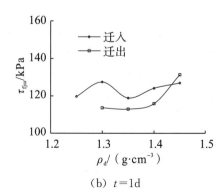

（a）$t=0$d　　　　　　　　　　（b）$t=1$d

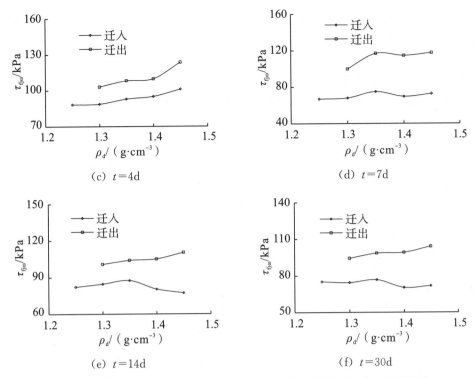

图 2－26 相同干密度下酸污染红土的含水率加权抗剪强度迁入—迁出比较

图 2－26 表明：随干密度的增大，迁移前（$t=0$d）的素红土与酸污染红土比较，迁入条件下的含水率加权抗剪强度线的位置高于迁出条件下的相应位置，说明这时素红土的抗剪强度大于酸污染红土的抗剪强度。迁移时间 1d 时，总体上，迁入曲线的位置高于迁出曲线的位置，说明这时迁入条件下酸污染红土的抗剪强度大于迁出条件下的相应值。其他迁移时间（4～30d）下，迁出曲线的位置高于迁入曲线的位置，说明这时迁出条件下酸污染红土的抗剪强度大于迁入条件下的相应值。其变化程度见表 2－22。

表 2－22 相同干密度下酸污染红土的含水率加权抗剪强度迁入—迁出的变化程度

含水率加权抗剪强度的变化 $\tau_{fj\omega-rc}$/%	干密度 ρ_d/（g·cm⁻³）	酸液迁移时间 t/d					
		0	1	4	7	14	30
迁入→迁出	1.30	−13.2	−10.8	16.1	46.9	19.0	26.6
	1.35	−18.8	−5.0	16.5	56.1	18.7	28.3
	1.40	−26.2	−6.6	15.6	64.7	30.7	40.8
	1.45	−8.6	3.5	22.4	61.8	43.0	44.8

注：τ_{fjt-rc} 代表相比酸液迁入条件，酸液迁出条件下酸污染红土的含水率加权抗剪强度的变化程度。

可见，干密度在 1.30～1.45g/cm³ 之间，相同干密度下，迁移时间为 0～1d，相比酸液迁入前，酸液迁入后，除个别试验点的数值增大了 3.5%，其余试验点的含水率加权抗剪强度平均减小了 5.0%～26.2%；迁移时间为 4～30d，含水率加权抗剪强度平均增大了 15.6%~64.7%。说明相比迁入→迁出条件，迁移初期引起迁出后的抗剪强度降低；迁移中后期引起迁出后的抗剪强度增大。

2. 时间加权抗剪强度对比

图 2-27 给出了酸液迁入、迁出的浸泡条件下，垂直压力 σ 为 300kPa，初始含水率 ω_0 相同时，酸污染红土的时间加权抗剪强度 τ_{fjt} 随初始干密度 ρ_d 变化的迁入—迁出对比关系。

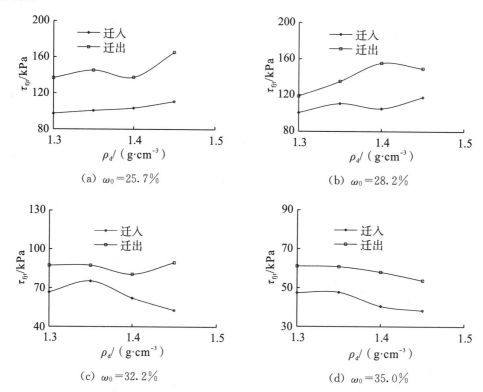

(a) $\omega_0 = 25.7\%$

(b) $\omega_0 = 28.2\%$

(c) $\omega_0 = 32.2\%$

(d) $\omega_0 = 35.0\%$

图 2-27　相同干密度下酸污染红土的时间加权抗剪强度迁入—迁出比较

图 2-27 表明：酸液迁入、迁出条件下，随初始干密度的增大，当含水率较低时，酸污染红土的时间加权抗剪强度呈增大的变化；含水率较高时，时间加权抗剪强度呈减小的变化。初始含水率相同时，酸污染红土的时间加权抗剪强度随干密度变化的迁出曲线的位置高于迁入曲线的位置。说明相同干密度下，相比酸液迁入条件，酸液迁出条件下酸污染红土的时间加权抗剪强度增大。其变化程度见表 2-23。

表 2-23　相同干密度下酸污染红土的时间加权抗剪强度迁入—迁出的变化程度

时间加权抗剪强度的变化 τ_{fjt-rc} /%	含水率 ω_0 /%	干密度 ρ_d/ （g·cm⁻³）			
		1.30	1.35	1.40	1.45
迁入→迁出	25.7	40.6	44.4	33.0	49.3
	28.2	18.1	22.2	47.9	27.0
	32.2	31.0	16.1	29.6	70.2
	35.0	28.9	27.5	43.6	40.6

注：τ_{fjt-rc} 代表相比酸液迁入条件，酸液迁出条件下酸污染红土的时间加权抗剪强度的变化程度。

可见，含水率在 25.7%～35.0% 之间，干密度在 1.30～1.45g/cm³ 之间，相同干密度下，相比酸液迁入条件，酸液迁出条件下酸污染红土的时间加权抗剪强度平均增大了 18.1%～70.2%。说明浸泡迁移条件下，对酸污染红土的结构稳定性而言，先污染后迁出相对有利于先迁入后污染的情况。

2.3　迁移条件下酸污染红土的抗剪强度指标特性

2.3.1　酸液浓度的影响

2.3.1.1　酸液迁入条件

1. 不同迁入时间下

图 2-28 给出了酸液浸泡素红土的迁入条件下，不同酸液迁入时间 t_r 时，酸污染红土的黏聚力 c 和内摩擦角 φ 抗剪强度指标随酸液迁入浓度 a_{wr} 的变化关系。

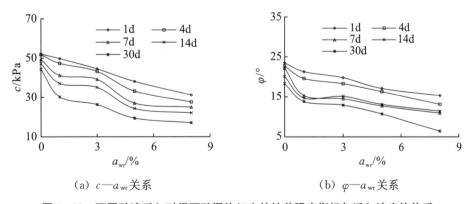

（a）c—a_{wr} 关系　　　　　　（b）φ—a_{wr} 关系

图 2-28　不同酸液迁入时间下酸污染红土的抗剪强度指标与迁入浓度的关系

图 2-28 表明：在酸液迁入的浸泡条件下，随着酸液迁入浓度的增大，酸污染红土的黏聚力和内摩擦角抗剪强度指标总体呈现逐渐减小的变化；相应的时间加权黏聚力和

时间加权内摩擦角也呈这一减小的变化趋势。其变化程度见表 2-24。

表 2-24　不同酸液迁入时间下酸污染红土的抗剪强度指标随迁入浓度的变化程度

迁移条件	迁入浓度 $a_{wr}/\%$	强度指标的变化	迁入时间 t_r/d					时间加权指标的变化 $c_{jt-aw}/\varphi_{jt-aw}/\%$
			1	4	7	14	30	
酸液迁入	0.0→8.0	$c_{aw}/\%$	-40.0	-46.6	-49.3	-53.2	-61.4	-56.2
		$\varphi_{aw}/\%$	-34.9	-42.3	-50.9	-43.3	-65.0	-54.6

注：c_{aw}、φ_{aw} 分别代表酸液迁入条件下，酸污染红土的黏聚力和内摩擦角随酸液迁入浓度的变化程度；c_{jt-aw}、φ_{jt-aw} 分别代表时间加权黏聚力和时间加权内摩擦角随酸液迁入浓度的变化程度。

可见，酸液迁入时间在 1~30d 之间，酸液迁入浓度由 0.0% 增大到 8.0% 时，酸污染红土的黏聚力减小了 40.0%~61.4%，内摩擦角减小了 34.9%~65.0%；相应的时间加权黏聚力平均减小了 56.2%，时间加权内摩擦角平均减小了 54.6%。酸液迁入浓度在 0.0%~1.0% 之间，抗剪强度指标下降较快，浓度增大 1.0%，时间加权黏聚力平均减小了 24.6%，时间加权内摩擦角平均减小了 24.5%；而浓度在 1.0%~8.0% 之间，抗剪强度指标下降较慢，浓度每增大 1.0%，时间加权黏聚力平均仅减小了 6.0%，时间加权内摩擦角平均仅减小了 5.7%。说明酸液迁入的浓度越大，对红土颗粒及其颗粒间的胶结作用的破坏越强，颗粒间的连接能力和摩擦能力越来越弱，因而酸污染红土的黏聚力和内摩擦角越来越小。

2. 不同迁入温度下

图 2-29 给出了酸液浸泡素红土的迁入条件下，不同酸液迁入温度 T_r 时，酸污染红土的黏聚力 c 和内摩擦角 φ 抗剪强度指标随酸液迁入浓度 a_{wr} 的变化关系。

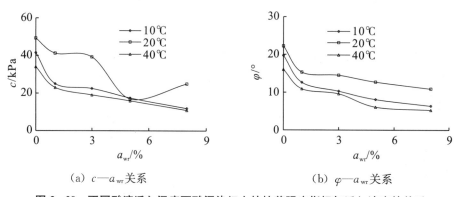

（a）$c-a_{wr}$ 关系　　　　　　（b）$\varphi-a_{wr}$ 关系

图 2-29　不同酸液迁入温度下酸污染红土的抗剪强度指标与迁入浓度的关系

图 2-29 表明：酸液迁入的浸泡条件下，不同浸泡温度下，随酸液迁入浓度的增大，酸污染红土的黏聚力和内摩擦角抗剪强度指标总体呈现逐渐减小的变化，相应的温度加权抗剪强度指标也呈相同的减小变化趋势。其变化程度见表 2-25。

表 2-25　不同酸液迁入温度下酸污染红土的抗剪强度指标随迁入浓度的变化程度

迁移条件	迁入浓度 $a_{wr}/\%$	强度指标的变化	迁入温度 $T_r/℃$			温度加权指标的变化 $c_{jT-aw}/\varphi_{jT-aw}/\%$
			10	20	40	
酸液迁入	$0.0 \to 8.0$	$c_{aw}/\%$	−71.1	−49.3	−67.6	−61.7
		$\varphi_{aw}/\%$	−67.5	−50.9	−66.9	−61.2

注：c_{aw}、φ_{aw} 分别代表酸液迁入条件下，酸污染红土的黏聚力和内摩擦角随酸液迁入浓度的变化程度；c_{jT-aw}、φ_{jT-aw} 分别代表温度加权黏聚力和温度加权内摩擦角随酸液迁入浓度的变化程度。

可见，当酸液迁入浓度由 0.0% 增大到 8.0% 时，温度在 10℃～40℃ 之间，酸污染红土的黏聚力减小了 49.3%～71.1%，内摩擦角减小了 50.9%～67.5%；相应的温度加权黏聚力平均减小了 61.7%，温度加权内摩擦角平均减小了 61.2%。浓度每增加 1.0%，浓度在 0.0%～1.0% 之间，温度加权黏聚力减小了 27.7%，温度加权内摩擦角减小了 32.2%；浓度在 1.0%～8.0% 之间，温度加权黏聚力减小了 6.7%，温度加权内摩擦角减小了 6.1%。说明不同温度下，酸液迁入浓度越大，对红土颗粒及微结构的侵蚀损伤作用越强，酸污染红土的结构稳定性越差，引起黏聚力和内摩擦角抗剪强度指标减小。

2.3.1.2　酸液迁出条件

1. 不同迁出时间下

图 2-30 给出了水溶液浸泡酸污染红土的迁出条件下，不同酸液迁出时间 t_c 时，酸污染红土的黏聚力 c 和内摩擦角 φ 抗剪强度指标随酸液迁出浓度 a_{wc} 的变化关系。

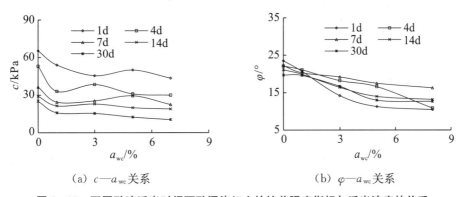

（a）$c—a_{wc}$ 关系　　　　　（b）$\varphi—a_{wc}$ 关系

图 2-30　不同酸液迁出时间下酸污染红土的抗剪强度指标与迁出浓度的关系

图 2-30 表明：酸液迁出的浸泡条件下，迁出时间不同时，随酸液迁出浓度的增大，酸污染红土的黏聚力和内摩擦角呈逐渐减小的变化趋势，相应的时间加权黏聚力和时间加权内摩擦角也呈减小的变化趋势。其变化程度见表 2-26。

表 2-26   不同酸液迁出时间下酸污染红土的抗剪强度指标随迁出浓度的变化程度

迁移条件	迁出浓度 a_{wc}/%	强度指标的变化	迁出时间 t_c/d					时间加权指标的变化 $c_{jt-aw}/\varphi_{jt-aw}$/%
			1	4	7	14	30	
酸液迁出	0.0→8.0	c_{aw}/%	−33.5	−43.4	−38.4	−34.9	−58.3	−46.9
		φ_{aw}/%	−55.3	−50.7	−26.6	−37.4	−35.5	−36.4

注：c_{aw}、φ_{aw}分别代表酸液迁出条件下，酸污染红土的黏聚力和内摩擦角随酸液迁出浓度的变化程度；c_{jt-aw}、φ_{jt-aw}分别代表酸污染红土的时间加权黏聚力和时间加权内摩擦角随酸液迁出浓度的变化程度。

可见，当酸液迁出浓度由 0.0% 增大到 8.0% 时，酸液迁出时间在 1～30d 之间，酸污染红土的黏聚力减小了 33.5%～58.3%，内摩擦角减小了 26.6%～55.3%；相应的时间加权黏聚力平均减小了 46.9%，时间加权内摩擦角平均减小了 36.4%。说明浸泡前污染红土中的酸液浓度越大，浸泡迁出酸液后，对红土颗粒及颗粒间的连接能力和摩擦能力损伤越强，表现出黏聚力和内摩擦角越小。

2. 不同迁出温度下

图 2-31 给出了水溶液浸泡酸污染红土的迁出条件下，不同酸液迁出温度 T_c 时，酸污染红土的黏聚力 c 和内摩擦角 φ 抗剪强度指标随酸液迁出浓度 a_{wc} 的变化关系。

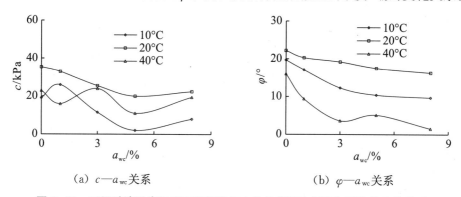

（a）c—a_{wc}关系   （b）φ—a_{wc}关系

图 2-31   不同酸液迁出温度下酸污染红土的抗剪强度指标与迁出浓度的关系

图 2-31 表明：总体上，酸液迁出的浸泡条件下，随酸液迁出浓度的增大，各个温度下酸污染红土的黏聚力和内摩擦角呈波动减小的变化趋势；相应的温度加权黏聚力和温度加权内摩擦角也呈相同的变化趋势。其变化程度见表 2-27。

表 2-27   不同酸液迁出温度下酸污染红土的抗剪强度指标随迁出浓度的变化程度

迁移条件	迁出浓度 a_{wc}/%	强度指标的变化	迁出温度 T_c/℃			温度加权指标的变化 $c_{jT-aw}/\varphi_{jT-aw}$/%
			10	20	40	
酸液迁出	0.0→8.0	c_{aw}/%	−58.1	−36.4	−15.2	−28.1
		φ_{aw}/%	−50.8	−26.6	−90.6	−62.3

注：c_{aw}、φ_{aw}代表酸液迁出条件下，酸污染红土的黏聚力和内摩擦角随酸液迁出浓度的变化程度；c_{jT-aw}、φ_{jT-aw}分别代表酸污染红土的温度加权黏聚力和温度加权内摩擦角随酸液迁出浓度的变化程度。

可见，当酸液迁出浓度由 0.0% 增大到 8.0%，浸泡温度在 10℃～40℃ 之间，酸污染红土的黏聚力减小了 15.2%～58.1%，内摩擦角减小了 26.6%～90.6%；相应的温度加权黏聚力平均减小了 28.1%，温度加权内摩擦角平均减小了 62.3%。说明相比迁出前浓度为 0.0% 时的素红土，酸液迁出浓度的增大，对红土颗粒及颗粒间的侵蚀损伤作用增强，引起酸污染红土的抗剪强度指标的降低。

2.3.1.3 酸液迁入—迁出对比

1. 时间加权抗剪强度指标对比

图 2-32 给出了酸液迁入条件、迁出条件下，迁移时间在 1～30d 之间，酸污染红土的时间加权黏聚力 c_{jt} 和时间加权内摩擦角 φ_{jt} 随酸液迁移浓度 a_w 变化的迁入—迁出对比情况。

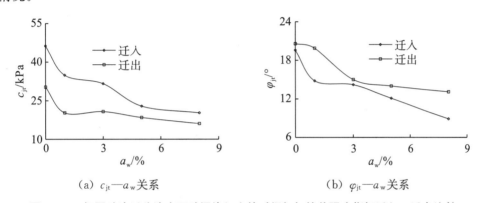

(a) $c_{jt}—a_w$ 关系　　　　　(b) $\varphi_{jt}—a_w$ 关系

图 2-32 相同酸液迁移浓度下酸污染红土的时间加权抗剪强度指标迁入—迁出比较

图 2-32 表明：酸液迁入、迁出的浸泡条件下，酸污染红土的时间加权黏聚力随酸液浓度变化的迁入曲线位置高于迁出曲线位置，而时间加权内摩擦角的迁出曲线位置高于迁入曲线位置。其变化程度见表 2-28。可见，酸液浓度在 0.0%～8.0% 之间，与酸液迁入条件比较，酸液迁出条件下的时间加权黏聚力减小了 19.2%～41.8%，时间加权内摩擦角增大了 5.1%～47.2%。说明相同浓度下，相比酸液迁入条件，酸液的迁出引起酸污染红土的黏聚力减小、内摩擦角增大。

表 2-28 相同酸液迁移浓度下酸污染红土的时间加权抗剪强度指标迁入—迁出的变化程度

迁移条件	时间加权强度指标的变化	酸液迁移浓度 a_w/%				
		0.0	1.0	3.0	5.0	8.0
迁入→迁出	c_{jt-rc}/%	−34.6	−41.8	−34.2	−19.2	−20.7
	φ_{jt-rc}/%	5.1	34.5	5.6	15.7	47.2

注：c_{jt-rc}、φ_{jt-rc} 代表相比酸液迁入条件，酸液迁出条件下酸污染红土的时间加权黏聚力和时间加权内摩擦角的变化程度。

2. 温度加权抗剪强度指标对比

图 2-33 给出了酸液迁入条件、迁出条件下，迁移温度 T 在 10℃～40℃ 之间，酸

污染红土的温度加权黏聚力 c_{jT} 和温度加权内摩擦角 φ_{jT} 随酸液迁移浓度 a_w 变化的迁入—迁出对比情况。

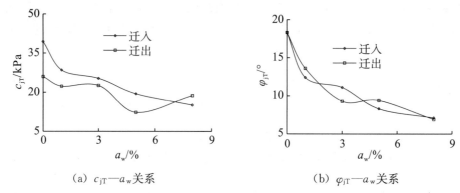

（a）c_{jT}—a_w关系　　　　　　　　（b）φ_{jT}—a_w关系

图 2—33　相同酸液迁移浓度下酸污染红土的温度加权抗剪强度指标迁入—迁出比较

图 2—33 表明：总体上，在酸液迁入、迁出的浸泡条件下，酸污染红土的温度加权黏聚力随酸液浓度变化的迁入曲线的位置高于迁出曲线的位置，而温度加权内摩擦角的迁入曲线与迁出曲线波动交叉变化。其变化程度见表 2—29。

表 2—29　相同酸液迁移浓度下酸污染红土的温度加权抗剪强度指标迁入—迁出的变化程度

迁移条件	温度加权强度指标的变化	酸液迁移浓度 a_w/%				
		0.0	1.0	3.0	5.0	8.0
迁入→迁出	c_{jT-rc}/%	−34.0	−21.8	−10.7	−36.6	23.8
	φ_{jT-rc}/%	0.0	9.7	−16.2	13.3	−2.8

注：c_{jT-rc}、φ_{jT-rc} 代表相比酸液迁入条件，酸液迁出条件下酸污染红土的温度加权黏聚力和温度加权内摩擦角的变化程度。

可见，相比酸液迁入条件，酸液迁出条件下，除浓度为 8.0%时的温度加权黏聚力平均增大了 23.8%，酸液浓度在 0.0%~5.0%之间的温度加权黏聚力平均减小了 10.7%~36.6%；对于内摩擦角，浓度在 0.0%~8.0%之间波动增减了−16.2%~13.3%。如果再经过浓度加权，可以看出，相比迁入→迁出条件，温度—浓度加权平均后的黏聚力平均减小了 2.7%，内摩擦角平均增大了 30.6%。

2.3.2　迁移时间的影响

2.3.2.1　酸液迁入条件

图 2—34 给出了酸液浸泡素红土的迁入条件下，不同酸液迁入浓度 a_{wr}时，酸污染红土的黏聚力 c 和内摩擦角 φ 抗剪强度指标随酸液迁入时间 t_r的变化情况。

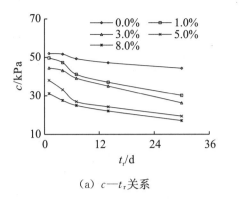 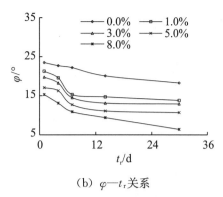

（a）c—t_r关系　　　　　　　　（b）φ—t_r关系

图 2—34　不同酸液迁入浓度下酸污染红土的抗剪强度指标与迁入时间的关系

图 2—34 表明：在酸液迁入的浸泡条件下，随酸液迁入时间的延长，各个浓度下酸污染红土的黏聚力和内摩擦角抗剪强度指标都呈减小的变化趋势；相应的浓度加权黏聚力和浓度加权内摩擦角也呈相同的变化趋势。其变化程度见表 2—30。

表 2—30　不同酸液迁入浓度下酸污染红土的抗剪强度指标随迁入时间的变化程度

迁移条件	迁入时间 t_r/d	强度指标的变化	迁入浓度 a_{wr}/%					浓度加权指标的变化 $c_{jaw-t}/\varphi_{jaw-t}$/%
			0.0	1.0	3.0	5.0	8.0	
酸液迁入	1→30	c_t/%	−14.8	−39.2	−40.9	−49.1	−45.2	−45.0
		φ_t/%	−22.1	−35.2	−34.8	−37.4	−58.2	−45.9

注：c_t、φ_t 分别代表酸液迁入条件下，酸污染红土的黏聚力和内摩擦角随酸液迁入时间的变化程度；c_{jaw-t}、φ_{jaw-t} 分别代表浓度加权黏聚力和浓度加权内摩擦角随酸液迁入时间的变化程度。

可见，当酸液迁入时间由 1d 延长到 30d 时，酸液迁入浓度在 0.0%～8.0% 之间，酸污染红土的黏聚力减小了 14.8%～49.1%，内摩擦角减小了 22.1%～58.2%；相应的浓度加权黏聚力平均减小了 45.0%，浓度加权内摩擦角平均减小了 45.9%，二者减小程度基本一致。说明酸液浸泡素红土的时间越长，对红土颗粒间的连接能力和摩擦能力损伤越强，表现出酸污染红土的黏聚力和内摩擦角越小。

2.3.2.2　酸液迁出条件

图 2—35 给出了水溶液浸泡酸污染红土的迁出条件下，酸液迁出浓度 a_{wc} 不同时，酸污染红土的黏聚力 c 和内摩擦角 φ 抗剪强度指标随酸液迁出时间 t_c 的变化关系。

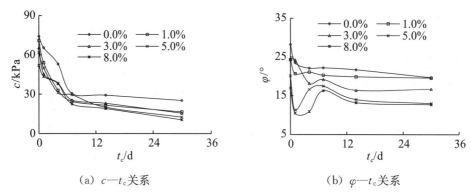

（a）$c—t_c$关系　　　　　　　　（b）$\varphi—t_c$关系

图2-35　不同酸液迁出浓度下酸污染红土的抗剪强度指标与迁出时间的关系

图2-35表明：在酸液迁出的浸泡条件下，随酸液迁出时间的延长，酸污染红土的黏聚力呈快速减小—缓慢减小的变化趋势，内摩擦角呈快速减小—缓慢增大—缓慢减小的波动变化趋势；相应的浓度加权黏聚力和浓度加权内摩擦角也呈这一变化趋势。迁出时间较短时，黏聚力和内摩擦角变化加快；迁出时间较长时，黏聚力和内摩擦角变化缓慢。其变化程度见表2-31。

表2-31　不同酸液迁出浓度下酸污染红土的抗剪强度指标随迁出时间的变化程度

迁移条件	迁出时间 t_c/d	强度指标的变化	迁出浓度 a_{wc}/%					浓度加权指标的变化 $c_{jaw-t}/\varphi_{jaw-t}$/%
			0.0	1.0	3.0	5.0	8.0	
酸液迁出	0→30	c_t/%	−66.0	−76.7	−76.3	−79.7	−79.8	−78.9
		φ_t/%	−30.1	−19.3	−31.8	−35.3	−25.3	−33.0
	0→1	c_t/%	−11.7	−23.8	−30.3	−18.7	−16.3	−20.4
		φ_t/%	−16.7	−14.8	−1.2	−43.8	−38.2	−29.9
	1→7	c_t/%	−53.4	−54.6	−44.0	−41.0	−48.3	−45.7
		φ_t/%	−5.5	−1.9	−20.7	54.9	55.2	26.1
	7→30	c_t/%	−17.4	−32.7	−39.2	−57.6	−53.3	−51.2
		φ_t/%	−11.3	−3.4	−13.0	−25.7	−22.1	−24.1

注：c_t、φ_t分别代表酸液迁出条件下，酸污染红土的黏聚力和内摩擦角随酸液迁出时间的变化程度；c_{jaw-t}、φ_{jaw-t}分别代表浓度加权黏聚力和浓度加权内摩擦角随酸液迁出时间的变化程度。

可见，酸液迁出浓度在0.0%～8.0%之间，相比酸液迁出前0d，酸液迁出1d时间，酸污染红土的黏聚力减小了11.7%～730.3%，内摩擦角减小了1.2%～43.8%；相应的浓度加权黏聚力平均减小了20.4%，浓度加权内摩擦角平均减小了29.9%。迁出时间达到30d时，黏聚力减小了66.0%～79.8%，内摩擦角减小了19.3%～35.3%；相应的浓度加权黏聚力平均减小了78.9%，浓度加权内摩擦角平均减小了33.0%。其中，迁出时间由1d→7d，各个浓度下的黏聚力减小了41.0%～54.6%，内摩擦角波动变化了−20.7%～55.2%；相应的浓度加权黏聚力平均减小了45.7%，浓度加权内摩擦角平均增大了26.1%。迁出时间由7d→30d，各个浓度下的黏聚力减小了17.4%～

57.6％，内摩擦角波动减小了 3.4％～25.7％；相应的浓度加权黏聚力平均减小了51.2％，浓度加权内摩擦角平均减小了 24.1％。说明相比酸液迁出前，水溶液浸泡过程中，酸液的迁出破坏了红土颗粒之间的连接力和摩擦能力，引起酸污染红土的黏聚力和内摩擦角的减小。

2.3.2.3　迁入—迁出比较

图 2—36 给出了酸液迁入、迁出条件下，酸液迁移浓度 a_w 在 1.0％～8.0％之间，酸污染红土的浓度加权黏聚力 c_{jaw} 和浓度加权内摩擦角 φ_{jaw} 随酸液迁移时间 t 变化的迁入—迁出对比情况。这里的酸液迁移时间 t 变指的是酸液迁入时间 t_r 和酸液迁出时间 t_c，以下同。

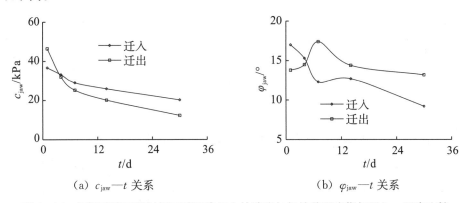

（a）c_{jaw}—t 关系　　　　　　　（b）φ_{jaw}—t 关系

图 2—36　相同酸液迁移时间下酸污染红土的浓度加权抗剪强度指标迁入—迁出比较

图 2—36 表明：总体上，不同迁移时间下，酸污染红土的浓度加权黏聚力的迁入曲线位置高于迁出曲线的位置；而浓度加权内摩擦角的迁出曲线的位置高于迁入曲线的位置。其变化程度见表 2—32。

表 2—32　相同酸液迁移时间下酸污染红土的浓度加权抗剪强度指标迁入—迁出的变化程度

迁移条件	浓度加权强度指标的变化	酸液迁移时间 t/d				
		1	4	7	14	30
迁入→迁出	c_{jaw-rc}/％	26.4	−3.6	−13.1	−22.4	−39.1
	φ_{aw-rc}/％	−18.8	−5.2	41.5	13.4	43.5

注：c_{jaw-rc}、φ_{jaw-rc} 分别代表相比酸液迁入条件，酸液迁出条件下酸污染红土的浓度加权黏聚力和浓度加权内摩擦角的变化程度。

可见，迁移时间在 1～30d 之间，相比酸液迁入条件，酸液迁出条件下酸污染红土的浓度加权黏聚力变化了 −39.1％～26.4％，浓度加权内摩擦角变化了 −18.8％～43.5％。说明相比迁入→迁出条件，短时间的迁出，引起酸污染红土的黏聚力增大，内摩擦角减小；长时间的迁出，最终减小了黏聚力，增大了内摩擦角。如果再经过时间加权，可以看出，浓度—时间加权后的黏聚力平均减小了 28.0％，内摩擦角平均增大了 31.1％。

2.3.3 迁移温度的影响

2.3.3.1 酸液迁入条件

图 2-37 给出了酸液浸泡素红土的迁入条件下，酸液迁入浓度 a_{wr} 不同时，酸污染红土的黏聚力 c 和内摩擦角 φ 抗剪强度指标随迁入温度 T_r 的变化情况。

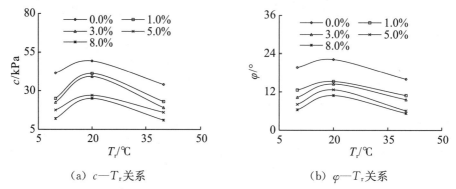

（a）c—T_r关系 　　　　（b）φ—T_r关系

图 2-37　不同酸液迁入浓度下酸污染红土的抗剪强度指标与迁入温度的关系

图 2-37 表明：随着酸液迁入温度的升高，酸污染红土的黏聚力和内摩擦角呈凸形变化趋势，相应的浓度加权黏聚力和浓度加权内摩擦角也呈这一变化趋势。迁入温度较低时，酸污染红土的黏聚力和内摩擦角增大；迁入温度较高时，酸污染红土的黏聚力和内摩擦角减小。其变化程度见表 2-33。

表 2-33　不同酸液迁入浓度下酸污染红土的抗剪强度指标随迁入温度的变化程度

迁移条件	迁入温度 T_r/℃	强度指标的变化	迁入浓度 a_{wr}/%					浓度加权指标的变化 $c_{jaw-T}/\varphi_{jaw-T}$/%
			0.0	1.0	3.0	5.0	8.0	
酸液迁入	10→40	c_T/%	−18.1	−8.0	−15.1	−8.6	−8.3	−9.9
		φ_T/%	−18.8	−13.5	−6.8	−24.7	−17.2	−17.5
	10→20	c_T/%	18.8	64.8	74.2	54.3	108.3	79.0
		φ_T/%	12.7	21.4	40.8	56.8	70.3	53.8
	20→40	c_T/%	−31.0	−44.2	−51.3	−40.7	−56.0	−49.7
		φ_T/%	−27.9	−28.8	−33.8	−52.0	−51.4	−46.3

注：c_T、φ_T 分别代表酸液迁入条件下，酸污染红土的黏聚力和内摩擦角随迁入温度的变化程度；c_{jaw-T}、φ_{jaw-T} 分别代表浓度加权黏聚力和浓度加权内摩擦角随迁入温度的变化程度。

可见，酸液迁入浓度在 0.0%～8.0% 之间，当迁入温度由 10℃ 上升到 40℃ 时，酸污染红土的黏聚力减小了 8.0%～18.1%，内摩擦角减小了 6.8%～24.7%；相应的浓度加权黏聚力平均减小了 9.9%，浓度加权内摩擦角平均减小了 17.5%。其中，温度由 10℃→20℃ 时，黏聚力增大了 18.8%～108.3%，内摩擦角增大了 12.7%～70.3%；相应的浓度加权黏聚力平均增大了 79.0%，浓度加权内摩擦角平均增大了 53.8%。温度由 20℃→40℃时，黏聚力减小了 31.0%～56.0%，内摩擦角减小了 27.9%～52.0%；相应的浓度加权黏聚力平均减小了 49.7%，浓度加权内摩擦角平均减小了 46.3%。说明迁入温度过低或过高，都会降低酸污染红土颗粒间的连接能力和摩擦能力，引起黏聚力和内摩擦角的减小；只有迁入温度合适，才会提高酸污染红土的黏聚力和摩擦力。试验条件下，迁入温度为 20℃时，黏聚力和内摩擦角存在极大值。

2.3.3.2　酸液迁出条件

图 2-38 给出了水溶液浸泡酸污染红土的迁出条件下，酸液迁出浓度 a_{wc} 不同时，酸污染红土的黏聚力 c 和内摩擦角 φ 抗剪强度指标随迁出温度 T_c 的变化情况。

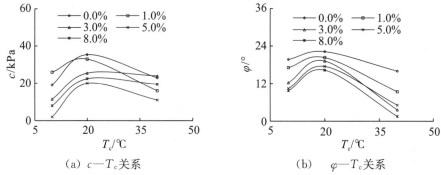

（a）c—T_c 关系　　　　　（b）　φ—T_c 关系

图 2-38　不同酸液迁出浓度下酸污染红土的抗剪强度指标与迁出温度的关系

图 2-38 表明：随着酸液迁出温度的升高，酸污染红土的黏聚力和内摩擦角呈凸形变化趋势，相应的浓度加权黏聚力和浓度加权内摩擦角也呈这一变化趋势。迁出温度较低时，酸污染红土的黏聚力和内摩擦角增大；迁出温度较高时，酸污染红土的黏聚力和内摩擦角减小。其变化程度见表 2-34。

表 2-34　不同酸液迁出浓度下酸污染红土的抗剪强度指标随迁出温度的变化程度

迁移条件	迁出温度 T_c/℃	强度指标的变化	迁出浓度 a_{wc}/%					浓度加权指标的变化 c_{jaw-T}/φ_{jaw-T}/%
			0.0	1.0	3.0	5.0	8.0	
酸液迁出	10→40	c_T/%	20.4	−38.5	108.7	450.0	143.8	122.8
		φ_T/%	−18.8	−45.0	−70.7	−51.0	−84.5	−68.5
	10→20	c_T/%	85.3	26.9	121.7	900.0	181.3	189.9
		φ_T/%	12.7	18.7	56.1	68.3	68.0	61.1
	20→40	c_T/%	−35.0	−51.5	−5.9	−45.0	−13.3	−23.1
		φ_T/%	−27.9	−53.7	−81.3	−70.9	−90.8	−80.5

注：c_T、φ_T 分别代表酸液迁出条件下，酸污染红土的黏聚力和内摩擦角随迁出温度的变化程度；c_{jaw-T}、φ_{jaw-T} 分别代表浓度加权黏聚力和浓度加权内摩擦角随迁出温度的变化程度。

可见，酸液迁出浓度在 0.0%～8.0% 之间，当迁出温度由 10℃ 上升到 40℃ 时，酸污染红土的黏聚力变化了 −38.5%～450.0%，内摩擦角减小了 18.8%～84.5%；相应的浓度加权黏聚力平均增大了 122.8%，浓度加权内摩擦角平均减小了 68.5%。其中，温度由 10℃→20℃时，黏聚力增大了 26.9%～900.0%，内摩擦角增大了 12.7%～68.3%；相应的浓度加权黏聚力平均增大了 189.9%，浓度加权内摩擦角平均增大了 61.1%。温度由 20℃→40℃时，黏聚力减小了 5.9%～51.5%，内摩擦角减小了 27.9%～90.8%；相应的浓度加权黏聚力平均减小了 23.1%，浓度加权内摩擦角平均减小了 80.5%。说明试验条件下，迁出温度为 20℃时，酸污染红土的黏聚力和内摩擦角存在极大值；迁出温度的升高引起黏聚力的增大，内摩擦角的减小，40℃时的黏聚力大于 10℃时的黏聚力，40℃时的内摩擦角小于 10℃时的内摩擦角。

2.3.3.3 迁入—迁出比较

图 2-39 给出了酸液迁入、酸液迁出条件下，酸污染红土的浓度加权黏聚力 c_{jaw} 和浓度加权内摩擦角 φ_{jaw} 随酸液迁移温度 T 变化的迁入—迁出对比情况。这里的酸液迁移温度 T 指的是酸液迁入温度 T_r 和酸液迁出温度 T_c。

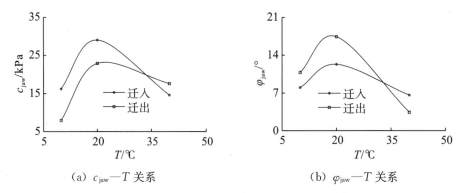

(a) c_{jaw}—T 关系　　　　　　(b) φ_{jaw}—T 关系

图 2-39　相同酸液迁移温度下酸污染红土的浓度加权抗剪强度指标迁入—迁出比较

图 2-39 表明：总体上，随迁移温度的变化，酸污染红土的浓度加权黏聚力与浓度加权内摩擦角的迁入曲线、迁出曲线的变化趋势相反。相同迁移温度下，温度较低时，浓度加权黏聚力的迁入曲线位置高于迁出曲线的位置，浓度加权内摩擦角的迁入曲线位置低于迁出曲线的位置；温度较高时则相反。其变化程度见表 2-35。

表 2-35　相同酸液迁移温度下酸污染红土的浓度加权抗剪强度指标迁入—迁出的变化程度

迁移条件	浓度加权强度指标的变化	迁移温度 T/℃		
		10	20	40
迁入→迁出	c_{jaw-rc}/%	−51.2	−21.0	20.5
	φ_{jaw-rc}/%	35.0	41.5	−48.5

注：c_{jaw-rc}、φ_{jaw-rc} 分别代表相比酸液迁入条件，酸液迁出条件下酸污染红土的浓度加权黏聚力和浓度加权内摩擦角的变化程度。

可见，迁移温度为 10℃、20℃时，相比酸液迁入条件，酸液迁出条件下的浓度加权黏聚力分别减小了 51.2%、21.0%，浓度加权内摩擦角分别增大了 35.0%、41.5%；温度达到 40℃时，浓度加权黏聚力增大了 20.5%，浓度加权内摩擦角减小了 48.5%。

说明相比迁入→迁出条件，较低温度下的酸液迁出，引起黏聚力减小，内摩擦角增大；较高温度下的酸液迁出，引起黏聚力增大，内摩擦角减小。

2.4　迁移条件下酸污染红土的压缩特性

2.4.1　酸液迁入条件

2.4.1.1　孔隙比的变化

图 2-40 给出了酸液浸泡素红土的迁入条件下，酸污染红土的孔隙比 e 以及时间加权孔隙比 e_{jt} 随酸液迁入浓度 a_{wr} 的变化情况。时间加权孔隙比是指酸液迁入浓度相同时，对不同酸液迁入时间下的孔隙比按时间进行加权平均，用以衡量酸液迁入时间对孔隙比的影响。

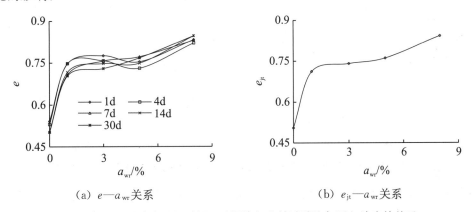

（a）e-a_{wr} 关系　　　　　　（b）e_{jt}-a_{wr} 关系

图 2-40　不同酸液迁入时间下酸污染红土的孔隙比与迁入浓度的关系

图 2-40 表明：不同酸液迁入时间下，随酸液迁入浓度的增大，酸污染红土的孔隙比呈快速增大—缓慢增大的变化趋势，相应的时间加权孔隙比也呈这一变化趋势。其变化程度见表 2-36。

表 2-36　不同酸液迁入时间下酸污染红土的孔隙比随迁入浓度的变化程度

迁移条件	孔隙比的变化	迁入浓度 a_{wr}/%	迁入时间 t_r/d					时间加权孔隙比的变化 e_{jt-aw}/%
			1	4	7	14	30	
酸液迁入	e_{aw}/%	0.0→1.0	38.1	41.1	40.5	42.8	40.2	41.0
		1.0→8.0	11.5	9.8	17.4	18.1	20.3	18.4
		0.0→8.0	54.0	54.9	64.9	68.7	68.7	66.9

注：e_{aw}、e_{jt-aw} 分别代表酸液迁入条件下，酸污染红土的孔隙比以及时间加权孔隙比随酸液迁入浓度的变化程度。

可见，总体上，酸液迁入时间在 1～30d 之间，酸液迁入浓度由 0.0% 增大到 8.0% 时，酸污染红土的孔隙比增大了 54.0%～68.7%，相应的时间加权孔隙比平均增大了 66.9%。其中，酸液迁入浓度由 0.0%→1.0% 时，孔隙比快速增大了 38.1%～42.8%，相应的时间加权孔隙比平均增大了 41.0%；而浓度由 1.0%→8.0% 时，孔隙比缓慢增大了 9.8%～20.3%，相应的时间加权孔隙比平均增大了 18.4%。说明浸泡条件下酸液迁入红土中，导致酸污染红土的结构松散，孔隙增大；酸液迁入浓度越高，酸污染红土的孔隙越大。

2.4.1.2 压缩系数的变化

图 2-41 给出了酸液浸泡素红土的迁入条件下，酸污染红土的压缩系数 a_v 以及时间加权压缩系数 a_{vjt} 随酸液迁入浓度 a_{wr} 的变化情况。时间加权压缩系数是指酸液迁入浓度相同时，对不同酸液迁入时间下的压缩系数按时间进行加权平均，用以衡量酸液迁入时间对压缩系数的影响。

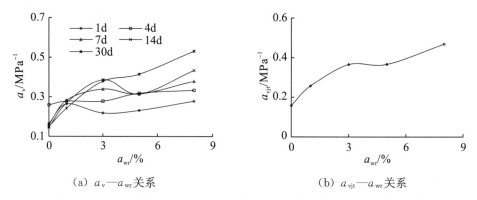

（a）a_v—a_{wr}关系　　　　　　　　（b）a_{vjt}—a_{wr}关系

图 2-41　不同酸液迁入时间下酸污染红土的压缩系数与迁入浓度的关系

图 2-41 表明：酸液迁入过程中，不同酸液迁入时间下，随酸液迁入浓度的增大，酸污染红土的压缩系数呈波动增大的变化趋势，相应的时间加权压缩系数也呈这一变化趋势。其变化程度见表 2-37。

表 2-37　不同酸液迁入时间下酸污染红土的压缩系数随迁入浓度的变化程度

迁移条件	迁入浓度 a_{wr}/%	压缩系数的变化	迁入时间 t_r/d					时间加权压缩系数的变化 a_{vjt-aw}/%
			1	4	7	14	30	
酸液迁入	0.0→8.0	a_{v-aw}/%	68.5	28.6	136.9	197.3	254.0	196.8
	0.0→1.0		60.0	7.3	76.9	84.2	61.3	62.7
	1.0→8.0	a_{v-aw1}/（%/%）	0.8	2.8	4.8	8.8	17.1	11.8

注：a_{v-aw}、a_{vjt-aw} 分别代表酸液迁入条件下，酸污染红土的压缩系数以及时间加权压缩系数随酸液迁入浓度的变化程度；a_{v-aw1} 代表浓度每增大 1.0%，压缩系数的变化程度。

可见，酸液迁入时间在 1～30d 之间，酸液迁入浓度由 0.0% 增大到 8.0% 时，酸污染红土的压缩系数由 0.146～0.259MPa^{-1} 增大到 0.278～0.531MPa^{-1}，增大了 28.6%

~254.0%，相应的时间加权压缩系数由 0.158MPa^{-1} 增大到 0.469MPa^{-1}，平均增大了 196.8%。浓度由 0.0%→1.0%，压缩系数增大了 7.3%~84.2%，相应的时间加权压缩系数增大了 62.7%；而浓度在 1.0%→8.0% 之间，每增大 1.0%，压缩系数仅增大了 0.8%~17.1%，相应的时间加权压缩系数增大了 11.8%。说明浸泡条件下酸液迁入红土中的浓度越高，酸污染红土的压缩性越大，其压缩程度由中低压缩性转化为中高压缩性。

2.4.1.3　压缩模量的变化

图 2-42 给出了酸液浸泡素红土的迁入条件下，酸污染红土的压缩模量 E_s 以及时间加权压缩模量 E_{sjt} 随酸液迁入浓度 a_{wr} 的变化情况。时间加权压缩模量是指酸液迁入浓度相同时，对不同酸液迁入时间下的压缩模量按时间进行加权平均，用以衡量酸液迁入时间对压缩模量的影响。

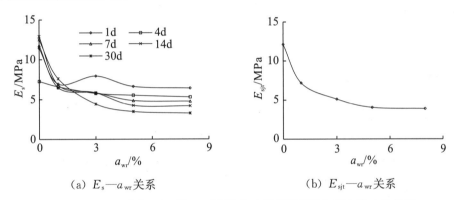

(a) E_s—a_{wr} 关系　　　　　　(b) E_{sjt}—a_{wr} 关系

图 2-42　不同酸液迁入时间下酸污染红土的压缩模量与迁入浓度的关系

图 2-42 表明：浸泡条件下酸液迁入红土，不同酸液迁入时间下，随酸液迁入浓度的增大，酸污染红土的压缩模量呈波动减小的变化趋势。浓度较小时，压缩模量快速减小；浓度较大时，压缩模量缓慢减小。相应的时间加权压缩模量也呈这一变化趋势。其变化程度见表 2-38。

表 2-38　不同酸液迁入时间下酸污染红土的压缩模量随迁入浓度的变化程度

迁移条件	迁入浓度 a_{wr}/%	压缩模量的变化	迁入时间 t_r/d					E_{sjt-aw}/%
			1	4	7	14	30	
酸液迁入	0.0→8.0	E_{s-aw}/%	−43.9	−27.1	−59.6	−67.7	−73.9	−68.0
	0.0→1.0		−39.2	−9.2	−44.8	−47.1	−39.2	−40.7
	1.0→8.0	E_{s-awl}/ (%/%)	−1.1	−2.8	−3.8	−5.6	−8.2	−6.6

注：E_{s-aw}、E_{sjt-aw} 分别代表酸液迁入条件下，酸污染红土的压缩模量以及时间加权压缩模量随酸液迁入浓度的变化程度；E_{s-awl} 代表浓度每增大 1.0%，压缩模量的变化程度。

可见，酸液迁入时间在 1~30d 之间，酸液迁入浓度由 0.0% 增大到 8.0% 时，酸污染红土的压缩模量减小了 27.1%~73.9%，相应的时间加权压缩模量平均减小了

68.0%。其中，浓度由 0.0%→1.0%，压缩模量减小了 9.2%～47.1%，相应的时间加权压缩模量平均减小了 40.7%；而浓度由 1.0%→8.0%，每增大 1.0%，压缩模量仅减小了 1.1%～8.2%，相应的时间加权压缩模量平均减小了 6.6%。说明酸液迁入红土中的浓度越高，引起酸污染红土的压缩模量越小，酸污染红土的结构稳定性越低。

2.4.2 酸液迁出条件

2.4.2.1 孔隙比的变化

图 2-43 给出了水溶液浸泡酸污染红土的迁出条件下，酸污染红土的孔隙比 e 以及时间加权孔隙比 e_{jt} 随酸液迁出浓度 a_{wc} 的变化情况。时间加权孔隙比是指酸液迁出浓度相同时，对不同酸液迁出时间下的孔隙比按时间进行加权平均，用以衡量酸液迁出时间对孔隙比的影响。

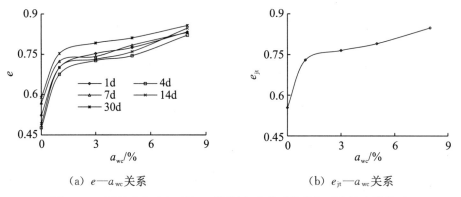

（a）e—a_{wc} 关系　　　　　　　（b）e_{jt}—a_{wc} 关系

图 2-43　不同酸液迁出时间下酸污染红土的孔隙比与迁出浓度的关系

图 2-43 表明：酸液迁出红土的浸泡条件下，酸液迁出时间不同时，随酸液迁出浓度的增大，酸污染红土的孔隙比呈快速增大—缓慢增大的变化趋势，相应的时间加权孔隙比也呈这一变化趋势。其变化程度见表 2-39。

表 2-39　不同酸液迁出时间下酸污染红土的孔隙比随迁出浓度的变化程度

迁移条件	孔隙比的变化	迁出浓度 a_{wc}/%	迁出时间 t_c/d					时间加权孔隙比的变化 e_{jt-aw}/%
			1	4	7	14	30	
酸液迁出	e_{aw}/%	0.0→1.0	34.0	41.7	27.2	42.3	27.6	31.8
		1.0→8.0	18.8	21.4	14.8	20.8	13.8	16.2
		0.0→8.0	59.3	72.1	46.0	72.2	45.3	53.1

注：e_{aw}、e_{jt-aw} 分别代表酸液迁出条件下，酸污染红土的孔隙比以及时间加权孔隙比随酸液迁出浓度的变化程度。

可见，酸液迁出时间在 1～30d 之间，酸液迁出浓度由 0.0% 增大到 1.0% 时，酸污染红土的孔隙比快速增大了 27.2%～42.3%，相应的时间加权孔隙比平均增大了 31.8%；

而浓度由 1.0% 增大到 8.0% 时，孔隙比缓慢增大了 13.8%～21.4%，相应的时间加权孔隙比平均增大了 16.2%。总体上，酸液迁出浓度由 0.0% 增大到 8.0% 时，孔隙比增大了 45.3%～72.2%，相应的时间加权孔隙比平均增大了 53.1%。说明水溶液浸泡酸污染红土后，酸液迁出浓度越高，对红土的侵蚀作用越强，酸污染红土的孔隙越大。本试验条件下，浓度小于 1.0% 时孔隙比增大较快，浓度高于 1.0% 时孔隙比增长缓慢。

2.4.2.2　压缩系数的变化

图 2-44 给出了水溶液浸泡酸污染红土的迁出条件下，酸污染红土的压缩系数 a_v 以及时间加权压缩系数 a_{vjt} 随酸液迁出浓度 a_{wc} 的变化情况。时间加权压缩系数是指酸液迁出浓度相同时，对不同酸液迁出时间下的压缩系数按时间进行加权平均，用以衡量酸液迁出时间对压缩系数的影响。

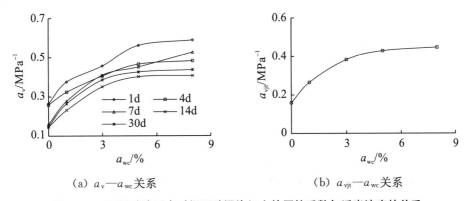

(a) a_v—a_{wc} 关系　　　　　(b) a_{vjt}—a_{wc} 关系

图 2-44　不同酸液迁出时间下酸污染红土的压缩系数与迁出浓度的关系

图 2-44 表明：酸液迁出过程中，不同酸液迁出时间下，随酸液迁出浓度的增大，酸污染红土的压缩系数呈增大的变化趋势，相应的时间加权压缩系数也呈这一变化趋势。其变化程度见表 2-40。

表 2-40　不同酸液迁出时间下酸污染红土的压缩系数随迁出浓度的变化程度

迁移条件	迁出浓度 a_{wc}/%	压缩系数的变化	迁出时间 t_c/d					时间加权压缩系数的变化 a_{vjt-aw}/%
			1	4	7	14	30	
酸液迁出	0.0→8.0	a_{v-aw}/%	122.3	86.5	229.4	178.8	191.3	179.4
	0.0→1.0		41.9	25.1	73.8	58.9	76.7	65.6
	1.0→8.0	a_{v-aw1}/ (%/%)	8.1	7.0	12.8	10.8	9.3	9.8

注：a_{v-aw}、a_{vjt-aw} 分别代表酸液迁出条件下，酸污染红土的压缩系数以及时间加权压缩系数随酸液迁出浓度的变化程度；a_{v-aw1} 代表浓度每增大 1.0%，压缩系数的变化程度。

可见，酸液迁出时间在 1～30d 之间，相比素红土（a_{wc} = 0.0%），酸液迁出浓度增大到 8.0% 时，酸污染红土的压缩系数由 0.146～0.265MPa^{-1} 增大到 0.407～0.589MPa^{-1}，增大了 86.5%～229.4%；相应的时间加权压缩系数由 0.160MPa^{-1} 增大到 0.447MPa^{-1}，平均增大了 179.4%。其中，迁出浓度由 0.0%→1.0% 时，压缩系数增大了 25.1%～76.7%，相应的时间加权压缩系数平均增大了 65.6%；而浓度由 1.0%→8.0% 时，浓度每增大 1.0%，压缩系数仅增大了 7.0%～12.8%，相应的时间加权压缩系数平均增大了 9.8%。说明水溶液浸泡酸污染红土后，从红土中迁出的酸液浓度越高，酸污染红土的压缩性越大，其压缩程度由中低压缩性转化为中高压缩性。

2.4.2.3 压缩模量的变化

图 2-45 给出了水溶液浸泡酸污染红土的迁出条件下，酸污染红土的压缩模量 E_s 以及时间加权压缩模量 E_{sjt} 随酸液迁出浓度 a_{wc} 的变化情况。时间加权压缩模量是指酸液迁出浓度相同时，对不同酸液迁出时间下的压缩模量按时间进行加权平均，用以衡量酸液迁出时间对压缩模量的影响。

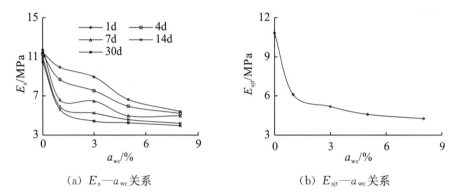

(a) E_s—a_{wc} 关系　　　　　　　(b) E_{sjt}—a_{wc} 关系

图 2-45　不同酸液迁出时间下酸污染红土的压缩模量与迁出浓度的关系

图 2-45 表明：水溶液浸泡条件下酸液迁出红土，酸液迁出时间不同时，随酸液迁出浓度的增大，酸污染红土的压缩模量呈波动减小的变化趋势，相应的时间加权压缩模量也呈这一变化趋势。其变化程度见表 2-41。

表 2-41　不同酸液迁出时间下酸污染红土的压缩模量随迁出浓度的变化程度

迁移条件	迁出浓度 a_{wc}/%	压缩模量的变化	迁出时间 t_c/d					E_{sjt-aw}/%
			1	4	7	14	30	
酸液迁出	0.0→8.0	E_{s-aw}/%	−52.7	−53.8	−57.8	−61.5	−62.3	−60.7
	0.0→1.0		−13.0	−23.1	−43.9	−45.8	−46.6	−43.7
	1.0→8.0	E_{s-awl}/（%/%）	−6.5	−5.7	−3.5	−4.1	−4.2	−4.3

注：E_{s-aw}、E_{sjt-aw} 分别代表酸液迁出条件下，酸污染红土的压缩模量以及时间加权压缩模量随酸液迁出浓度的变化程度；E_{s-awl} 代表浓度每增大 1.0%，压缩模量的变化程度。

可见，酸液迁出时间在 1～30d 之间，相比素红土（$a_{wc}=0.0$%）酸液迁出浓度增大到 8.0% 时，酸污染红土的压缩模量减小了 52.7%～62.3%，相应的时间加权压缩模量平均减小了 60.7%。其中，迁出浓度由 0.0%→1.0% 时，压缩模量减小了 13.0%～46.6%，相应的时间加权压缩模量平均减小了 43.7%；迁出浓度由 1.0%→8.0% 时，浓度每增大 1.0%，压缩模量仅减小了 3.5%～6.5%，相应的时间加权压缩模量平均仅减小了 4.3%。说明水溶液浸泡酸污染红土的条件下，酸液从红土中迁出的浓度越高，酸污染红土的结构稳定性越低，酸污染红土的压缩模量越小。

2.4.3 酸液迁入—迁出比较

图 2-46 给出了酸液迁入、迁出件下，迁移时间 t 为 1~30d 时，酸污染红土的时间加权孔隙比 e_{jt}、时间加权压缩系数 a_{vjt} 以及时间加权压缩模量 E_{sjt} 三个压缩性指标随酸液迁移浓度 a_w 变化的迁入—迁出对比情况。

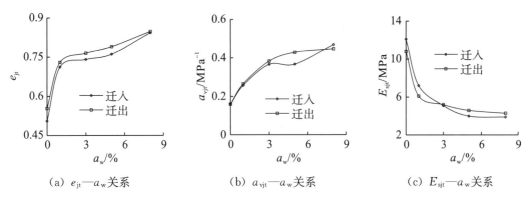

（a）e_{jt}—a_w 关系　　　　（b）a_{vjt}—a_w 关系　　　　（c）E_{sjt}—a_w 关系

图 2-46　相同酸液迁移浓度下酸污染红土的时间加权压缩性指标迁入—迁出比较

图 2-46 表明：酸液迁移条件下，酸污染红土的时间加权孔隙比、时间加权压缩系数的迁入曲线位置低于迁出曲线位置，时间加权压缩模量的迁入曲线、迁出曲线位置则呈交叉变化。其变化程度见表 2-42。

表 2-42　相同酸液迁移浓度下酸污染红土的时间加权压缩性指标迁入—迁出的变化程度

迁移条件	时间加权压缩性指标的变化	酸液迁移浓度 a_w/%					时间—浓度加权压缩性指标的变化%
		0.0	1.0	3.0	5.0	8.0	
迁入→迁出	e_{jt-rc}/%	9.7	2.5	3.2	3.8	0.6	2.1
	a_{vjt-rc}/%	1.3	3.1	4.6	16.9	−4.7	3.8
	E_{sjt-rc}/%	−10.7	−15.3	2.0	15.0	10.3	8.7

注：e_{jt-rc}、a_{vjt-rc}、E_{sjt-rc} 分别代表相比酸液迁入条件，酸液迁出条件下酸污染红土的时间加权孔隙比、时间加权压缩系数以及时间加权压缩模量的变化程度。

可见，酸液迁移浓度在 0.0%~8.0% 之间，相比酸液迁入条件，酸液迁出条件下酸污染红土的时间加权孔隙比增大了 0.6%~9.7%，时间加权压缩系数除浓度为 8.0% 时减小了 4.7% 外，其余浓度下均增大了 1.3%~16.9%；时间加权压缩模量变化了 −15.3%~15.0%。再经过浓度加权后，总体上，由迁入→迁出条件下，酸污染红土的时间—浓度加权孔隙比、压缩系数、压缩模量平均增大了 2.1%、3.8%、8.7%。说明先污染后迁移的酸液迁出条件比先迁移后污染的酸液迁入条件对酸污染红土的压缩性影响程度稍大。

2.5 迁移条件下酸污染红土的离子组成特性

2.5.1 酸液浓度的影响

2.5.1.1 酸液迁入条件

图 2-47 给出了酸液浸泡素红土的迁入条件下，浸泡液中的 Fe^{3+} 浓度 L_{Fe}、Al^{3+} 浓度 L_{Al} 随酸液迁入浓度 a_{wr} 的变化情况。

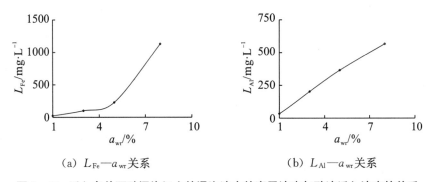

（a）L_{Fe}—a_{wr}关系　　（b）L_{Al}—a_{wr}关系

图 2-47　迁入条件下酸污染红土的浸泡液中的离子浓度与酸液迁入浓度的关系

图 2-47 表明：酸液迁入红土后，随酸液迁入浓度的增大，酸污染红土的浸泡液中的 Fe^{3+} 浓度呈先缓慢增大后快速增大的变化趋势，Al^{3+} 浓度呈线性变化趋势。其变化程度见表 2-43。可见，酸液迁入浓度由 1.0% 增大到 8.0% 时，浸泡液中的 Fe^{3+} 浓度增大了 0.48×10^4%，Al^{3+} 浓度增大了 0.15×10^4%。说明酸液迁入红土的浓度越大，对红土的侵蚀作用越强，生成了较多的可溶解的铁、铝盐类物质，迁出到浸泡液中的 Fe^{3+}、Al^{3+} 越多，相应的 Fe^{3+}、Al^{3+} 的浓度越高。

表 2-43　迁移条件下酸污染红土的浸泡液中的离子浓度随酸液浓度的变化程度

酸液浓度 a_w/%	迁移条件	离子浓度的变化 $L_{i\text{-}aw}$/%	
		Fe^{3+}	Al^{3+}
1.0→8.0	酸液迁入	0.48×10^4	0.15×10^4
	酸液迁出	17.31×10^4	55.27×10^4

注：$L_{i\text{-}aw}$ 代表酸液迁入条件、迁出条件下，酸污染红土的浸泡液中的离子浓度随酸液迁移浓度的变化程度。

2.5.1.2 酸液迁出条件

图 2-48 给出了水溶液浸泡酸污染红土的迁出条件下，酸液迁出红土后，浸泡液中

的 Fe^{3+} 浓度 L_{Fe}、Al^{3+} 浓度 L_{Al} 随酸液迁出浓度 a_{wc} 的变化情况。

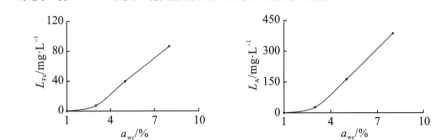

（a）L_{Fe}—a_{wc} 关系　　　　　（b）L_{Al}—a_{wc} 关系

图 2—48　迁出条件下酸污染红土的浸泡液中的离子浓度与酸液迁出浓度的关系

图 2—48 表明：酸液迁出红土后，随酸液迁出浓度的增大，酸污染红土的浸泡液中的 Fe^{3+} 浓度、Al^{3+} 浓度呈增大的变化趋势。其变化程度见表 2—43。可见，酸液迁出浓度由 1.0% 增大到 8.0% 时，浸泡液中的 Fe^{3+} 浓度增大了 $17.31×10^4$%，Al^{3+} 浓度增大了 $55.27×10^4$%；与酸液迁入条件相比，离子浓度的变化显著。说明酸液迁出红土的浓度越大，对红土的侵蚀作用越强，生成了较多的可溶解的铁、铝盐类物质，迁出到浸泡液中的 Fe^{3+}、Al^{3+} 越多，相应的 Fe^{3+}、Al^{3+} 的浓度越高。

2.5.1.3　酸液迁入—迁出对比

图 2—49 给出了酸液迁入、迁出条件下，酸液迁移后，浸泡液中的 Fe^{3+} 浓度 L_{Fe}、Al^{3+} 浓度 L_{Al} 随酸液迁移浓度 a_w 变化的迁入—迁出对比情况。这里的酸液迁移浓度 a_w 指的是酸液迁入浓度 a_{wr} 和酸液迁出浓度 a_{wc}。

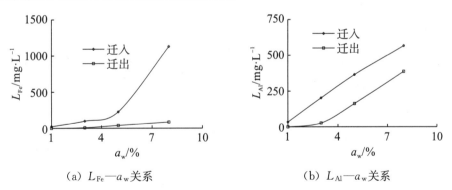

（a）L_{Fe}—a_w 关系　　　　　（b）L_{Al}—a_w 关系

图 2—49　相同酸液迁移浓度下酸污染红土的浸泡液中的离子浓度迁入—迁出对比

图 2—49 表明：酸液迁移条件下，随酸液迁移浓度的增大，酸污染红土的浸泡液中的 Fe^{3+} 浓度、Al^{3+} 浓度的迁入曲线的位置高于迁出曲线的位置。其变化程度见表 2—44。可见，酸液迁移浓度在 1.0%~8.0% 之间，相比迁入→迁出条件，Fe^{3+} 浓度减小了 82.6%~99.8%，Al^{3+} 浓度减小了 31.8%~99.8%。说明酸液迁移浓度相同时，迁入条件下浸泡液中的 Fe^{3+} 浓度、Al^{3+} 浓度大于酸液迁出条件下的相应值。

表 2-44　相同酸液迁移浓度下酸污染红土的浸泡液中离子浓度迁入—迁出的变化程度

迁移条件	离子浓度的变化	酸液迁移浓度 $a_w/\%$			
		1.0	3.0	5.0	8.0
迁入→迁出	$L_{Fe-rc}/\%$	−99.8	−92.7	−82.6	−92.3
	$L_{Al-rc}/\%$	−99.8	−86.5	−55.3	−31.8

注：L_{Fe-rc}、L_{Al-rc}分别代表相比酸液迁入条件，酸液迁出条件下浸泡液中的 Fe^{3+} 浓度、Al^{3+} 浓度的变化程度。

2.5.2　迁移时间的影响

2.5.2.1　酸液迁入条件

图 2-50 给出了酸液浸泡素红土的迁入条件下，酸液迁入红土后，浸泡液中的 Fe^{3+} 浓度 L_{Fe}、Al^{3+} 浓度 L_{Al} 随酸液迁入时间 t_r 的变化情况。

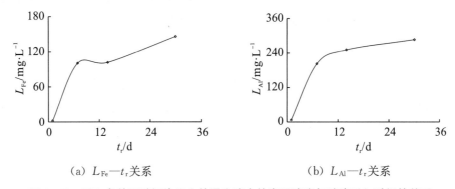

（a）L_{Fe}—t_r关系　　　　　　　　（b）L_{Al}—t_r关系

图 2-50　迁入条件下酸污染红土的浸泡液中的离子浓度与酸液迁入时间的关系

图 2-50 表明：酸液迁入红土后，随酸液迁入时间的延长，酸污染红土的浸泡液中的 Fe^{3+} 浓度、Al^{3+} 浓度呈先快速增大后缓慢增大的变化趋势。其变化程度见表 2-45。

表 2-45　迁移条件下酸污染红土的浸泡液中的离子浓度随迁移时间的变化程度

迁移时间 t/d	迁移条件	离子浓度的变化 $L_{i-t}/\%$	
		Fe^{3+}	Al^{3+}
1→30	酸液迁入	6413.4	3702.8
	酸液迁出	1064.4	401.3

注：L_{i-t}代表酸液迁入条件、迁出条件下，酸污染红土的浸泡液中的离子浓度随迁移时间的变化程度。

可见，酸液迁入时间由 1d 延长到 30d 时，浸泡液中的 Fe^{3+} 浓度增大了 6413.4%，Al^{3+} 浓度增大了 3702.8%。说明酸液迁入红土的时间越长，对红土的侵蚀作用越强，铁、铝等盐类物质溶解后，迁出到浸泡液中的 Fe^{3+}、Al^{3+} 越多，相应的 Fe^{3+}、Al^{3+} 的浓度越高。

2.5.2.2 酸液迁出条件

图 2-51 给出了水溶液浸泡酸污染红土的迁出条件下，酸液迁出红土后，浸泡液中的 Fe^{3+} 浓度 L_{Fe}、Al^{3+} 浓度 L_{Al} 随酸液迁出时间 t_c 的变化情况。

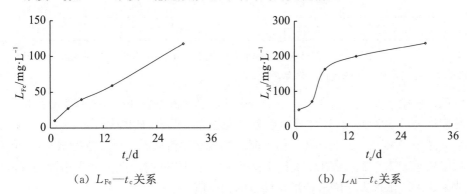

（a）L_{Fe}—t_c 关系　　　　（b）L_{Al}—t_c 关系

图 2-51　迁出条件下酸污染红土的浸泡液中的离子浓度与酸液迁出时间的关系

图 2-51 表明：酸液迁出红土后，随酸液迁出时间的延长，酸污染红土的浸泡液中的 Fe^{3+} 浓度、Al^{3+} 浓度呈增大的变化趋势。其变化程度见表 2-45。可见，酸液迁出时间由 1d 延长到 30d 时，浸泡液中的 Fe^{3+} 浓度增大了 1064.4%，Al^{3+} 浓度增大了401.3%。说明酸液迁出红土的时间越长，对红土的侵蚀作用越强，迁出到浸泡液中的 Fe^{3+}、Al^{3+} 越多，相应的 Fe^{3+}、Al^{3+} 的浓度越高。

2.5.2.3 酸液迁入—迁出对比

图 2-52 给出了酸液迁入、迁出的浸泡条件下，酸液迁移红土后，浸泡液中的 Fe^{3+} 浓度 L_{Fe}、Al^{3+} 浓度 L_{Al} 随酸液迁移时间 t 变化的迁入—迁出对比情况。

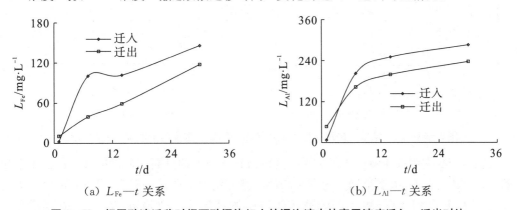

（a）L_{Fe}—t 关系　　　　（b）L_{Al}—t 关系

图 2-52　相同酸液迁移时间下酸污染红土的浸泡液中的离子浓度迁入—迁出对比

图 2-52 表明：酸液迁移条件下，酸液迁移时间较短时，酸污染红土的浸泡液中的 Fe^{3+} 浓度、Al^{3+} 浓度的迁入曲线的位置低于迁出曲线的位置；随迁移时间的延长，酸污染红土的浸泡液中的 Fe^{3+} 浓度、Al^{3+} 浓度的迁入曲线的位置高于迁出曲线的位置。

其变化程度见表 2-46。

表 2-46　相同酸液迁移时间下酸污染红土的浸泡液中的离子浓度迁入—迁出的变化程度

迁移条件	离子浓度的变化	迁移时间 t/d				时间加权浓度的变化 $L_{ijt-rc}/\%$
		1	7	14	30	
迁入→迁出	$L_{Fe-rc}/\%$	350.9	−60.5	−42.0	−19.4	−30.0
	$L_{Al-rc}/\%$	528.2	−19.6	−20.5	−17.2	−7.9

注：L_{Fe-rc}、L_{Al-rc}、L_{ijt-rc} 分别代表相比酸液迁入条件，酸液迁出条件下浸泡液中的 Fe^{3+} 浓度、Al^{3+} 浓度以及时间加权离子浓度的变化程度。

可见，相比迁入→迁出条件，迁移 1d 时，浸泡液中的 Fe^{3+} 浓度增大了 350.9%，Al^{3+} 浓度增大了 528.2%；迁移时间在 7~30d 之间，Fe^{3+} 浓度减小了 19.4%~60.5%，Al^{3+} 浓度减小了 17.2%~20.5%。但就时间加权平均值来看，Fe^{3+} 浓度减小了 30.0%，Al^{3+} 浓度减小了 7.9%。说明总体上，酸液迁移时间相同时，酸液迁入条件浸泡液中的 Fe^{3+} 浓度、Al^{3+} 浓度大于酸液迁出条件下的相应值。

2.5.3　迁移温度的影响

2.5.3.1　酸液迁入条件

图 2-53 出了酸液浸泡素红土的迁入条件下，酸液迁入红土后，浸泡液中的 Fe^{3+} 浓度 L_{Fe}、Al^{3+} 浓度 L_{Al} 随迁入温度 T_r 的变化情况。

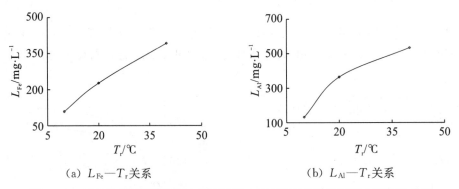

(a) L_{Fe}—T_r 关系　　　　　　　(b) L_{Al}—T_r 关系

图 2-53　迁入条件下酸污染红土的浸泡液中的离子浓度与酸液迁入温度的关系

图 2-53 表明：酸液迁入红土后，随酸液迁入温度的升高，酸污染红土的浸泡液中的 Fe^{3+} 浓度、Al^{3+} 浓度呈增大的变化趋势。其变化程度见表 2-47。可见，酸液迁入温度由 10℃升高到 40℃时，浸泡液中的 Fe^{3+} 浓度增大了 259.0%，Al^{3+} 浓度增大了 302.5%。说明酸液迁入红土的温度越高，对红土的侵蚀作用越强，迁出到浸泡液中的 Fe^{3+}、Al^{3+} 越多，相应的 Fe^{3+}、Al^{3+} 的浓度越高。

表 2-47　迁移条件下酸污染红土的浸泡液中的离子浓度随酸液迁移温度的变化程度

迁移温度 $T/℃$	迁移条件	离子浓度的变化 $L_{i-T}/\%$	
		Fe^{3+}	Al^{3+}
10→40	酸液迁入	259.0	302.5
	酸液迁出	1271.0	266.5

注：L_{i-T} 代表酸液迁入条件下，酸污染红土的浸泡液中的离子浓度随酸液迁入温度的变化程度。

2.5.3.2　酸液迁出条件

图 2-54 给出了水溶液浸泡酸污染红土的迁出条件下，酸液迁出红土后，浸泡液中的 Fe^{3+} 浓度 L_{Fe}、Al^{3+} 浓度 L_{Al} 随迁出温度 T_c 的变化情况。

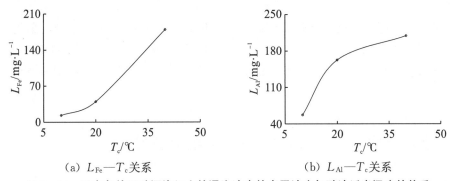

（a）$L_{Fe}—T_c$ 关系　　　　　（b）$L_{Al}—T_c$ 关系

图 2-54　迁出条件下酸污染红土的浸泡液中的离子浓度与酸液迁出温度的关系

图 2-54 表明：酸液迁出红土后，随酸液迁出温度的升高，酸污染红土的浸泡液中的 Fe^{3+} 浓度、Al^{3+} 浓度呈增大的变化趋势。其变化程度见表 2-47。可见，酸液迁出温度由 10℃升高到 40℃时，浸泡液中的 Fe^{3+} 浓度增大了 1271.0%，Al^{3+} 浓度增大了 266.5%。说明酸液迁出红土的温度越高，对红土的侵蚀作用越强，迁出到浸泡液中的 Fe^{3+}、Al^{3+} 越多，相应的 Fe^{3+}、Al^{3+} 的浓度越高。

2.5.3.3　酸液迁入—迁出对比

图 2-55 给出了酸液迁入、迁出条件下，酸液迁移红土后，浸泡液中的 Fe^{3+} 浓度 L_{Fe}、Al^{3+} 浓度 L_{Al} 随迁移温度 T 变化的迁入—迁出对比情况。

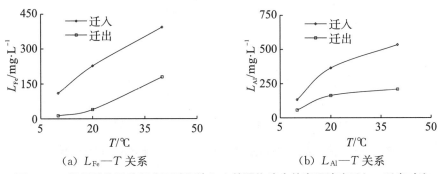

（a）$L_{Fe}—T$ 关系　　　　　（b）$L_{Al}—T$ 关系

图 2-55　相同酸液迁移温度下酸污染红土的浸泡液中的离子浓度迁入—迁出对比

图 2—55 表明：酸液迁移条件下，随酸液迁移温度的升高，酸污染红土的浸泡液中的 Fe^{3+} 浓度、Al^{3+} 浓度的迁入曲线的位置高于迁出曲线的位置。其变化程度见表 2—48。

表 2—48　相同酸液迁移温度下酸污染红土的浸泡液中的离子浓度迁入—迁出的变化程度

迁移条件	离子浓度的变化	迁移温度 $T/℃$		
		10	20	40
迁入→迁出	$L_{Fe-rc}/\%$	−88.0	−82.5	−54.3
	$L_{Al-rc}/\%$	−57.0	−55.3	−60.8

注：L_{Fe-rc}、L_{Al-rc} 分别代表相比酸液迁入条件，酸液迁出条件下浸泡液中 Fe^{3+} 浓度、Al^{3+} 浓度的变化程度。

可见，相比迁入→迁出条件，酸液迁移温度在 10℃～40℃ 之间，酸污染红土的浸泡液中的 Fe^{3+} 浓度减小了 54.3%～88.0%，Al^{3+} 浓度减小了 55.3%～60.8%。说明酸液迁移温度相同时，酸液迁入条件浸泡液中的 Fe^{3+} 浓度、Al^{3+} 浓度大于酸液迁出条件下的相应值。

2.6　迁移条件下酸污染红土的化学组成特性

2.6.1　酸液浓度的影响

2.6.1.1　酸液迁入条件

图 2—56 给出了酸液浸泡素红土的迁入条件下，酸污染红土的 Fe_2O_3、Al_2O_3、阳离子交换量 CEC、pH 值等化学组成含量 H_z 随酸液迁入浓度 a_{wr} 的变化情况。图中，$a_{wr}=0.0\%$ 时的数值代表素红土的相应值。

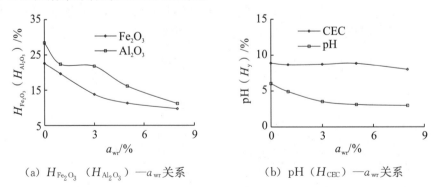

（a）$H_{Fe_2O_3}$（$H_{Al_2O_3}$）—a_{wr} 关系　　　（b）pH（H_{CEC}）—a_{wr} 关系

图 2—56　迁入条件下酸污染红土的化学组成与酸液迁入浓度的关系

图 2—56 表明：酸液迁入的浸泡条件下，随着酸液迁入浓度的增大，酸污染红土的

Fe_2O_3、Al_2O_3、阳离子交换量、pH 值呈减小的变化趋势。其变化程度见表 2-49。可见，当酸液迁入浓度由 0.0％ 增大到 8.0％ 时，酸污染红土的 Fe_2O_3、Al_2O_3、CEC、pH 值分别减小了 57.0％、60.7％、10.1％、50.7％。说明将素红土放入不同浓度的酸液中进行浸泡，盐酸迁入红土中产生的侵蚀作用，与 Fe_2O_3、Al_2O_3 反应生成氯化铁和氯化铝等盐类，消耗了 Fe_2O_3、Al_2O_3 等物质；盐酸浓度越大，酸性增强，酸液迁入红土中产生的侵蚀作用越强，反应生成的盐类越多，土体中的 Fe_2O_3、Al_2O_3 消耗越多，显著引起酸污染红土的 Fe_2O_3、Al_2O_3、pH 值减小。

表 2-49　迁移条件下酸污染红土的化学组成随酸液迁移浓度的变化程度

酸液迁移浓度 a_w／％	迁移条件	化学组成的变化 H_{z-aw}／％			
		Fe_2O_3	Al_2O_3	CEC	pH
0.0→8.0	酸液迁入	−57.0	−60.7	−10.1	−50.7
	酸液迁出	−49.8	−40.4	−8.2	−50.9

注：H_{z-aw} 代表酸液迁入、迁出条件下，酸污染红土的化学组成随酸液迁入浓度、迁出浓度的变化程度。

2.6.1.2　酸液迁出条件

图 2-57 给出了水溶液浸泡酸污染红土的酸液迁出条件下，酸污染红土的化学组成 Fe_2O_3、Al_2O_3、阳离子交换量 CEC、pH 值等含量 H_z 随酸液迁出浓度 a_{wc} 的变化情况。图中，$a_{wc}=0.0％$ 时的数值代表素红土的相应值。

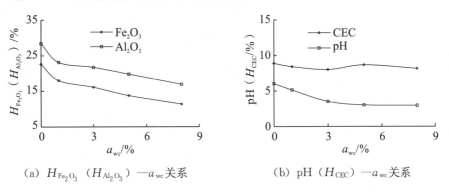

（a）$H_{Fe_2O_3}$（$H_{Al_2O_3}$）—a_{wc} 关系　　　　（b）pH（H_{CEC}）—a_{wc} 关系

图 2-57　迁出条件下酸污染红土的化学组成与酸液迁出浓度的关系

图 2-57 表明：酸液迁出的浸泡条件下，随着酸液迁出浓度的增大，酸污染红土的 Fe_2O_3、Al_2O_3、阳离子交换量、pH 值呈减小的变化趋势。其变化程度见表 2-49。可见，当酸液迁出浓度由 0.0％ 增大到 8.0％ 时，酸污染红土的 Fe_2O_3、Al_2O_3、CEC、pH 值分别减小了 49.8％、40.4％、8.2％、50.9％。说明先污染后浸泡的红土，污染阶段盐酸已经与红土中的 Fe_2O_3、Al_2O_3 发生反应生成了盐类，消耗了 Fe_2O_3、Al_2O_3 等物质；水溶液浸泡阶段，生成的盐类溶解在水中迁移出来；盐酸浓度越大，酸性越强，侵蚀作用越强，消耗越多的 Fe_2O_3、Al_2O_3，生成的盐类越多，浸泡溶解后迁移越来越多；引起酸污染红土的 Fe_2O_3、Al_2O_3、pH 值、阳离子交换量的减小。

2.6.1.3 酸液迁入—迁出比较

图2-58给出了酸液迁入、迁出条件下，酸污染红土的Fe_2O_3、Al_2O_3、pH值、阳离子交换量CEC等化学组成含量H_z随酸液浓度a_w变化的迁入—迁出对比情况。

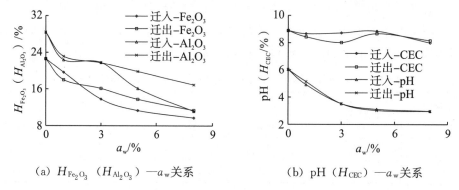

(a) $H_{Fe_2O_3}$（$H_{Al_2O_3}$）—a_w关系 （b) pH（H_{CEC}）—a_w关系

图2-58 相同酸液迁移浓度下酸污染红土的化学组成迁入—迁出对比

图2-58表明：酸液迁移条件下，随酸液迁入浓度、迁出浓度的增大，酸污染红土的Fe_2O_3、Al_2O_3、阳离子交换量、pH值等化学组成的迁入曲线、迁出曲线呈交叉减小的变化趋势。其变化程度见表2-50。

表2-50 相同酸液迁移浓度下酸污染红土的化学组成迁入—迁出的变化程度

迁移条件	酸液迁移浓度 a_w/%	化学组成的变化 H_{z-rc}/%			
		Fe_2O_3	Al_2O_3	CEC	pH
迁入→迁出	1.0	−8.4	3.4	−2.7	4.5
	3.0	16.9	−0.3	−8.0	0.0
	5.0	21.7	22.9	−2.0	−2.9
	8.0	16.9	51.4	2.1	−0.3
	1.0%~8.0%浓度加权	15.7	25.0	−1.3	−0.6

注：H_{z-rc}代表相比酸液迁入条件，酸液迁出条件下酸污染红土的化学组成的变化程度。

可见，当酸液迁入浓度、迁出浓度都在1.0%~8.0%之间，相比酸液迁入条件，酸液迁出条件下酸污染红土的Fe_2O_3的变化程度在−8.4%~21.7%之间，Al_2O_3的变化程度在−0.3%~51.4%之间，阳离子交换量的变化程度在−8.0%~2.1%之间，pH值的变化程度在−2.9%~4.5%之间。尽管在各个酸液浓度下，迁入→迁出的化学组成呈增大或减小的变化，但就1.0%~8.0%的浓度加权值比较，总体上还是表明了酸液迁出条件下酸污染红土的Fe_2O_3、Al_2O_3含量大于酸液迁入条件下的相应值，分别增大了15.7%、25.0%；而酸液迁出条件下的阳离子交换量、pH值小于酸液迁入条件下的相应值，分别减小了1.3%、0.6%。

2.6.2　迁移时间的影响

2.6.2.1　酸液迁入条件

图 2—59 给出了酸液浸泡素红土的迁入条件下，酸污染红土的 Fe_2O_3、Al_2O_3、阳离子交换量 CEC、pH 值等化学组成含量 H_z 随酸液迁入时间 t_r 的变化情况。图中，$t_r=$ 0d 时的数值代表酸液浸泡前素红土的相应值。

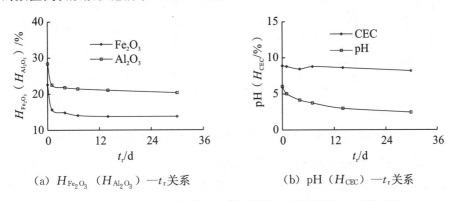

（a）$H_{Fe_2O_3}$（$H_{Al_2O_3}$）—t_r 关系　　　　（b）pH（H_{CEC}）—t_r 关系

图 2—59　迁入条件下酸污染红土的化学组成与酸液迁入时间的关系

图 2—59 表明：酸液迁入浓度相同的浸泡条件下，相比浸泡前（$t_r=$0d）的素红土，酸液浸泡污染红土后（$t_r=$1～30d），酸污染红土的 Fe_2O_3、Al_2O_3、阳离子交换量、pH 值等化学组成的含量减小。迁入时间较短（$t_r=$1d）时，Fe_2O_3、Al_2O_3、pH 值的含量快速减小；随着酸液迁入时间由 1d 延长到 30d，Fe_2O_3、Al_2O_3、pH 值的含量缓慢降低。而阳离子交换量总体减小缓慢。其变化程度见表 2—51。

表 2—51　迁入条件下酸污染红土的化学组成随酸液迁入时间的变化程度

迁移条件	迁入时间 t_r/d	化学组成的变化 H_{z-t}/%			
		Fe_2O_3	Al_2O_3	CEC	pH
酸液迁入	0→30	−39.0	−28.4	−8.1	−59.5
	0→1	−30.6	−20.6	−1.1	−16.6
	1→30	−12.1	−9.9	−7.1	−51.5

注：H_{z-t} 代表酸液迁入条件下，酸污染红土的化学组成随酸液迁入时间的变化程度。

可见，相比浸泡前 0d，酸液迁入时间达到 30d 时，酸污染红土的 Fe_2O_3、Al_2O_3、阳离子交换量、pH 值分别减小了 39.0%、28.4%、8.1%、59.5%；而浸泡 1d 时，各化学组成就显著减小了 30.6%、20.6%、1.1%、16.6%；由 1d 延长到 30d 时，各化学组成减小了 12.1%、9.9%、7.1%、51.5%，每浸泡 1d 仅缓慢减小了 0.4%、0.3%、0.2%、1.8%。说明短时间的酸液迁入，对酸污染红土化学组成的影响较大。

2.6.2.2 酸液迁出条件

图 2-60 给出了水溶液浸泡酸污染红土的酸液迁出条件下，酸污染红土的化学组成 Fe_2O_3、Al_2O_3、pH 值、阳离子交换量 CEC 等含量 H_z 随酸液迁出时间 t_c 的变化情况。图中，$t_c=0d$ 时的数值代表水溶液浸泡前酸污染红土的相应值。

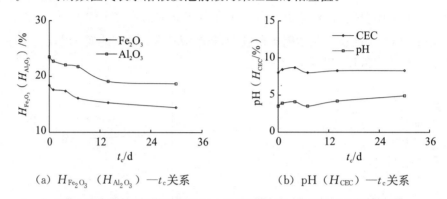

(a) $H_{Fe_2O_3}$（$H_{Al_2O_3}$）—t_c关系 　　(b) pH（H_{CEC}）—t_c关系

图 2-60　迁出条件下酸污染红土的化学组成与酸液迁出时间的关系

图 2-60 表明：酸液迁出浓度相同的水溶液浸泡条件下，相比浸泡前（$t_c=0d$）的酸污染红土，水溶液浸泡后（$t_c=1\sim30d$），随着酸液迁出时间的延长，酸污染红土的 Fe_2O_3、Al_2O_3 等化学组成的含量波动减小了 21.5%、20.3%，阳离子交换量、pH 值波动增大了 3.6%、39.8%。其变化程度见表 2-52。

表 2-52　迁移条件下酸污染红土的化学组成随迁移时间的变化程度

迁移条件	迁出时间 t_c/d	化学组成的变化 $H_{z-t}/\%$			
		Fe_2O_3	Al_2O_3	CEC	pH
酸液迁出	0→30	−21.5	−20.3	3.6	39.8

注：H_{z-t} 代表酸液迁出条件下，酸污染红土的化学组成随酸液迁出时间的变化程度。

2.6.2.3 酸液迁入—迁出比较

图 2-61 给出了酸液迁入、迁出条件下，酸污染红土的化学组成 Fe_2O_3、Al_2O_3、pH 值、阳离子交换量 CEC 等含量 H_z 随酸液迁移时间 t 变化的迁入—迁出对比情况。

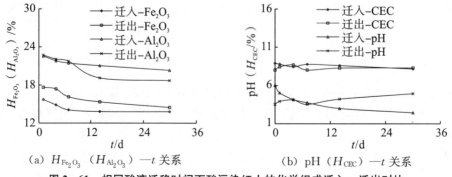

(a) $H_{Fe_2O_3}$（$H_{Al_2O_3}$）—t 关系 　　(b) pH（H_{CEC}）—t 关系

图 2-61　相同酸液迁移时间下酸污染红土的化学组成迁入—迁出对比

图 2-61 表明：浸泡条件下，酸液迁入时间、迁出时间相同时，相比酸液迁入条件，酸液迁出条件下酸污染红土的 Fe_2O_3 含量增大，Al_2O_3、pH 值、阳离子交换量的迁入、迁出交叉变化。其变化程度见表 2-53。

表 2-53　相同酸液迁移时间下酸污染红土的化学组成迁入—迁出的变化程度

迁移条件	迁移时间 t/d	化学组成的变化 $H_{z-rc}/\%$			
		Fe_2O_3	Al_2O_3	CEC	pH
迁入→迁出	1	12.4	0.7	−4.0	−22.3
	4	17.1	1.2	3.1	−1.0
	7	14.6	1.4	−8.6	−5.9
	14	11.0	−9.2	−3.7	40.8
	30	4.9	−8.0	1.7	101.6
	1~30d 时间加权	9.4	−6.3	−1.2	55.2

注：H_{z-rc} 代表相比酸液迁入条件，酸液迁出条件下酸污染红土的化学组成的变化程度。

可见，迁移时间在 1~30d 之间，酸液迁入→迁出条件下，酸污染红土的 Fe_2O_3 含量增大了 4.9%~17.1%，Al_2O_3 含量的变化程度在 −9.2%~1.4% 之间，阳离子交换量的变化程度在 −8.6%~3.1% 之间，pH 值的变化程度在 −22.3%~101.6% 之间。尽管各个迁移时间下，迁入→迁出的化学组成呈增大或减小的变化，但就 1~30d 的时间加权值比较，总体上还是表明了酸液迁出条件下酸污染红土的 Fe_2O_3 含量、pH 值大于酸液迁入条件下的相应值，分别增大了 9.4%、55.2%；而酸液迁出条件下的 Al_2O_3 含量、阳离子交换量小于酸液迁入条件下的相应值，分别减小了 6.3%、1.2%。

2.6.3　迁移温度的影响

2.6.3.1　酸液迁入条件

图 2-62 给出了酸液浸泡素红土的迁入条件下，酸污染红土的 Fe_2O_3、Al_2O_3、阳离子交换量 CEC、pH 值等化学组成含量 H_z 随迁入温度 T_r 的变化情况。

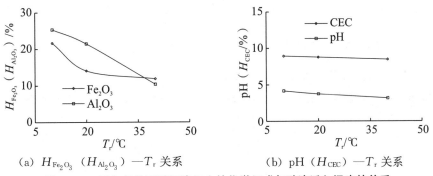

（a）$H_{Fe_2O_3}$（$H_{Al_2O_3}$）—T_r 关系　　　（b）pH（H_{CEC}）—T_r 关系

图 2-62　迁入条件下酸污染红土的化学组成与酸液迁入温度的关系

图 2-62 表明：酸液浸泡红土的迁入条件下，随着迁入温度的升高，酸污染红土中的 Fe_2O_3、Al_2O_3、阳离子交换量、pH 值呈减小的变化趋势。其变化程度见表 2-54。可见，当酸液迁入温度由 10℃升高到 40℃时，酸污染红土的 Fe_2O_3、Al_2O_3、阳离子交换量、pH 值分别减小了 45.2%、59.0%、5.3%、24.5%。

表 2-54　迁移条件下酸污染红土的化学组成随酸液迁移温度的变化程度

迁移温度 T/℃	迁移条件	化学组成的变化 H_{z-T}/%			
		Fe_2O_3	Al_2O_3	CEC	pH
10→40	酸液迁入	−45.2	−59.0	−5.3	−24.5
	酸液迁出	−30.7	−40.4	−4.5	20.6

注：H_{z-T} 代表酸液迁入条件、迁出条件下，酸污染红土的化学组成随迁移温度的变化程度。

2.6.3.2　酸液迁出条件

图 2-63 给出了水溶液浸泡酸污染红土的酸液迁出条件下，酸污染红土的化学组成 Fe_2O_3、Al_2O_3、pH 值、阳离子交换量 CEC 等含量 H_z 随迁出温度 T_c 的变化情况。

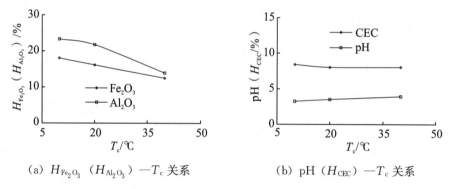

(a) $H_{Fe_2O_3}$（$H_{Al_2O_3}$）—T_c 关系　　　(b) pH（H_{CEC}）—T_c 关系

图 2-63　迁出条件下酸污染红土的化学组成与酸液迁出温度的关系

图 2-63 表明：水溶液浸泡酸污染红土的迁出条件下，随着浸泡环境温度的升高，酸污染红土中的 Fe_2O_3、Al_2O_3 含量、阳离子变换量呈减小变化，pH 值呈增大变化。其变化程度见表 2-54。可见，当酸液迁出温度由 10℃升高到 40℃时，酸污染红土的 Fe_2O_3、Al_2O_3、阳离子交换量分别减小了 30.7%、40.4%、4.5%，pH 值增大了 20.6%。

2.6.3.3　酸液迁入—迁出比较

图 2-64 给出了酸液迁入、迁出条件下，酸污染红土的 Fe_2O_3、Al_2O_3、pH 值、阳离子交换量 CEC 等化学组成含量 H_z 随迁移温度 T 变化的迁入—迁出对比情况。

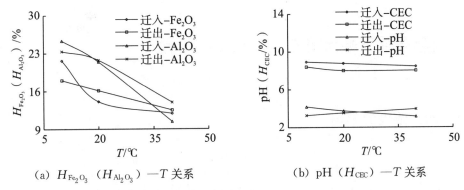

(a) $H_{Fe_2O_3}$（$H_{Al_2O_3}$）—T 关系　　　　(b) pH（H_{CEC}）—T 关系

图 2-64　相同酸液迁移温度下酸污染红土的化学组成含量迁入—迁出对比

图 2-64 表明：酸液迁入、迁出的浸泡条件下，浸泡温度相同时，酸污染红土的 Fe_2O_3、Al_2O_3、pH 值的迁入曲线、迁出曲线交叉变化，阳离子交换量的迁入曲线高于迁出曲线。其变化程度见表 2-55。

表 2-55　相同酸液迁移温度下酸污染红土的化学组成迁入—迁出的变化程度

迁移条件	迁移温度 $T/℃$	化学组成的变化 $H_{z-rc}/\%$			
		Fe_2O_3	Al_2O_3	CEC	pH
迁入→迁出	10	−16.7	−7.7	−5.8	−21.8
	20	14.6	1.4	−8.6	−5.9
	40	5.3	34.2	−5.1	24.8
	10℃~40℃温度加权	2.9	11.5	−5.8	5.7

注：H_{z-rc} 代表相比酸液迁入条件，酸液迁出条件下酸污染红土的化学组成的变化程度。

可见，浸泡温度在 10℃~40℃之间，相比酸液迁入条件，酸液迁出条件下酸污染红土的 Fe_2O_3 含量的变化程度在 −16.7%~14.6%之间，Al_2O_3 含量的变化程度在 −7.7%~4.2%之间，pH 值的变化程度在 −21.8%~24.8%之间，阳离子交换量减小了 5.1%~8.6%。尽管各个浸泡温度下，迁入—迁出的化学组成呈增大或减小的变化，但就 10℃~40℃的温度加权值比较，总体上还是表明了酸液迁出条件下酸污染红土的 Fe_2O_3 含量、Al_2O_3 含量、pH 值大于酸液迁入条件下的相应值，分别增大了 2.9%、11.5%、5.7%；而酸液迁出条件下的阳离子交换量小于酸液迁入条件下的相应值，减小了 5.8%。

2.7 迁移条件下酸污染红土的微结构特性

2.7.1 酸液浓度的影响

2.7.1.1 酸液迁入条件

图 2-65、图 2-66 分别给出了酸液浸泡素红土的迁入条件下，酸液迁入时间 t_r 为 4d，放大倍数 X 分别为 2000X、10000X 时，酸污染红土的微结构图像随酸液迁入浓度 a_{wr} 的变化情况。

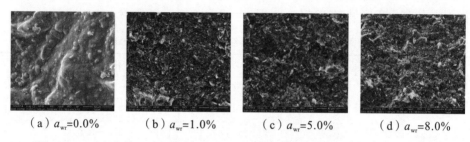

（a）$a_{wr}=0.0\%$ （b）$a_{wr}=1.0\%$ （c）$a_{wr}=5.0\%$ （d）$a_{wr}=8.0\%$

图 2-65　迁入条件下酸污染红土的微结构图像与酸液迁入浓度的关系（2000X）

（a）$a_{wr}=0.0\%$ （b）$a_{wr}=1.0\%$ （c）$a_{wr}=5.0\%$ （d）$a_{wr}=8.0\%$

图 2-66　迁入条件下酸污染红土的微结构图像与酸液迁入浓度的关系（10000X）

图 2-65、图 2-66 表明：酸液迁入前，素红土（$a_{wr}=0.0\%$）的微结构图像的质地致密、颗粒明显、联结紧密、表面光滑；2000X 的放大倍数下颗粒较粗，10000X 的放大倍数下颗粒较细。酸液迁入后，随迁入浓度的增大，由 1.0% 增大到 8.0% 时，酸污染红土的微结构图像的密实性降低、粗造、毛刺、复杂、孔隙增多、溶蚀明显。放大倍数 10000X 时也呈现类似的变化。相比 2000X 的放大倍数，放大倍数为 10000X 时，微结构图像的颗粒更粗造、松散，孔隙较多。

2.7.1.2 酸液迁出条件

图 2-67、图 2-68 分别给出了水溶液浸泡酸污染红土的迁出条件下，酸液迁出时间 t_c 为 4d，放大倍数 X 分别为 2000X、10000X 时，酸污染红土的微结构图像随酸液迁出浓度 a_{wc} 的变化情况。

（a）a_{wc}=0.0%　　（b）a_{wc}=1.0%　　（c）a_{wc}=3.0%　　（d）a_{wc}=8.0%

图 2-67　迁出条件下酸污染红土的微结构图像与酸液迁出浓度的关系（2000X）

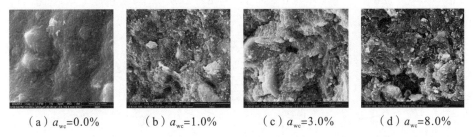

（a）a_{wc}=0.0%　　（b）a_{wc}=1.0%　　（c）a_{wc}=3.0%　　（d）a_{wc}=8.0%

图 2-68　迁出条件下酸污染红土的微结构图像与酸液迁出浓度的关系（10000X）

图 2-67、图 2-68 表明：酸液迁出条件下，迁出时间为 4d，2000X 的放大倍数下，酸液迁出前，素红土（a_{wc}=0.0%）的微结构图像的质地致密、颗粒明显、联结紧密、表面光滑。酸液迁出后，迁出浓度由 1.0% 增大到 8.0% 时，酸污染红土的微结构图像粗造、毛刺、复杂、分层、孔隙增多、溶蚀明显。放大倍数 10000X 时也呈现类似的变化。相比 2000X 的放大倍数，放大倍数为 10000X 时，微结构图像较松散、孔隙较多、颗粒更粗造。

2.7.1.3　酸液迁入—迁出比较

图 2-69 给出了浸泡迁移条件下，酸液迁移时间 t 为 4d，放大倍数 X 为 2000X，酸液迁移浓度 a_w 相同时，酸污染红土的微结构图像迁入—迁出的对比情况。这里的酸液迁移时间 t 指的是酸液迁入时间 t_r 和酸液迁出时间 t_c，酸液迁移浓度 a_w 指的是酸液迁入浓度 a_{wr} 和酸液迁出浓度 a_{wc}，以下同。

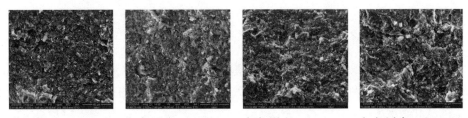

（a）迁入，a_{wr}=1.0%（b）迁出，a_{wc}=1.0%（c）迁入，a_{wr}=8.0%（d）迁出，a_{wc}=8.0%

图 2-69　相同酸液迁移浓度下酸污染红土的微结构图像迁入—迁出对比（2000X）

图 2-69 表明：酸液迁移浓度相同时，总体上，迁入、迁出条件下酸污染红土的微结构图像的变化趋势基本一致。相比酸液迁入条件，酸液迁出后的微结构图像相对松散、复杂、密实性降低。图 2-70 给出了相应的微结构图像的孔隙比 e、复杂度 F、圆

形度 Y、颗粒数 S、颗粒周长 L、分维数 D_v 等特征参数随酸液迁移浓度 a_w 变化的迁入—迁出对比情况。

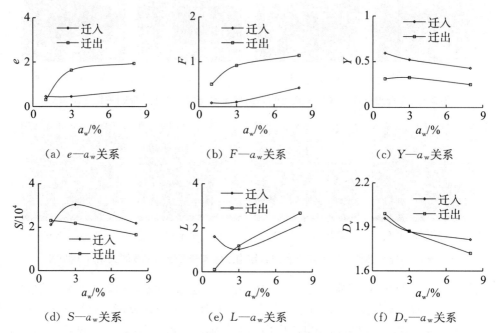

（a）e—a_w 关系 　　　　（b）F—a_w 关系 　　　　（c）Y—a_w 关系

（d）S—a_w 关系 　　　　（e）L—a_w 关系 　　　　（f）D_v—a_w 关系

图 2-70　相同酸液迁移浓度下酸污染红土的微结构参数迁入—迁出比较

图 2-70 表明，酸液迁入浓度、迁出浓度在 1.0%~8.0% 之间，总体上，酸污染红土的微结构图像的复杂度的迁出曲线高于迁入曲线，而圆形度的迁入曲线高于迁出曲线，其余的孔隙比、颗粒周长、颗粒数、分维数的迁入曲线与迁出曲线交叉变化。但就浓度加权平均值来看，相比酸液迁入→迁出条件，酸污染红土的微结构图像的孔隙比、复杂度、颗粒周长分别增大了 115.8%、227.0%、15.0%，而圆形度、颗粒数、分维数分别减小了 41.0%、22.8%、3.3%。

2.7.2　迁移时间的影响

2.7.2.1　酸液迁入条件

图 2-71、图 2-72 分别给出了酸液浸泡素红土的迁入条件下，酸液迁入浓度 a_{wr} 为 5.0%，放大倍数 X 分别为 2000X、10000X 时，酸污染红土的微结构图像随酸液迁入时间 t_r 的变化情况。

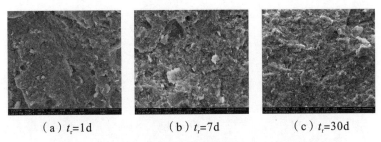

（a）t_r=1d　　　　（b）t_r=7d　　　　（c）t_r=30d

图 2-71　迁入条件下酸污染红土的微结构图像与酸液迁入时间的关系（2000X）

（a）t_r=1d　　　　（b）t_r=7d　　　　（c）t_r=30d

图 2-72　迁入条件下酸污染红土的微结构图像与酸液迁入时间的关系（10000X）

图 2-71、图 2-72 表明：酸液迁入条件下，迁入浓度为 5.0%，放大倍数为 2000X 时，随酸液迁入时间的延长，酸污染红土的微结构图像的平整性变差、密实性降低、质地变松、粗糙、复杂、孔隙增多。迁入时间达到 1d 时，微结构较密实，质地较紧密，平整性较好；迁入时间达到 7d、30d 时，微结构不平整，有层次，密实性较差，颗粒粗造。放大倍数 10000X 时也呈现类似的变化。与 2000X 的放大倍数相比，放大倍数为 10000X 时，微结构图像的密实性降低、粗糙度增大、层次感明显。

2.7.2.2　酸液迁出条件

图 2-73、图 2-74 分别给出了水溶液浸泡酸污染红土的迁出条件下，酸液迁出浓度 a_{wc} 为 5.0%，放大倍数 X 分别为 2000X、10000X 时，酸污染红土的微结构图像随酸液迁出时间 t_c 的变化情况。

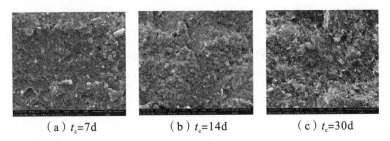

（a）t_c=7d　　　　（b）t_c=14d　　　　（c）t_c=30d

图 2-73　迁出条件下酸污染红土的微结构图像与酸液迁出时间的关系（2000X）

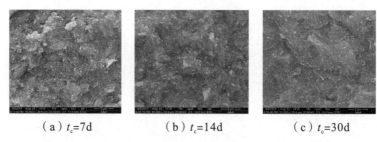

（a）t_c=7d   （b）t_c=14d   （c）t_c=30d

图2-74   迁出条件下酸污染红土的微结构图像与酸液迁出时间的关系（10000X）

图2-73、图2-74表明：酸液迁出条件下，酸液迁出浓度为5.0%，2000X的放大倍数下，随酸液迁出时间的延长，酸污染红土的微结构图像的密实性降低、质地粗糙、复杂。迁出时间7d时，微结构图像较密实，颗粒之间连接较紧密；迁出时间达到14d、30d时，微结构图像的颗粒细小、较粗糙。放大倍数10000X时也呈现类似的变化。与2000X的放大倍数相比，放大倍数为10000X时的微结构图像相对粗造、复杂、层次感强。

2.7.2.3   酸液迁入—迁出对比

图2-75给出了相同酸液迁移时间t下，酸液迁移浓度a_w为5.0%，放大倍数为2000X时，酸污染红土的微结构图像迁入—迁出的对比情况。

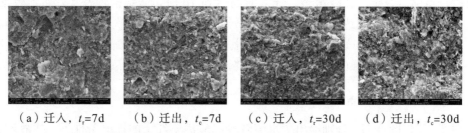

（a）迁入，t_r=7d   （b）迁出，t_c=7d   （c）迁入，t_r=30d   （d）迁出，t_c=30d

图2-75   相同酸液迁移时间下酸污染红土的微结构图像迁入—迁出对比

图2-75表明：相同酸液迁入时间、迁出时间下，酸污染红土的微结构图像的整体性较好；但相比酸液迁入条件，酸液迁出7d时的微结构图像相对紧密，迁出30d时的微结构图像的密实性相对较低。图2-76给出了相应的微结构图像的孔隙比e、复杂度F、圆形度Y、颗粒数S、颗粒周长L、分维数D_v等特征参数随酸液迁移时间t变化的迁入—迁出对比情况。

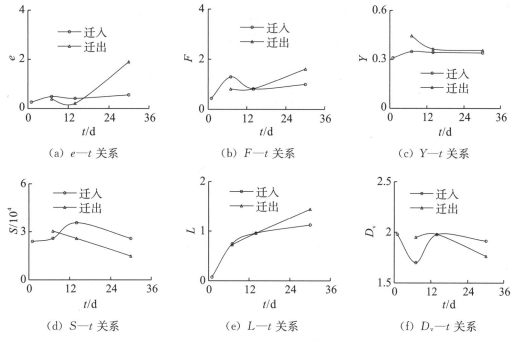

(a) e—t 关系　　　　　(b) F—t 关系　　　　　(c) Y—t 关系

(d) S—t 关系　　　　　(e) L—t 关系　　　　　(f) D_v—t 关系

图 2-76　相同酸液迁移时间下酸污染红土的微结构参数迁入—迁出比较

图 2-76 表明，酸液迁入时间、迁出时间在 1~30d 之间，总体上，酸污染红土的孔隙比、复杂度、圆形度、颗粒周长、颗粒数、分维数等微结构特征参数的迁入曲线与迁出曲线交叉变化。但就时间加权平均值来看，相比酸液迁入→迁出条件，酸污染红土的微结构图像的孔隙比、复杂度、圆形度、颗粒周长分别增大了 142.8%、30.0%、8.1%、18.0%，而颗粒数、分维数分别减小了 29.9%、2.8%。

2.7.3　迁移温度的影响

2.7.3.1　酸液迁入条件

图 2-77、图 2-78 分别给出了酸液浸泡素红土的迁入条件下，酸液迁入浓度 a_{wr} 为 5.0%，酸液迁入时间 t_r 为 7d，放大倍数 X 分别为 2000X、10000X 时，酸污染红土的微结构图像随酸液迁入温度 T_r 的变化情况。

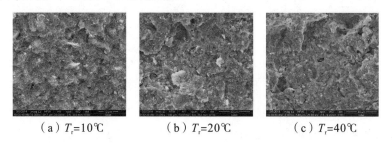

（a）T_r=10℃　　　　　（b）T_r=20℃　　　　　（c）T_r=40℃

图 2-77　迁入条件下酸污染红土的微结构图像与酸液迁入温度的关系（2000X）

（a）$T_r=10℃$ （b）$T_r=20℃$ （c）$T_r=40℃$

图 2−78   迁入条件下酸污染红土的微结构图像与酸液迁入温度的关系（10000X）

图 2−77、图 2−78 表明：酸液迁入条件下，迁入浓度为 5.0%，迁入时间达到 7d，2000X 的放大倍数下，浸泡迁入温度 10℃时，酸污染红土的微结构图像较粗糙、复杂、毛刺、有层次、密实性较低、平整性较差；浸泡温度升高到 20℃时，微结构图像较密实、较平整、孔隙较少，可见生成物的附着；达到 40℃时，微结构图像的平整性较好、孔隙较多。与放大倍数 2000X 相比，10000X 时的微结构图像的密实性降低、孔隙较多、粗造、层次感明显。

2.7.3.2 酸液迁出条件

图 2−79、图 2−80 分别给出了水溶液浸泡酸污染红土的迁出条件下，酸液迁出浓度 a_{wc} 为 5.0%，酸液迁出时间 t_c 为 7d，放大倍数分别为 2000X、10000X 时，酸污染红土的微结构图像随酸液迁出温度 T_c 的变化情况。

（a）$T_c=10℃$ （b）$T_c=20℃$ （c）$T_c=40℃$

图 2−79   迁出条件下酸污染红土的微结构图像与酸液迁出温度的关系（2000X）

（a）$T_c=10℃$ （b）$T_c=20℃$ （c）$T_c=40℃$

图 2−80   迁出条件下酸污染红土的微结构图像与酸液迁出温度的关系（10000X）

图 2−79、图 2−80 表明：酸液迁出条件下，迁出浓度为 5.0%，迁出时间为 7d，2000X 的放大倍数下，浸泡迁出温度为 10℃、40℃时，酸污染红土的微结构图像较粗糙、复杂、密实性相对较低、颗粒胶结不紧密；迁出温度为 20℃时，微结构图像的密

实性较高，质地较致密，颗粒间连接紧密。放大倍数为 10000X 时的微结构图像比 2000X 时的微结构图像的密实性降低、孔隙较大、层次感明显。

2.7.3.3　酸液迁入—迁出对比

图 2-73 给出了酸液迁移条件下，酸液迁移浓度 a_w 为 5.0%，酸液迁移时间 t 为 7d，放大倍数为 2000X，酸液迁移温度相同时，酸污染红土的微结构图像迁入—迁出的对比情况。这里的酸液迁移温度 T 指的是酸液迁入温度 T_r 和酸液迁出温度 T_c。

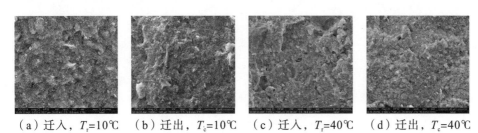

（a）迁入，T_r=10℃　（b）迁出，T_c=10℃　（c）迁入，T_r=40℃　（d）迁出，T_c=40℃

图 2-81　相同酸液迁移温度下酸污染红土的微结构图像迁入—迁出对比（2000X）

图 2-81 表明：酸液迁入温度、迁出温度相同时，酸污染红土的微结构图像的变化趋势基本一致。但相比酸液迁入条件，酸液迁出条件下的微结构图像的密实性相对较高。图 2-82 给出了相应的微结构图像的孔隙比 e、复杂度 F、圆形度 Y、颗粒数 S、颗粒周长 L、分维数 D_v 等特征参数随酸液迁移温度 T 变化的迁入—迁出对比情况。

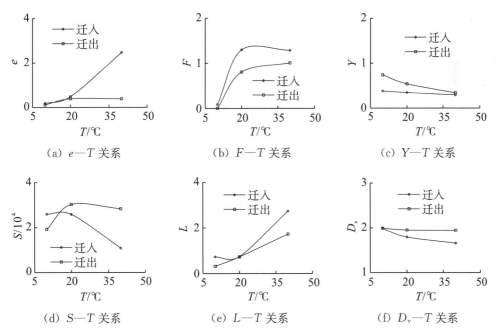

（a）e—T 关系　　　　（b）F—T 关系　　　　（c）Y—T 关系

（d）S—T 关系　　　　（e）L—T 关系　　　　（f）D_v—T 关系

图 2-82　相同酸液迁移温度下酸污染红土的微结构参数迁入—迁出比较

图 2-82 表明：酸液迁移温度在 10℃~40℃之间，总体上，酸污染红土的各个微结构特征参数的迁入曲线与迁出曲线交叉变化。但就本试验条件下的温度加权平均值来

看，相比酸液迁入→迁出条件，酸污染红土的微结构图像的孔隙比、复杂度、颗粒周长等微结构参数分别减小了 77.9%、27.7%、34.2%，而圆形度、颗粒数、分维数等微结构参数分别增大了 41.8%、59.9%、12.1%。

第3章 氢氧化钠污染红土的迁移特性

3.1 试验设计

3.1.1 试验材料

3.1.1.1 试验土料

本试验红土样取自昆明世博园地区，红土颜色呈深红色，块状。红土料的基本特性见表3－1，化学组成见表3－2。

表3－1 红土样的基本特性

土样	风干含水率 $\omega_f/\%$	pH	比重 G_s	最大干密度 $\rho_{dmax}/$ （g·cm^{-3}）	最优含水率 $\omega_{op}/\%$	液限 $\omega_L/\%$	塑限 $\omega_p/\%$	塑限指数 I_p
素红土	3.4	6.40	2.67	1.51	28.5	47.6	31.2	16.4

注：ω_f代表红土样的风干含水率，pH、G_s分别代表红土样的pH值、颗粒比重，ω_L、ω_p、I_p分别代表红土样的液限、塑限和塑限指数，ρ_{dmax}、ω_{op}分别代表红土样的最大干密度和最优含水率。

表3－2 红土样的化学组成

化学组成含量 $H_z/\%$								
SiO$_2$	Al$_2$O$_3$	Fe$_2$O$_3$	TiO$_2$	FeO	CaO	MgO	Na$_2$O	S_s
47.26	20.08	15.90	3.84	0.82	0.13	0.38	0.68	9.75

注：H_z代表红土样中各个化学组成的含量，S_s代表红土样的烧失量。

由表3－1和表3－2可知，该红土样的pH值为6.40，小于7.0，呈弱酸性；比重、最优含水率偏小，最大干密度偏大，液限低于50.0%，塑性指数介于10.0~17.0之间，分类属于低液限粉质红黏土。相应的化学成分中，以 SiO$_2$、Al$_2$O$_3$、Fe$_2$O$_3$、TiO$_2$为主，相对含量占87.08%。

3.1.1.2 污染物

选取氢氧化钠（NaOH）作为碱污染源。

3.1.2　试验方案

3.1.2.1　宏观力学特性试验方案

1. 碱液迁入条件

碱液迁入条件就是指将制备好的素红土样分别放入不同浓度的氢氧化钠溶液中浸泡，促使碱液从溶液中迁入素红土中污染红土的过程。

碱液迁入的浸泡过程中，考虑碱液浓度、迁入时间等影响因素，先采用分层击样法制备含水率为 28.0%、干密度为 1.45g/cm³ 的素红土直剪试样、压缩试样、渗透试样，包裹后放入不同浓度的氢氧化纳（NaOH）溶液中浸泡不同时间，模拟碱液从溶液中迁入红土污染的情况；达到相应的迁入时间，取出开展直剪试验、压缩试验、渗透试验，研究碱液迁入条件下碱污染红土的力学特性。碱液迁入浓度设定为 0.0%、1.0%、2.0%、3.0%、5.0%、7.0%，碱液迁入时间设定为 1d、3d、5d、7d、14d、30d、45d、60d。其中，当碱液迁入浓度为 0.0% 时，就是未污染的素红土。

2. 碱液迁出条件

碱液迁出条件就是指将氢氧化钠溶液浸润污染的红土，制备碱污染红土试样，再放入水溶液中浸泡，促使碱液从已经污染的红土中迁出到水溶液中的过程。

碱液迁出的浸泡过程中，考虑碱液浓度、迁出时间等影响因素，先根据制样含水率 28.0%，制备不同浓度的 NaOH 溶液，加入松散的素红土中进行浸润污染；再用分层击样法制备干密度为 1.45g/cm³ 的碱污染红土的直剪试样、压缩试样、渗透试样，包裹后放入水溶液中浸泡不同时间，模拟碱液从污染红土中迁出到水溶液的情况。达到相应的迁出时间，取出开展直剪试验、压缩试验、渗透试验，研究碱液迁出条件下碱污染红土的力学特性。碱液迁出浓度设定为 0.0%、1.0%、2.0%、3.0%、5.0%、7.0%，碱液迁出时间设定为 1d、3d、5d、7d、14d、30d、45d、60d。其中，当碱液迁出浓度为 0.0% 时，就是未污染的素红土。

3.1.2.2　物质组成特性试验方案

与宏观力学特性试验方案一致，考虑碱液迁入、碱液迁出条件，碱液迁移浓度设定为 0.0%、1.0%、2.0%、3.0%、5.0%、7.0%，碱液迁移时间设定为 1d、3d、5d、7d、14d、30d、45d、60d。提取碱液迁入红土、迁出红土后的浸泡液，测试分析浸泡液的 pH 值以及浸泡液中的硅、铁、铝元素含量随碱液迁移浓度、迁移时间的变化特性。

3.1.2.3　微结构特性试验方案

与宏观力学特性试验方案一致，考虑碱液迁入、碱液迁出条件，碱液迁移浓度设定为 0.0%、1.0%、2.0%、3.0%、5.0%、7.0%，碱液迁移时间设定为 1d、3d、5d、7d、14d、30d、45d、60d。制备迁入、迁出条件下碱污染红土在剪切前后、压缩前后、渗透前后的微结构试样，通过扫描电镜试验，观测分析碱污染红土的微结构图像随碱液迁移浓度、迁移时间的变化特性。

3.2 迁移条件下碱污染红土的抗剪强度特性

3.2.1 抗剪强度的变化

3.2.1.1 碱液浓度的影响

1. 碱液迁入条件

图 3−1 给出了碱液浸泡素红土的迁入条件下、垂直压力 σ 为 300kPa，碱液迁入时间 t_r 不同时，碱污染红土的抗剪强度 τ_f 以及相应的时间加权抗剪强度 τ_{fjt} 随碱液迁入浓度 a_{wr} 的变化情况。时间加权抗剪强度是指碱液迁入浓度相同时，对不同碱液迁入时间下的抗剪强度按时间进行加权平均，用以衡量碱液迁入时间对抗剪强度的影响。

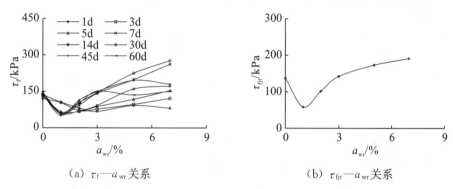

(a) τ_f—a_{wr} 关系　　　　　(b) τ_{fjt}—a_{wr} 关系

图 3−1　迁入条件下碱污染红土的抗剪强度与碱液迁入浓度的关系

图 3−1 表明：总体上，碱液迁入时间相同时，随碱液迁入浓度的增大（0.0%→7.0%），碱污染红土的抗剪强度呈减小—增大的变化趋势；相应的时间加权抗剪强度也呈这一变化趋势。低浓度（0.0%～1.0%）下，碱污染红土的抗剪强度减小；高浓度（1.0%～7.0%）下，碱污染红土的抗剪强度增大。其变化程度见表 3−3。

表 3−3　迁入条件下碱污染红土的抗剪强度随碱液迁入浓度的变化（τ_{f-aw}/%）

迁移条件	迁入浓度 a_{wr}/%	迁入时间 t_r/d								τ_{fjt-aw} /%
		1	3	5	7	14	30	45	60	
碱液迁入	0.0→7.0	−32.1	−10.2	17.0	18.5	80.9	106.3	31.5	10.1	39.4
	0.0→1.0	−12.7	−22.7	−49.1	−58.7	−60.6	−53.4	−63.2	−57.3	−57.5
	1.0→7.0	−22.2	16.2	129.9	187.0	359.3	343.2	256.9	157.9	228.0

注：τ_{f-aw}、τ_{fjt-aw} 分别代表碱液迁入条件下，碱污染红土的抗剪强度以及时间加权抗剪强度随碱液迁入浓度的变化程度。

可见，碱液迁入时间在 1~60d 之间，相比素红土，碱液迁入浓度由 0.0% 增大到 7.0% 时，除迁入时间为 1d、3d 时碱污染红土的抗剪强度减小了 10.2%~32.1% 外，时间为 5~60d 时的抗剪强度增大了 10.1%~106.3%；相应的时间加权抗剪强度平均增大了 39.4%。其中，碱液迁入浓度由 0.0% 增大到 1.0% 时，各个迁入时间下的抗剪强度减小了 12.7%~63.2%，相应的时间加权抗剪强度平均减小了 57.5%；碱液迁入浓度由 1.0% 增大到 7.0% 时，1d 时的抗剪强度减小了 22.2%，3~60d 时的抗剪强度增大了 16.2%~359.3%，相应的时间加权抗剪强度平均增大了 228.0%。说明碱液浸泡素红土引起碱液迁入的条件下，较高的碱液浓度有利于提高碱污染红土的抗剪强度。

2. 碱液迁出条件

图 3-2 给出了水溶液浸泡碱污染红土的碱液迁出条件下、垂直压力 σ 为 300kPa，碱液迁出时间 t_c 不同时，碱污染红土的抗剪强度 τ_f 以及相应的时间加权抗剪强度 τ_{fjt} 随碱液迁出浓度 a_{wc} 的变化趋势。时间加权抗剪强度是指碱液迁出浓度相同时，对不同碱液迁出时间下的抗剪强度按时间进行加权平均，用以衡量碱液迁出时间对抗剪强度的影响。

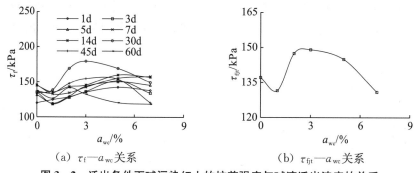

（a）τ_f—a_{wc} 关系　　　　（b）τ_{fjt}—a_{wc} 关系

图 3-2　迁出条件下碱污染红土的抗剪强度与碱液迁出浓度的关系

图 3-2 表明：碱液迁出时间相同时，随碱液迁出浓度的增大（0.0%→7.0%），碱污染红土的抗剪强度呈减小—增大—减小的变化趋势，相应的时间加权抗剪强度也呈这一变化趋势。浓度由 0.0%→1.0% 时，碱污染红土的抗剪强度主要趋势为减小；浓度由 1.0%→5.0% 时，抗剪强度主要趋势为增大，甚至超过了素红土的抗剪强度；浓度由 5.0%→7.0% 时，抗剪强度主要趋势为减小。其变化程度见表 3-4。

表 3-4　迁出条件下碱污染红土的抗剪强度随碱液迁出浓度的变化（τ_{f-aw}/%）

迁移条件	迁出浓度 a_{wc}/%	迁出时间 t_c/d								τ_{fjt-aw} /%
		1	3	5	7	14	30	45	60	
碱液迁出	0.0→7.0	14.9	-1.1	10.6	8.7	8.5	11.5	-12.1	-13.5	-4.6
	0.0→1.0	3.8	-12.5	-9.3	-8.8	-6.4	3.4	-2.3	-7.6	-4.2
	1.0→7.0	10.7	13.0	21.9	19.1	15.9	7.8	-10.1	-6.4	-0.5
	1.0→5.0	14.3	27.9	26.0	17.2	18.2	29.6[1→3]	15.5[1→3]	4.5[1→3]	13.4[1→3]
	5.0→7.0	-3.2	-11.7	-3.3	1.7	-1.9	-16.8[3→7]	-22.2[3→7]	-10.4[3→7]	-12.2[3→7]

注：τ_{f-aw}、τ_{fjt-aw} 分别代表碱液迁出条件下，碱污染红土的抗剪强度以及时间加权抗剪强度随碱液迁出浓度的变化程度；15.5[1→3]、-22.2[3→7] 分别代表碱液迁出浓度由 1.0% 增大到 3.0%、由 3.0% 增大到 7.0% 时抗剪强度的变化程度，其他类似。

可见，碱液迁出时间在 1~60d 之间，相比素红土，碱液迁出浓度达到 7.0% 时，3d、45d、60d 时的抗剪强度减小了 1.1%~13.5%，其他时间下的抗剪强度增大了 8.5%~14.9%；相应的时间加权抗剪强度平均减小了 4.6%。其中，浓度由 0.0% 增大到 1.0%，除 1d、30d 时抗剪强度增大了 3.4%~3.8% 外，其他时间下的抗剪强度减小了 2.3%~12.5%；相应的时间加权抗剪强度平均减小了 4.2%。浓度由 1.0% 增大到 7.0%，1~30d 时抗剪强度增大了 7.8%~21.9%，45~60d 时的抗剪强度减小了 6.4%~10.1%；相应的时间加权抗剪强度平均减小了 0.5%。浓度由 1.0% 增大到 3.0%（5.0%），各个时间下抗剪强度增大了 4.5%~29.6%，相应的时间加权抗剪强度平均增大了 13.4%。浓度由 3.0%（5.0%）增大到 7.0%，除 7d 时抗剪强度增大了 1.7% 外，其他时间下抗剪强度减小了 1.9%~2.2%，相应的时间加权抗剪强度平均减小了 12.2%。说明水溶液浸泡碱污染红土，当碱液浓度适中时，碱液迁出后引起碱污染红土的抗剪强度增大；而当碱液浓度较高时，碱液的迁出最终还是引起碱污染红土的抗剪强度减小。

3. 碱液迁入—迁出比较

图 3-3 给出了碱液迁入、迁出的浸泡条件下，垂直压力 σ 为 300kPa，碱液迁移时间 t 在 1~60d 之间时，碱污染红土的时间加权抗剪强度 τ_{fjt} 随碱液迁移浓度 a_w 变化的迁入—迁出对比关系。这里的碱液迁移浓度 a_w 指的是碱液迁入浓度 a_{wr} 和碱液迁出浓度 a_{wc}，以下同。

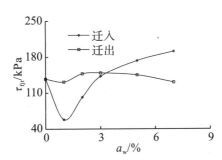

图 3-3　相同碱液迁移浓度下碱污染红土的时间加权抗剪强度迁入—迁出对比

图 3-3 表明：碱液迁入、迁出的浸泡过程中，碱液浓度较低时，碱污染红土的时间加权抗剪强度的迁出曲线的位置高于迁入曲线的位置；碱液浓度较高时，时间加权抗剪强度的迁入曲线的位置高于迁出曲线的位置。说明相同碱液浓度下，低浓度时碱液迁出的抗剪强度大于碱液迁入的抗剪强度，高浓度时碱液迁出的抗剪强度小于碱液迁入的抗剪强度。其变化程度见表 3-5。

表 3-5　相同碱液迁移浓度下碱污染红土的时间加权抗剪强度迁入—迁出的变化程度

时间加权强度的变化 τ_{fjt-rc}/%	碱液迁移浓度 a_w/%					时间—浓度加权强度的变化 $\tau_{fjt-aw-rc}$/%
	1.0	2.0	3.0	5.0	7.0	
迁入→迁出	125.6	44.9	4.7	-16.2	-31.5	-4.0

注：τ_{fjt-rc}、$\tau_{fjt-aw-rc}$ 分别代表相比碱液迁入条件，碱液迁出条件下碱污染红土的时间加权抗剪强度以及时间—浓度加权抗剪强度的变化程度。

可见，碱液浓度在 $1.0\%\sim7.0\%$ 之间，相比碱液迁入条件，碱液迁出条件下浓度为 $1.0\%\sim3.0\%$ 时的时间加权抗剪强度增大了 $4.7\%\sim125.6\%$，浓度为 $5.0\%\sim7.0\%$ 时的时间加权抗剪强度减小了 $16.2\%\sim31.5\%$。如果再经过浓度加权，可以看出，相比迁入→迁出条件，时间—浓度加权后的抗剪强度平均减小了 4.0%。

3.2.1.2 迁移时间的影响

1. 碱液迁入条件

图 3-4 给出了碱液浸泡素红土的迁入条件下，垂直压力 σ 为 300kPa，碱液迁入浓度 a_{wr} 不同时，碱污染红土的抗剪强度 τ_f 以及相应的浓度加权抗剪强度 τ_{fjaw} 随碱液迁入时间 t_r 的变化趋势。浓度加权抗剪强度是指碱液迁入时间相同时，对不同碱液迁入浓度下的抗剪强度按浓度进行加权平均，用以衡量碱液迁入浓度对抗剪强度的影响。

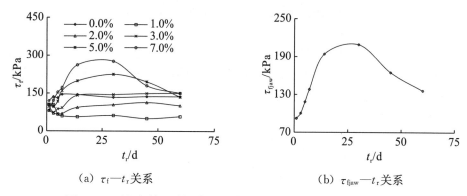

(a) τ_f—t_r 关系   (b) τ_{fjaw}—t_r 关系

图 3-4　迁入条件下碱污染红土的抗剪强度与碱液迁入时间的关系

图 3-4 表明：总体上，碱液浸泡素红土的条件下，碱液迁入浓度相同，随碱液迁入时间的延长，碱污染红土的抗剪强度呈增大—减小的变化趋势；相应的浓度加权抗剪强度也呈这一变化趋势。其变化程度见表 3-6。

表 3-6　迁入条件下碱污染红土的抗剪强度随迁入时间的变化（$\tau_{f-t}/\%$）

迁移条件	迁入时间 t_r/d	迁入浓度 a_{wr}/%						$\tau_{fjaw-t}/\%$
		0.0	1.0	2.0	3.0	5.0	7.0	
碱液迁入	1→60	14.2	−44.2	24.4	55.6	27.5	84.9	47.3
	1→30	11.6	−40.5	28.2	49.3	111.5	238.7	126.7
	30→60	2.3	−6.3	−3.0	4.2	−39.7	−45.4	−35.0

注：τ_{f-t} 代表碱液迁入条件下，碱污染红土的抗剪强度随碱液迁入时间的变化程度；τ_{fjaw-t} 代表浓度加权抗剪强度随碱液迁入时间的变化程度。

可见，当碱液迁入时间由 1d 延长到 60d，碱液迁入浓度在 $0.0\%\sim7.0\%$ 之间，除浓度 1.0% 时的抗剪强度减小 44.2% 外，其他浓度下的抗剪强度均增大了 $12.4\%\sim84.9\%$；相应的浓度加权抗剪强度平均增大了 47.3%。其中，迁入时间由 1d 延长到 30d，浓度为 1.0% 时的抗剪强度减小了 40.5%，其他浓度下的抗剪强度增大了 $11.6\%\sim$

238.7％，相应的浓度加权抗剪强度平均增大了 126.7％；而迁入时间由 30d 延长到 60d，浓度为 0.0％、3.0％时的抗剪强度增大了 2.3％、4.2％，其他浓度下的抗剪强度减小了 3.0％～45.4％；相应的浓度加权抗剪强度平均减小了 35.0％。说明碱液浸泡迁入素红土的过程中，迁入时间较短时，引起碱污染红土的抗剪强度增大；迁入时间较长时，引起碱污染红土的抗剪强度减小。

2. 碱液迁出条件

图 3-5 给出了水溶液浸泡碱污染红土的碱液迁出条件下、垂直压力 σ 为 300kPa，碱液迁出浓度 a_{wc} 不同时，碱污染红土的抗剪强度 τ_f 以及相应的浓度加权抗剪强度 τ_{fjaw} 随碱液迁出时间 t_c 的变化趋势。浓度加权抗剪强度是指碱液迁出时间相同时，对不同碱液迁出浓度下的抗剪强度按浓度进行加权平均，用以衡量碱液迁出浓度对抗剪强度的影响。

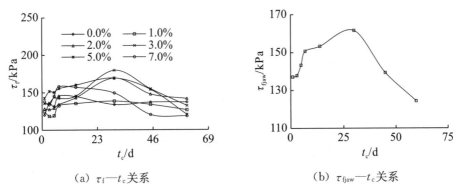

（a）τ_f—t_c 关系　　　　　　　　（b）τ_{fjaw}—t_c 关系

图 3-5　迁出条件下碱污染红土的抗剪强度与碱液迁出时间的关系

图 3-5 表明：随碱液迁出时间的延长，低浓度（1.0％～2.0％）下碱污染红土的抗剪强度呈波动增大的变化趋势，高浓度（3.0％～7.0％）下抗剪强度呈波动减小的变化趋势；总体上，相应的浓度加权抗剪强度波动减小。碱液迁出时间较短时，抗剪强度增大；碱液迁出时间较长时，抗剪强度减小。其变化程度见表 3-7。

表 3-7　迁出条件下碱污染红土的抗剪强度随碱液迁出时间的变化（τ_{f-t}/％）

迁移条件	迁出时间 t_c/d	迁出浓度 a_{wc}/％						τ_{fjaw-t}/％
		0.0	1.0	2.0	3.0	5.0	7.0	
碱液迁出	1→60	14.2	1.6	10.2	−2.3	−15.4	−14.1	−9.3
	1→30	11.6	11.1	31.6	32.5	18.9	8.3	17.9
	30→60	2.3	−8.6	−16.3	−26.3	−28.9	−20.6	−23.0

注：τ_{f-t}、τ_{fjaw-t} 分别代表碱液迁出条件下，碱污染红土的抗剪强度以及浓度加权抗剪强度随碱液迁出时间的变化程度。

可见，碱液迁出浓度在 1.0％～7.0％之间，碱液迁出时间由 1d 延长到 60d，浓度为 1.0％～2.0％时抗剪强度增大了 1.6％～10.2％，浓度为 3.0％～7.0％时抗剪强度减小了 2.3～15.4％；相应的浓度加权抗剪强度平均减小了 9.3％。迁出时间由 1d 延长到

30d，各个浓度下的抗剪强度增大了 8.3%～32.5%；相应的浓度加权抗剪强度平均增大了 17.9%。迁出时间由 30d 延长到 60d，各个浓度下的抗剪强度减小了 8.6%～28.9%；相应的浓度加权抗剪强度平均减小了 23.0%。说明水溶液浸泡碱污染红土引起碱液迁出的过程中，短时间的浸泡有利于提高碱污染红土的抗剪强度，但长时间的浸泡最终还是引起碱污染红土的抗剪强度的降低。

3. 碱液迁入—迁出对比

图 3-6 给出了碱液迁入、迁出的浸泡条件下、垂直压力 σ 为 300kPa，碱液迁移浓度 a_w 在 1.0%～7.0% 之间时，碱污染红土的浓度加权抗剪强度 τ_{fjaw} 随碱液迁移时间 t 变化的迁入—迁出对比关系。这里的碱液迁移时间 t 指的是碱液迁入时间 t_r 和碱液迁出时间 t_c，以下同。

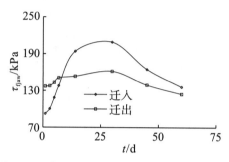

图 3-6　相同碱液迁移时间下碱污染红土的浓度加权抗剪强度迁入—迁出比较

图 3-6 表明：碱液迁入、迁出的浸泡过程中，迁移时间较短时，碱污染红土的浓度加权抗剪强度的迁出曲线的位置高于迁入曲线的位置；迁移时间较长时，浓度加权抗剪强度的迁入曲线的位置高于迁出曲线的位置。说明相同碱液迁移时间下，迁移初期时碱液迁出的抗剪强度大于碱液迁入的抗剪强度，迁移中后期时碱液迁出的抗剪强度小于碱液迁入的抗剪强度。其变化程度见表 3-8。

表 3-8　相同碱液迁移时间下碱污染红土的浓度加权抗剪强度迁入—迁出的变化程度

浓度加权抗剪强度的变化 $\tau_{fjaw-rc}$/%	碱液迁移时间 t/d							
	1	3	5	7	14	30	45	60
迁入→迁出	48.5	37.4	21.0	9.2	−21.1	−22.8	−15.5	−8.5

注：$\tau_{fjaw-rc}$代表相比碱液迁入条件，碱液迁出条件下碱污染红土的浓度加权抗剪强度的变化程度。

可见，碱液迁移时间在 1～60d 之间，相比碱液迁入条件，碱液迁出条件下迁移时间为 1～7d 时的浓度加权抗剪强度增大了 9.2%～48.5%，迁移时间为 14～60d 时的浓度加权抗剪强度减小了 8.5%～22.8%。如果再经过时间加权，可以看出，相比迁入→迁出条件，浓度—时间加权抗剪强度平均减小了 11.3%。

3.2.2 黏聚力的变化

3.2.2.1 碱液浓度的影响

1. 碱液迁入条件

图 3-7 给出了碱液浸泡素红土的迁入条件下，碱液迁入时间 t_r 不同时，碱污染红土的黏聚力 c 以及时间加权黏聚力 c_{jt} 随碱液迁入浓度 a_{wr} 的变化趋势。时间加权黏聚力是指碱液迁入浓度相同时，对不同碱液迁入时间下的黏聚力按时间进行加权平均，用以衡量碱液迁入时间对黏聚力的影响。

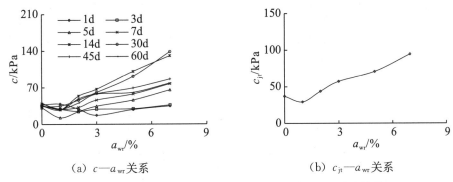

（a）c—a_{wr} 关系 　　　　　　　　　（b）c_{jt}—a_{wr} 关系

图 3-7　迁入条件下碱污染红土的黏聚力与碱液迁入浓度的关系

图 3-7 表明：总体上，碱液迁入时间相同时，随碱液迁入浓度的增大，碱污染红土的黏聚力呈先减小后增大的变化趋势；相应的时间加权黏聚力也呈这一变化趋势。低浓度下碱污染红土的黏聚力小于素红土；高浓度下碱污染红土的黏聚力大于素红土。其变化程度见表 3-9。

表 3-9　迁入条件下碱污染红土的黏聚力随碱液迁入浓度的变化程度（c_{aw}/%）

迁移条件	迁入浓度 a_{wr}/%	迁入时间 t_r/d								c_{jt-aw} /%
		1	3	5	7	14	30	45	60	
碱液迁入	0.0→7.0	−7.0	2.2	104.7	96.2	267.5	308.8	111.5	116.9	155.4
	0.0→1.0	4.0	−19.3	−60.3	−25.4	−21.8	3.2	−30.6	−20.2	−20.8
	1.0→7.0	−10.6	26.6	415.7	163.1	372.6	296.0	204.9	171.6	222.5

注：c_{aw}、c_{jt-aw} 分别代表碱液迁入条件下，碱污染红土的黏聚力以及时间加权黏聚力随碱液迁入浓度的变化程度。

可见，碱液迁入时间在 1~60d 之间，相比素红土，碱液迁入浓度达到 7.0%，除 1d 时的黏聚力减小了 7.0% 外，其他时间下的黏聚力增大了 2.2%~308.8%；相应的时间加权黏聚力平均增大了 155.4%。其中，浓度由 0.0% 增大到 1.0%，除 1d、30d 时的黏聚力增大了 3.2%~4.0% 外，其他时间下的黏聚力减小了 19.3%~60.3%；相应的时间加权黏聚力平均减小了 20.8%。而浓度由 1.0% 增大到 7.0%，除 1d 时的黏聚力减小了 10.6%外，其他时间下的黏聚力增大了 26.6%~415.7%；相应的时间加权黏聚力平均增大了 222.5%。说明碱液浸泡迁入素红土，引起碱污染红土的黏聚力随碱液迁入浓度的增大而增大。

2. 碱液迁出条件

图 3-8 给出了水溶液浸泡碱污染红土的碱液迁出条件下，碱液迁出时间 t_c 不同时，碱污染红土的黏聚力 c 以及时间加权黏聚力 c_{jt} 随碱液迁出浓度 a_{wc} 的变化趋势。时间加权黏聚力是指碱液迁出浓度相同时，对不同碱液迁出时间下的黏聚力按时间进行加权平均，用以衡量碱液迁出时间对黏聚力的影响。

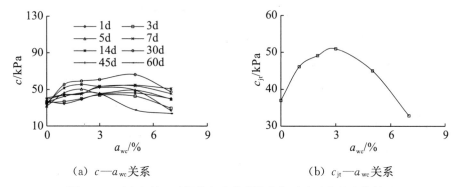

（a）c—a_{wc}关系　　　　　　　（b）c_{jt}—a_{wc}关系

图 3-8　迁出条件下碱污染红土的黏聚力与碱液迁出浓度的关系

图 3-8 表明：总体上，随碱液迁出浓度的增大，相比素红土，碱污染红土的黏聚力呈先增大后减小的变化趋势；相应的时间加权黏聚力也呈这一变化趋势。碱液迁出浓度较小时，黏聚力增大；碱液迁出浓度较大时，黏聚力减小。其变化程度见表 3-10。

表 3-10　迁出条件下碱污染红土的黏聚力随碱液迁出浓度的变化程度（c_{aw}/%）

迁移条件	迁出浓度 a_{wc}/%	迁出时间 t_c/d								c_{jt-aw}/%
		1	3	5	7	14	30	45	60	
碱液迁出	0.0→7.0	7.2	−17.3	23.4	15.5	43.5	39.8	−33.8	−34.0	−11.1
	1.0→7.0	15.3	−19.8	−14.3	3.4	−1.6	−14.4	−39.1	−43.6	−28.6
	1.0→5.0	33.1	15.7	6.7	22.8	6.0	19.5	11.3	7.1[1→3]	10.6[1→3]
	5.0→7.0	−13.4	−30.7	−19.7	−15.8	−7.1	−28.4	−45.2	−47.4[3→7]	−35.5[3→7]

注：c_{aw}、c_{jt-aw} 分别代表碱液迁出条件下，碱污染红土的黏聚力以及时间加权黏聚力随碱液迁出浓度的变化程度；10.6[1→3]、−35.5[3→7] 分别代表碱液迁出浓度由 1.0%增大到 3.0%、由 3.0%增大到 7.0%时黏聚力的变化程度，其他类似。

可见，碱液迁出时间在 1~60d 之间，相比素红土，碱液迁出浓度达到 7.0%，各个时间下的黏聚力波动变化了 −33.8%~43.5%，相应的时间加权黏聚力平均减小了 11.1%；而浓度由 1.0%增大到 7.0%，除 1d、7d 时黏聚力增大了 3.4%~15.3%外，其他时间下的黏聚力减小了 1.6%~43.6%；相应的时间加权黏聚力平均减小了 28.6%。其中，浓度由 1.0%增大到 5.0%（或 3.0%），各个时间下的黏聚力增大了 6.0%~33.1%；相应的时间加权黏聚力平均增大了 10.6%。浓度由 5.0%（或 3.0%）

增大到 7.0%，各个时间下的黏聚力减小了 7.1%~47.4%；相应的时间加权黏聚力平均减小了 35.5%。说明低浓度的碱液迁出，有利于提高碱污染红土的黏聚力；而高浓度的碱液迁出，最终还是引起碱污染红土的黏聚力的减小。

3. 碱液迁入—迁出对比

图 3-9 给出了碱液迁入、迁出的浸泡条件下，碱液迁移时间 t 在 1~60d 之间时，碱污染红土的时间加权黏聚力 c_{jt} 随碱液迁移浓度 a_w 变化的迁入—迁出对比关系。

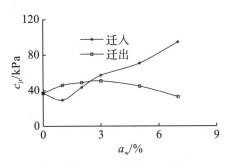

图 3-9 相同碱液迁移浓度下碱污染红土的时间加权黏聚力迁入—迁出比较

图 3-9 表明：碱液浓度较低时，碱污染红土的时间加权黏聚力的迁出曲线的位置高于迁入曲线的位置；碱液浓度较高时，时间加权黏聚力的迁入曲线的位置高于迁出曲线的位置。说明相同碱液浓度下，低浓度时迁出的黏聚力大于迁入的黏聚力，高浓度时迁出的黏聚力小于迁入的黏聚力。其变化程度见表 3-11。

表 3-11 相同碱液迁移浓度下碱污染红土的时间加权黏聚力迁入—迁出的变化程度

时间加权黏聚力的变化 c_{jt-rc}/%	碱液迁移浓度 a_w/%					时间—浓度加权黏聚力的变化 $c_{jt-aw-rc}$/%
	1.0	2.0	3.0	5.0	7.0	
迁入→迁出	57.3	12.1	−11.0	−36.4	−65.2	−32.8

注：c_{jt-rc}、$c_{jt-aw-rc}$ 分别代表相比碱液迁入条件，碱液迁出条件下碱污染红土的时间加权黏聚力以及时间—浓度加权黏聚力的变化程度。

可见，碱液浓度在 1.0%~7.0% 之间，相比碱液迁入条件，碱液迁出条件下浓度为 1.0%、2.0% 时的时间加权黏聚力增大了 12.1%~57.3%，而浓度为 3.0%~7.0% 时的时间加权黏聚力减小了 11.0%~65.2%。如果再经过浓度加权，可以看出，相比迁入→迁出条件，时间—浓度加权后的黏聚力平均减小了 32.8%。

3.2.2.2 迁移时间的影响

1. 碱液迁入条件

图 3-10 给出了碱液浸泡素红土的迁入条件下，碱液迁入浓度 a_{wr} 不同时，碱污染红土的黏聚力 c 以及浓度加权黏聚力 c_{jaw} 随碱液迁入时间 t_r 的变化关系。浓度加权黏聚力是指碱液迁入时间相同时，对不同碱液迁入浓度下的黏聚力按浓度进行加权平均，用以衡量碱液迁入浓度对黏聚力的影响。

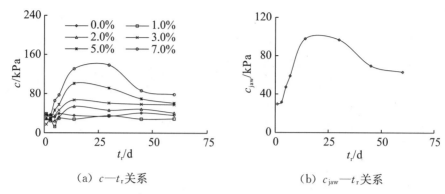

（a）c—t_r关系 （b）c_{jaw}—t_r关系

图3-10 迁入条件下碱污染红土的黏聚力与碱液迁入时间的关系

图3-10表明：碱液迁入的浸泡条件下，总体上，碱液迁入浓度相同，随碱液迁入时间的延长，碱污染红土的黏聚力呈先增大后减小的变化趋势；相应的浓度加权黏聚力也呈这一变化趋势。其变化程度见表3-12。

表3-12 迁入条件下碱污染红土的黏聚力随碱液迁入时间的变化程度（c_t/%）

迁移条件	迁入时间 t_r/d	迁入浓度 a_w/%						c_{jaw-t} /%
		0.0	1.0	2.0	3.0	5.0	7.0	
碱液迁入	1→60	−2.9	−25.5	39.7	233.5	116.4	126.2	113.5
	1→14	5.4[1→7]	−9.8[1→30]	84.6	287.3	259.8	277.2	230.1
	14→60	−7.9[7→60]	−17.4[30→60]	−24.3	−13.9	−39.9	−40.0	−35.3

注：c_t、c_{jaw-t}分别代表碱液迁入条件下，碱污染红土的黏聚力以及浓度加权黏聚力随碱液迁入时间的变化程度；5.4[1→7]、−7.9[7→60]分别代表碱液迁入时间由1d延长到7d、由7d延长到60d时黏聚力的变化程度，其他类似。

可见，碱液迁入浓度在0.0%～7.0%之间，碱液迁入时间由1d延长到60d，除浓度为0.0%～1.0%时碱污染红土的黏聚力减小了2.9%～25.5%外，其他浓度下的黏聚力增大了39.7%～233.5%；相应的浓度加权黏聚力平均增大了113.5%。其中，迁入时间由1d延长到7d（14d、30d），除浓度为1.0%时的黏聚力减小了9.8%外，其他浓度下的黏聚力增大了5.4%～287.3%；相应的浓度加权黏聚力平均增大了230.1%。而迁入时间由7d（14d、30d）延长到60d时，各个浓度下的黏聚力减小了7.9%～40.0%；相应的浓度加权黏聚力平均减小了35.3%。说明在本试验时间60d内，碱液浸泡迁入红土中，总体上增大了碱污染红土的黏聚力；短时间的碱液浸泡迁入有利于增大碱污染红土的黏聚力，长时间的碱液浸泡迁入虽然引起黏聚力的降低，但仍然高于浸泡初期的黏聚力。就浓度加权平均值来看，碱液迁入时间在14～30d之间，碱污染红土的黏聚力存在极大值；而且在本试验条件下，碱液迁入时间达到60d的黏聚力仍然高于1d时的黏聚力。

2. 碱液迁出条件

图3-11给出了水溶液浸泡碱污染红土的碱液迁出条件下，碱液迁出浓度a_{wc}不同时，碱污染红土的黏聚力c以及浓度加权黏聚力c_{jaw}随碱液迁出时间t_c的变化趋势。浓

度加权黏聚力是指碱液迁出时间相同时，对不同碱液迁出浓度下的黏聚力按浓度进行加权平均，用以衡量碱液迁出浓度对黏聚力的影响。

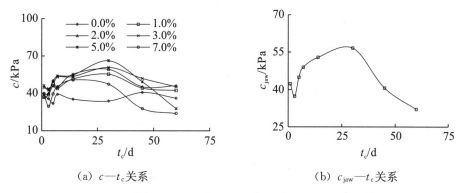

（a）c—t_c关系　　　　　　　（b）c_{jaw}—t_c关系

图 3-11　迁出条件下碱污染红土的黏聚力与碱液迁出时间的关系

图 3-11 表明：总体上，水溶液浸泡碱污染红土的过程中，碱液迁出浓度相同时，随碱液迁出时间的延长，碱污染红土的黏聚力呈先增大后减小的变化趋势；相应的浓度加权黏聚力也呈这一变化趋势。其变化程度见表 3-13。

表 3-13　迁出条件下碱污染红土的黏聚力随碱液迁出时间的变化程度（c_t/%）

迁移条件	迁出时间 t_c/d	迁出浓度 a_{wc}/%						c_{jaw-t} /%
		0.0	1.0	2.0	3.0	5.0	7.0	
碱液迁出	1→60	−2.9	14.9	17.6	1.6	−40.0	−40.3	−24.3
	1→30	−9.1	50.1	50.9	36.0	43.3	18.5	33.8
	30→60	6.8	−23.5	−22.1	−25.3	−58.2	−49.6	−43.5

注：c_t、c_{jaw-t}分别代表碱液迁出条件下，碱污染红土的黏聚力以及浓度加权黏聚力随碱液迁出时间的变化程度。

可见，碱液迁出浓度在 1.0%～7.0% 之间，碱液迁出时间由 1d 延长到 60d，低浓度（1.0%～3.0%）下碱污染红土的黏聚力增大了 1.6%～17.6%，高浓度（5.0%～7.0%）下的黏聚力减小了 40.0%～40.3%；相应的浓度加权黏聚力平均减小了 24.3%。其中，由 1d 延长到 30d 时，各个浓度下的黏聚力增大了 18.5%～50.9%，相应的浓度加权黏聚力平均增大了 33.8%；由 30d 延长到 60d 时，各个浓度下的黏聚力减小了 22.1%～58.2%，相应的浓度加权黏聚力平均减小了 43.5%。说明碱液迁出的浸泡条件下，浸泡前期引起碱污染红土的黏聚力增大，浸泡后期引起黏聚力的减小。就浓度加权平均值来看，碱液迁出时间达到 30d 时，碱污染红土的黏聚力存在极大值；但在本试验条件下，碱液迁出时间达到 60d 时的黏聚力最终低于低于浸泡初期的黏聚力。

3. 碱液迁入—迁出比较

图 3-12 给出了碱液迁入、迁出的浸泡条件下，碱液迁移浓度 a_w 在 1.0%～7.0% 之间，碱污染红土的浓度加权黏聚力 c_{jaw} 随碱液迁移时间 t 变化的迁入—迁出对比关系。

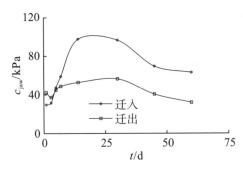

图 3-12 相同碱液迁移时间下碱污染红土的浓度加权黏聚力迁入—迁出比较

图 3-12 表明：总体上，相同迁入、迁出时间下，迁移时间较短时，碱污染红土的浓度加权黏聚力随碱液迁移时间变化的迁出曲线的位置高于迁入曲线的位置；迁移时间较长时，浓度加权黏聚力随碱液迁移时间变化的迁入曲线的位置高于迁出曲线的位置。其变化程度见表 3-14。

表 3-14 相同碱液迁移时间下碱污染红土的浓度加权黏聚力迁入—迁出的变化程度

浓度加权黏聚力的变化 $c_{jaw-rc}/\%$	碱液迁移时间 t/d							
	1	3	5	7	14	30	45	60
迁入→迁出	42.9	19.0	-5.5	-17.1	-45.9	-41.4	-41.7	-49.4

注：c_{jaw-rc} 代表相比碱液迁入条件，碱液迁出条件下碱污染红土的浓度加权黏聚力的变化程度。

可见，碱液迁移时间在 1~60d 之间，相比碱液迁入条件，碱液迁出条件下 1d、3d 时的浓度加权黏聚力增大了 19.0%~42.9%，其他迁移时间下的浓度加权黏聚力减小了 5.5%~49.4%。说明短时间的浸泡，碱液的迁出比碱液的迁入有利于增大碱污染红土的黏聚力；但长时间的浸泡，最终引起碱液迁出后的黏聚力小于碱液迁入后的黏聚力。总体上，再经过时间加权平均后，碱液迁出条件下的黏聚力比碱液迁入条件下的黏聚力平均减小了 42.3%。

3.2.3 内摩擦角的变化

3.2.3.1 碱液浓度的影响

1. 碱液迁入条件

图 3-13 给出了碱液浸泡素红土的迁入条件下，碱液迁入时间 t_r 不同时，碱污染红土的内摩擦角 φ 以及时间加权内摩擦角 φ_{jt} 随碱液迁入浓度 a_{wr} 的变化关系。时间加权内摩擦角是指碱液迁入浓度相同时，对不同碱液迁入时间下的内摩擦角按时间进行加权平均，用以衡量碱液迁入时间对内摩擦角的影响。

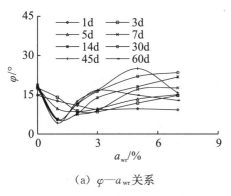

（a）φ—a_{wr} 关系

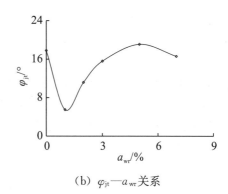

（b）φ_{jt}—a_{wr} 关系

图 3－13　迁入条件下碱污染红土的内摩擦角与碱液迁入浓度的关系

图 3－13 表明：总体上，碱液迁入时间相同时，低浓度下碱污染红土的内摩擦角小于素红土；随碱液迁入浓度的增大，碱污染红土的内摩擦角呈波动增大的变化趋势；相应的时间加权内摩擦角也呈这一变化趋势。其变化程度见表 3－15。

表 3－15　迁入条件下碱污染红土的内摩擦角随碱液迁入浓度的变化程度（φ_{aw}/%）

迁移条件	迁入浓度 a_{wr}/%	迁入时间 t_r/d								φ_{jt-aw}/%
		1	3	5	7	14	30	45	60	
碱液迁入	0.0→7.0	−37.8	−16.4	−15.3	−4.3	16.0	29.1	−11.3	−26.4	−6.7
	0.0→1.0	−14.9	−20.5	−45.2	−69.6	−69.7	−69.8	−76.3	−69.0	−69.1
	1.0→7.0	−27.0	5.0	54.6	214.3	282.5	327.3	273.8	137.0	201.8
	1.0→5.0	−23.8	−15.7	37.1	203.6	217.5	300.0	495.2	174.1	247.3
	5.0→7.0	−4.2	24.6	12.8	3.5	20.4	6.8	−37.2	−13.5	−13.1

注：φ_{aw}、φ_{jt-aw} 分别代表碱液迁入条件下，碱污染红土的内摩擦角以及时间加权内摩擦角随碱液迁入浓度的变化程度。

可见，碱液迁入时间在 1～60d 之间，相比素红土，碱液迁入浓度达到 7.0% 时，除 14d、30d 时碱污染红土的内摩擦角增大了 16.0%～29.1% 外，其他时间下的内摩擦角减小了 4.3%～37.8%；相应的时间加权内摩擦角平均减小了 6.7%。而碱液浓度由 1.0% 增大到 7.0%，除 1d 时的内摩擦角减小了 27.0% 外，其他时间的内摩擦角增大了 5.0%～327.3%；相应的时间加权内摩擦角平均增大了 201.8%。其中，碱液浓度达到 1.0% 时，内摩擦角减小了 14.9%～76.3%，相应的时间加权内摩擦角平均减小了 69.1%。碱液浓度由 1.0% 增大到 5.0%，除 1d、3d 时的内摩擦角减小了 15.7%～23.8% 外，其他时间下的内摩擦角增大了 37.1%～495.2%；相应的时间加权内摩擦角平均增大了 247.3%。碱液浓度由 5.0% 增大到 7.0%，迁入时间达到 1d、45d、60d 时的内摩擦角减小了 4.2%～37.2%，其他时间下的内摩擦角增大了 3.5%～24.6%；相应的时间加权内摩擦角平均减小了 13.1%。说明低浓度的碱液浸泡迁入，引起碱污染红土的内摩擦角的降低；而高浓度的碱液浸泡迁入，有利于提高碱污染红土的内摩擦角。就时间加权平均值来看，碱液迁入浓度达到 1.0% 时，碱污染红土的内摩擦角存在极小值；而本试验条件下碱液迁入浓度达到 7.0％时的内摩擦角最终小于素红土的内摩擦角。

2. 碱液迁出条件

图 3-14 给出了水溶液浸泡碱污染红土的碱液迁出条件下，碱液迁出时间 t_c 不同时，碱污染红土的内摩擦角 φ 以及时间加权内摩擦角 φ_{jt} 随碱液迁出浓度 a_{wc} 的变化趋势。时间加权内摩擦角是指碱液迁出浓度相同时，对不同碱液迁出时间下的内摩擦角按时间进行加权平均，用以衡量碱液迁出时间对内摩擦角的影响。

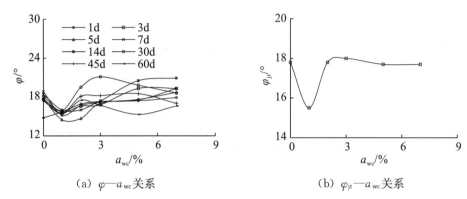

(a) φ—a_{wc} 关系   (b) φ_{jt}—a_{wc} 关系

图 3-14　迁出条件下碱污染红土的内摩擦角与碱液迁出浓度的关系

图 3-14 表明：总体上，碱液迁出的浸泡条件下，碱液迁出时间相同时，低浓度下碱污染红土的内摩擦角小于素红土；随碱液迁出浓度的增加，碱污染红土的内摩擦角呈波动增大的变化趋势。其变化程度见表 3-16。

表 3-16　迁出条件下碱污染红土的内摩擦角随碱液迁出浓度的变化程度（φ_{aw}/％）

迁移条件	迁出浓度 a_{wc}/％	迁出时间 t_c/d								φ_{jt-aw}/％
		1	3	5	7	14	30	45	60	
碱液迁出	0.0→7.0	20.9	9.7	5.6	4.9	11.2	2.8	−4.0	−4.6	−0.6
	0.0→1.0	6.1	−10.8	−18.1	−13.0	−19.1	−12.2	−12.4	−11.5	−12.9
	1.0→7.0	14.0	22.9	29.0	20.6	37.5	17.0	9.7	7.8	14.2
	1.0→3.0	10.2	7.0	17.2	7.5	14.5	32.7	17.4	8.4	16.1
	3.0→7.0	3.5	14.9	10.0	12.2	20.1	−11.8	−6.6	−0.6	−1.7

注：φ_{aw}、φ_{jt-aw} 分别代表碱液迁出条件下，碱污染红土的内摩擦角以及时间加权内摩擦角随碱液迁出浓度的变化程度。

可见，碱液迁出时间在 1~60d 之间，相比素红土，碱液迁出浓度达到 1.0％，除 1d 时的内摩擦角增大了 6.1％外，其他时间下的内摩擦角减小了 10.8％~19.1％；相应的时间加权内摩擦角平均减小了 12.9％。而浓度达到 7.0％，1~30d 时的内摩擦角增大了 2.8％~20.9％，45~60d 时的内摩擦角减小了 4.0％~4.6％；相应的时间加权内摩擦角平均减小了 0.6％。浓度由 1.0％增大到 7.0％时，各个时间下的内摩擦角增了 7.8％~37.5％；相应的时间加权内摩擦角平均增大了 14.2％。说明水溶液浸泡碱污染红土，低浓度下的碱液迁出引起碱污染红土的内摩擦角的降低；较高浓度下的碱液迁出有利于提高碱污染红土的内摩擦角；更高浓度下的碱液迁出内摩擦角变化缓慢。

3. 碱液迁入—迁出比较

图 3-15 给出了碱液迁入、迁出的浸泡条件下，碱液迁移时间 t 在 1～60d 之间时，碱污染红土的时间加权内摩擦角 φ_{jt} 随碱液迁移浓度 a_w 变化的迁入—迁出对比关系。

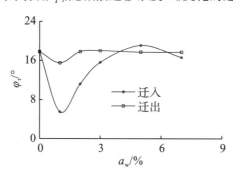

图 3-15　相同碱液迁移浓度下碱污染红土的时间加权内摩擦角迁入—迁出对比

图 3-15 表明：总体上，碱污染红土的时间加权内摩擦角随碱液浓度变化的迁出曲线的位置高于迁入曲线的位置。说明碱液浓度相同时，碱液迁出条件下的时间加权内摩擦角大于碱液迁入条件下的时间加权内摩擦角。其变化程度见表 3-17。

表 3-17　相同碱液迁移浓度下碱污染红土的时间加权内摩擦角迁入—迁出的变化程度

时间加权内摩擦角的变化 φ_{jt-rc} /%	碱液迁移浓度 a_w /%					时间—浓度加权内摩擦角的变化 $\varphi_{jt-aw-rc}$ /%
	1.0	2.0	3.0	5.0	7.0	
迁入→迁出	181.8	58.9	15.4	−7.3	6.6	10.8

注：φ_{jt-rc}、$\varphi_{jt-aw-rc}$ 分别代表相比碱液迁入条件，碱液迁出条件下碱污染红土的时间加权内摩擦角以及时间—浓度加权内摩擦角的变化程度。

可见，碱液浓度在 1.0%～7.0% 之间，相比碱液迁入条件，碱液迁出条件下碱污染红土的时间加权内摩擦角除浓度 5.0% 时减小了 7.3% 外，其他浓度下的时间加权内摩擦角均增大了 6.6%～181.8%。总体上，再经过浓度加权后，碱液迁出条件下的内摩擦角比碱液迁入条件下的内摩擦角平均增大了 10.8%。

3.2.3.2　迁移时间的影响

1. 碱液迁入条件

图 3-16 给出了碱液浸泡素红土的迁入条件下，碱液迁入浓度 a_{wr} 不同时，碱污染红土的内摩擦角 φ 以及浓度加权内摩擦角 φ_{jaw} 随碱液迁入时间 t_r 的变化关系。浓度加权内摩擦角是指碱液迁入时间相同时，对不同碱液迁入浓度下的内摩擦角按浓度进行加权平均，用以衡量碱液迁入浓度对内摩擦角的影响。

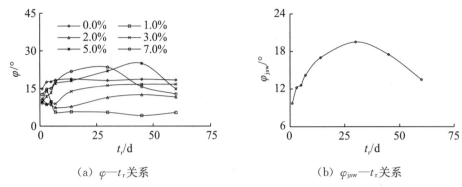

（a）φ—t_r关系　　　　　　　（b）φ_{jaw}—t_r关系

图 3-16　迁入条件下碱污染红土的内摩擦角与碱液迁入时间的关系

图 3-16 表明：总体上，碱液迁入浓度相同，随碱液迁入时间的延长，达到 60d 时，碱污染红土的内摩擦角呈波动增大的变化趋势；迁入时间较短时，内摩擦角增大；迁入时间较长时，内摩擦角减小，但仍大于浸泡 1d 时的值。相应的浓度加权内摩擦角也呈这一变化趋势。其变化程度见表 3-18。

表 3-18　迁入条件下碱污染红土的内摩擦角随碱液迁入时间的变化程度（φ_t/%）

迁移条件	迁入时间 t_r/d	迁入浓度 a_{wr}/%						φ_{jaw-t} /%
		0.0	1.0	2.0	3.0	5.0	7.0	
碱液迁入	1→60	24.3	−57.1	6.4	77.7	54.2	39.1	39.2
	1→30	27.0[1→14]	11.1[1→3]	14.7[1→45]	72.3	129.2	155.4	101.0
	30→60	−2.1[14→60]	−61.4[3→60]	−7.2[45→60]	3.1	−32.7	−45.5	−30.8

注：φ_t、φ_{jaw-t} 分别代表碱液迁入条件下，碱污染红土的内摩擦角以及浓度加权内摩擦角随碱液迁入时间的变化程度；11.1[1→3]、−61.4[3→60] 分别代表碱液迁入时间由 1d 延长到 3d、由 3d 延长到 60d 时内摩擦角的变化程度，其他类似。

可见，碱液迁入浓度在 1.0%～7.0% 之间，碱液迁入时间由 1d 延长到 60d，除浓度 1.0% 时碱污染红土的内摩擦角减小了 57.1% 外，其他浓度下的内摩擦角均增大了 6.4%～77.7%；相应的浓度加权内摩擦角平均增大了 39.2%。其中，迁入时间由 1d 延长到 30d（3d、14d、45d），各个浓度下的内摩擦角增大了 11.1%～155.4%；相应的浓度加权内摩擦角平均增大了 101.0%。而迁入时间由 30d（3d、14d、45d）延长到 60d，除浓度为 3.0% 时的内摩擦角增大了 3.1% 外，其他浓度下的内摩擦角减小了 7.2%～61.4%，相应的浓度加权内摩擦角则平均减小了 30.8%。说明本试验碱液浸泡 60d 内，总体上增大了碱污染红土的内摩擦角；特别是浸泡时间 30d 以前，引起碱污染红土的内摩擦角明显增大；浸泡后期，还是引起内摩擦角的降低。

2. 碱液迁出条件

图 3-17 给出了水溶液浸泡碱污染红土的碱液迁出条件下，碱液迁出浓度 a_{wc} 不同时，碱污染红土的内摩擦角 φ 以及浓度加权内摩擦角 φ_{jaw} 随碱液迁出时间 t_c 的变化关系。浓度加权内摩擦角是指相同迁出时间时，对不同碱液迁出浓度下的内摩擦角按浓度进行加权平均，用以衡量碱液迁出浓度对内摩擦角的影响。

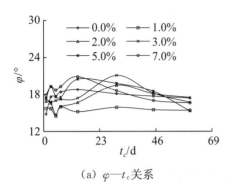
（a）$\varphi - t_c$关系

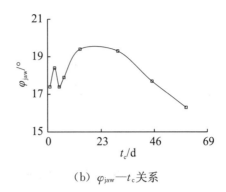
（b）$\varphi_{jaw} - t_c$关系

图 3-17　迁出条件下碱污染红土的内摩擦角与碱液迁出时间的关系

图 3-17 表明：总体上，碱液迁出浓度相同时，随碱液迁出时间的延长，碱污染红土的内摩擦角呈波动减小的变化趋势。迁出时间较短时，内摩擦角增大；迁出时间较长时，内摩擦角减小。相应的浓度加权内摩擦角也呈这一变化趋势。其变化程度见表 3-19。

表 3-19　迁出条件下碱污染红土的内摩擦角随碱液迁出时间的变化程度（φ_t/%）

迁移条件	迁出时间 t_c/d	迁出浓度 a_{wc}/%						φ_{jaw-t} /%
		0.0	1.0	2.0	3.0	5.0	7.0	
碱液迁出	1→60	17.6	−1.9	3.6	−3.5	−12.1	−7.3	−6.3
	1→14	27.0	$1.9^{1→7}$	$15.4^{1→30}$	$22.0^{1→30}$	17.8	16.8	11.5
	14→60	−7.4	$−3.8^{7→60}$	$−10.3^{30→60}$	$−20.9^{30→60}$	−25.4	−20.6	−16.0

注：φ_t、φ_{jaw-t} 分别代表碱液迁出条件下，碱污染红土的内摩擦角以及浓度加权内摩擦角随碱液迁出时间的变化程度；$1.9^{1→7}$、$−3.8^{7→60}$ 分别代表碱液迁入时间由 1d 延长到 7d、由 7d 延长到 60d 时内摩擦角的变化程度，其他类似。

可见，碱液迁出浓度在 1.0%～7.0% 之间，碱液迁出时间由 1d 延长到 60d，除浓度 2.0% 时碱污染红土的内摩擦角增大了 3.6% 外，其他浓度下的内摩擦角均减小了 1.9%～12.1%；相应的浓度加权内摩擦角平均减小了 6.3%。其中，迁出时间由 1d 延长到 14d（7d、30d）时，各个浓度下内摩擦角增大了 1.9%～22.0%；相应的浓度加权内摩擦角平均增大了 11.5%。而迁出时间由 14d（7d、30d）延长到 60d 时，各个浓度下内摩擦角减小了 3.8%～25.4%；相应的浓度加权内摩擦角平均减小了 16.0%。说明本试验浸泡 60d 内，短时间浸泡引起的碱液迁出，增大了碱污染红土的内摩擦角；长时间浸泡引起的碱液迁出，还是降低了碱污染红土的内摩擦角，而且还低于 1d 时的内摩擦角。

3. 碱液迁入—迁出比较

图 3-18 给出了碱液迁入、迁出的浸泡条件下，碱液迁移浓度 a_w 在 1.0%～7.0% 之间，碱污染红土的浓度加权内摩擦角 φ_{jaw} 随碱液迁移时间 t 变化的迁入—迁出对比关系。

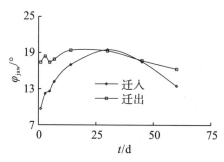

图 3-18　相同碱液迁移时间下碱污染红土的浓度加权内摩擦角迁入—迁出比较

图 3-18 表明：总体上，碱污染红土的浓度加权内摩擦角随碱液迁移时间变化的迁出曲线的位置高于迁入曲线的位置。说明碱液迁移时间相同时，碱液迁出条件下的浓度加权内摩擦角大于碱液迁入条件下的浓度加权内摩擦角。其变化程度见表 3-20。

表 3-20　相同碱液迁移时间下碱污染红土的浓度加权内摩擦角迁入—迁出的变化程度

浓度加权内摩擦角的变化 $\varphi_{jaw-rc}/\%$	碱液迁移时间 t/d							
	1	3	5	7	14	30	45	60
迁入→迁出	79.4	50.8	38.1	26.1	14.1	-1.0	1.1	20.7

注：φ_{jaw-rc} 代表相比碱液迁入条件，碱液迁出条件下碱污染红土的浓度加权内摩擦角的变化程度。

可见，碱液迁移时间在 1~60d 之间，相比碱液迁入条件，碱液迁出条件下除时间 30d 时碱污染红土的浓度加权内摩擦角减小了 1.0% 外，其他迁移时间下的浓度加权内摩擦角均增大了 1.1%~79.4%。总体上，再经过时间加权后，碱液迁出条件下的内摩擦角比碱液迁入条件下的内摩擦角平均增大了 10.8%。

3.3　迁移条件下碱污染红土的压缩特性

3.3.1　压缩系数的变化

3.3.1.1　碱液浓度的影响

1. 碱液迁入条件

图 3-19 给出了碱液浸泡素红土的迁入条件下，垂直压力 σ 增至 400kPa，碱液迁入时间 t_r 不同时，碱污染红土的压缩系数 a_v 以及时间加权压缩系数 a_{vjt} 随碱液迁入浓度 a_{wr} 的变化情况。时间加权压缩系数是指碱液迁入浓度相同时，对不同碱液迁入时间下的压缩系数按时间进行加权平均，用以衡量碱液迁入时间对压缩系数的影响。

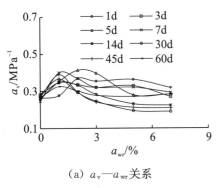
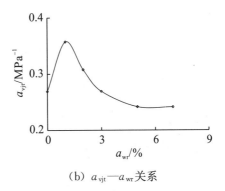

（a）a_v—a_{wr}关系　　　　　　　　　（b）a_{vjt}—a_{wr}关系

图 3-19　迁入条件下碱污染红土的压缩系数与碱液迁入浓度的关系

图 3-19 表明：碱液迁入时间相同时，随碱液迁入浓度的增大，碱污染红土的压缩系数呈先增大后减小的变化趋势；相应的时间加权压缩系数也呈这一变化趋势。低浓度下，碱污染红土的压缩系数高于素红土；高浓度下，碱污染红土的压缩系数低于素红土。其变化程度见表 3-21。

表 3-21　迁入条件下碱污染红土的压缩系数随碱液迁入浓度的变化程度（a_{v-aw}/%）

迁入浓度 a_{wr}/%	迁入时间 t_r/d								a_{vjt-aw} /%
	1	3	5	7	14	30	45	60	
0.0→7.0	21.3	-3.9	8.5	18.4	-13.4	-32.9	-22.6	6.0	-10.4
0.0→1.0	40.9[0→2]	24.4	58.6[0→2]	62.4	35.8	29.6	45.1	22.0	32.8
1.0→7.0	-13.9[2→7]	-22.7	-31.6[2→7]	-27.1	-36.2	-48.2	-46.6	-13.1	-32.5

注：a_{v-aw}、a_{vjt-aw} 分别代表碱液迁入条件下，碱污染红土的压缩系数以及时间加权压缩系数随碱液迁入浓度的变化程度；$40.9^{0\to2}$、$-13.9^{2\to7}$ 分别代表碱液迁入浓度由 0.0% 增大到 2.0%、由 2.0% 增大到 7.0% 时压缩系数的变化程度，其他类似。

可见，碱液迁入时间在 1~60d 之间，相比素红土（a_{wr}=0.0%），碱液迁入浓度达到 7.0% 时，碱污染红土的压缩系数波动增大或减小，1d、5d、7d、60d 时压缩系数增大了 6.0%~21.3%，3d、14d、30d、45d 时压缩系数减小了 3.9%~32.9%；相应的时间加权压缩系数平均减小了 10.4%。其中，浓度由 0.0% 增大到 1.0%（2.0%）时，压缩系数增大了 22.0%~62.4%，相应的时间加权压缩系数平均增大了 32.8%；而浓度由 1.0%（2.0%）增大到 7.0% 时，压缩系数减小了 13.1%~48.2%，相应的时间加权压缩系数平均减小了 32.5%。说明低浓度的碱液浸泡素红土，引起碱污染红土的压缩性增大；而高浓度的碱液浸泡素红土，有利于降低碱污染红土的压缩性。就时间加权平均值来看，碱液迁入浓度达到 1.0% 时，碱污染红土的压缩系数存在极大值；但本试验条件下碱液迁入浓度达到 7.0% 时的压缩系数最终小于素红土的压缩系数。

2. 碱液迁出条件

图 3-20 给出了水溶液浸泡碱污染红土的碱液迁出条件下，垂直压力 σ 增至 400kPa，碱液迁出时间 t_c 不同时，碱污染红土的压缩系数 a_v 以及时间加权压缩系数 a_{vjt} 随碱液迁出浓度 a_{wc} 的变化情况。时间加权压缩系数是指碱液迁出浓度相同时，对不同

碱液迁出时间下的压缩系数按时间进行加权平均，用以衡量碱液迁出时间对压缩系数的影响。

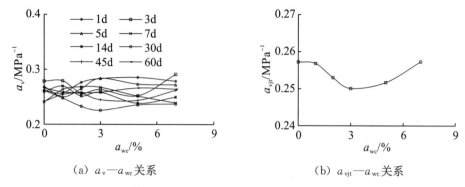

（a）a_v—a_{wc}关系　　　　　（b）a_{vjt}—a_{wc}关系

图 3-20　迁出条件下碱污染红土的压缩系数与碱液迁出浓度的关系

图 3-20 表明：整体看来，碱液迁出条件下，碱液迁出时间相同时，随碱液迁出浓度的增大，碱污染红土的压缩系数波动变化，相应的时间加权压缩系数呈凹型变化。低浓度下压缩系数减小，高浓度下压缩系数增大。其变化程度见表 3-22。

表 3-22　迁出条件下碱污染红土的压缩系数随碱液迁出浓度的变化程度（a_{v-aw}/%）

迁出浓度 a_{wc}/%	迁出时间 t_c/d								a_{vjt-aw} /%
	1	3	5	7	14	30	45	60	
0.0→7.0	6.6	4.5	1.2	−0.7	−3.8	−9.2	8.5	−0.7	0.04
0.0→3.0	8.4	0.3$^{0 \to 1}$	5.5	11.0	3.8$^{0 \to 1}$	−5.2$^{0 \to 1}$	5.3$^{0 \to 1}$	0.1$^{0 \to 5}$	−2.8
3.0→7.0	−1.6	4.3$^{1 \to 7}$	−4.1	−10.5	−7.3$^{1 \to 7}$	−4.2$^{1 \to 7}$	3.1$^{1 \to 7}$	−0.8$^{5 \to 7}$	2.9
1.0→7.0	8.5	4.3	8.9	−9.2	−7.3	−4.2	3.1	2.1	0.2

注：a_{v-aw}、a_{vjt-aw} 分别代表碱液迁出条件下，碱污染红土的压缩系数以及时间加权压缩系数随碱液迁出浓度的变化程度；0.3$^{0 \to 1}$、4.3$^{1 \to 7}$ 分别代表碱液迁入浓度由 0.0% 增大到 1.0%、由 1.0% 增大到 7.0% 时压缩系数的变化程度，其他类似。

可见，碱液迁出时间在 1~60d 之间，相比素红土（a_{wc}=0.0%），碱液迁出浓度达到 7.0% 时，碱污染红土的压缩系数波动增减了 −9.2%~8.5%，但相应的时间加权平均压缩系数约增大了 0.04%；迁出浓度由 1.0% 增大到 7.0% 时，压缩系数波动增减了 −9.2%~8.9%，但相应的时间加权压缩系数平均增大了 0.2%。说明总体上，碱液迁出浓度的增大，引起碱污染红土的压缩系数增大；但在本试验条件下，迁出浓度约为 3.0% 时，压缩系数存在极小值，这时碱污染红土抵抗压缩的能力较强。

3. 碱液迁入—迁出比较

图 3-21 给出了碱液迁入、迁出的浸泡条件下，垂直压力 σ 增至 400kPa，碱液迁移时间 t 在 1~60d 之间，碱污染红土的时间加权压缩系数 a_{vjt} 随碱液迁移浓度 a_w 变化的迁入—迁出对比关系。

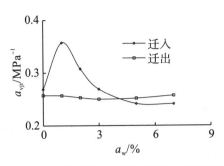

图 3-21　相同碱液迁移浓度下碱污染红土的时间加权压缩系数迁入—迁出比较

图 3-21 表明：随碱液迁入、迁出浓度的增大，碱污染红土的时间加权压缩系数的迁入曲线呈凸型变化；迁出曲线呈凹型变化。碱液浓度较低时，碱污染红土的时间加权压缩系数的迁入曲线的位置高于迁出曲线的位置；碱液浓度较高时，时间加权压缩系数的迁出曲线的位置高于迁入曲线的位置。说明低浓度下，碱液的迁入增大了碱污染红土的压缩性，碱液的迁出降低了碱污染红土的压缩性；高浓度下，碱液的迁入降低了碱污染红土的压缩性，碱液的迁出增大了碱污染红土的压缩性。其变化程度见表 3-23。

表 3-23　相同碱液迁移浓度下碱污染红土的时间加权压缩系数迁入—迁出的变化程度

时间加权压缩系数的变化 $a_{vjt-rc}/\%$	碱液迁移浓度 $a_w/\%$					$a_{vjt-aw-rc}/\%$
	1.0	2.0	3.0	5.0	7.0	
迁入→迁出	-28.1	-17.8	-7.1	4.2	6.7	-2.2

注：a_{vjt-rc}、$a_{vjt-aw-rc}$ 分别代表相比碱液迁入条件，碱液迁出条件下碱污染红土的时间加权压缩系数以及时间—浓度加权压缩系数的变化程度。

可见，相比碱液迁入条件，碱液浓度在 1.0%～3.0% 之间，碱液迁出条件下的时间加权压缩系数平均减小了 7.1%～28.1%；而碱液浓度在 5.0%～7.0% 之间，碱液迁出条件下的时间加权压缩系数平均增大了 4.2%～6.7%。总体上，经过浓度加权后的平均压缩系数迁出比迁入减小了 2.2%。说明相同条件下，碱液迁出后红土的压缩性稍低于碱液迁入后的压缩性。

3.3.1.2　迁移时间的影响

1. 碱液迁入条件

图 3-22 给出了碱液浸泡素红土的迁入条件下，垂直压力 σ 增至 400kPa，碱液迁入浓度 a_{wr} 不同时，碱污染红土的压缩系数 a_v 以及浓度加权压缩系数 a_{vjaw} 随碱液迁入时间 t_r 的变化情况。浓度加权压缩系数是指碱液迁入时间相同时，对不同碱液迁入浓度下的压缩系数按浓度进行加权平均，用以衡量碱液迁入浓度对压缩系数的影响。

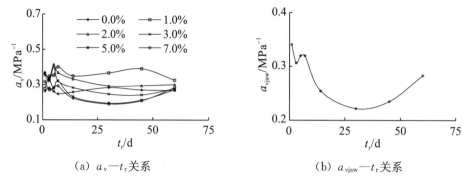

（a）a_v—t_r关系　　　　　　（b）a_{vjaw}—t_r关系

图3-22　迁入条件下碱污染红土的压缩系数与碱液迁入时间的关系

图3-22表明：碱液迁入条件下，迁入浓度相同时，随碱液迁入时间的延长，碱污染红土的压缩系数呈波动减小的变化趋势，迁入时间较短时波动性明显；相应的浓度加权压缩系数也呈这一变化趋势。其变化程度见表3-24。

表3-24　迁入条件下碱污染红土的压缩系数随碱液迁入时间的变化程度（a_{v-t}/%）

碱液迁入时间 t_r/d	碱液迁入浓度 a_{wr}/%						a_{vjaw-t} /%
	0.0	1.0	2.0	3.0	5.0	7.0	
1→60	1.8	17.7	−18.7	−21.8	−25.5	−11.1	−16.8
1→30	7.8	32.4	−21.0	−30.7	−46.5	−40.4	−34.9
30→60	−5.5	−11.1	2.9	12.8	39.3	49.3	27.7

注：a_{v-t}、a_{vjaw-t}分别代表碱液迁出条件下，碱污染红土的压缩系数以及浓度加权压缩系数随碱液迁入时间的变化程度。

可见，碱液迁入浓度在0.0%～7.0%之间，碱液迁入时间由1d延长到60d，除迁入浓度为0.0%～1.0%时的压缩系数增大了1.8%～17.7%外，其他浓度下的压缩系数减小了11.1%～25.5%；相应的浓度加权压缩系数平均减小了16.8%。其中，1→30d时压缩系数的变化趋势与1→60d时的变化趋势一致，浓度为0.0%、1.0%时的压缩系数增大了7.8%～32.5%，其他浓度下的压缩系数减小了21.0%～46.5%；相应的浓度加权压缩系数平均减小了34.9%。而30→60d时压缩系数的变化趋势与1→30d时相反，浓度为0.0%、1.0%的压缩系数减小了5.5%～11.1%，其他浓度下的压缩系数增大了2.9%～49.3%；相应的浓度加权压缩系数平均增大了27.7%。说明本试验碱液浸泡的60d中，碱液迁入前期引起碱污染红土的压缩系数波动减小，碱液迁入后期土体的压缩系数由所恢复；就浓度加权压缩系数来看，碱液迁入时间达到30d时压缩系数存在极小值，而且浸泡60d时的压缩系数仍然小于浸泡1d时的压缩系数。

2. 碱液迁出条件

图3-23给出了水溶液浸泡碱污染红土的碱液迁出条件下，垂直压力σ增至400kPa，碱液迁出浓度a_{wc}不同时，碱污染红土的平均压缩系数a_v以及浓度加权压缩系数a_{vjaw}随碱液迁出时间t_c的变化情况。浓度加权压缩系数是指碱液迁出时间相同时，对不同碱液迁出浓度下的压缩系数按浓度进行加权平均，用以衡量碱液迁出浓度对压缩系

数的影响。

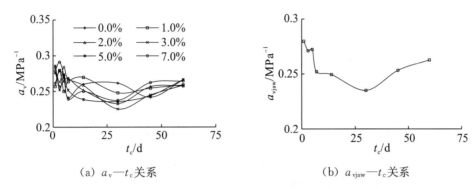

(a) a_v—t_c关系　　　　　　　(b) a_{vjaw}—t_c关系

图 3-23　迁出条件下碱污染红土的压缩系数与碱液迁出时间的关系

图 3-23 表明：总体上，碱液迁出浓度相同，随碱液迁出时间的延长，碱污染红土的压缩系数呈波动减小的变化趋势，迁出时间较短时波动变化明显；相应的浓度加权压缩系数也呈这一变化趋势。其变化程度见表 3-25。

表 3-25　迁出条件下碱污染红土的压缩系数随碱液迁出时间的变化程度（a_{v-t}/%）

碱液迁出时间 t_c/d	碱液迁出浓度 a_{wc}/%						a_{vjaw-t} /%
	0.0	1.0	2.0	3.0	5.0	7.0	
1→60	1.8	0.8	−6.8	−8.8	−6.7	−5.2	−6.1
1→30	0.04	−3.5	−15.7	−20.4	−17.4	−14.8	−16.0
30→60	1.8	4.4	10.6	14.7	13.0	11.3	11.8

注：a_{v-t}、a_{vjaw-t} 分别代表碱液迁出条件下，碱污染红土的压缩系数以及浓度加权压缩系数随碱液迁出时间的变化程度。

可见，碱液迁出浓度 0.0%～7.0% 之间，碱液迁出时间由 1d 延长到 60d，碱污染红土的压缩系数在 0.2～0.3MPa^{-1} 之间变化，压缩性中等；浓度为 0.0%～1.0% 时的压缩系数增大了 0.8%～1.8%，浓度为 2.0%～7.0% 时的压缩系数减小了 5.2%～8.8%，但相应的浓度加权压缩系数平均减小了 6.1%。其中，由 1d 延长到 30d，各个浓度下的压缩系数减小了 3.5%～20.4%，相应的浓度加权压缩系数平均减小了 16.0%；而由 30d 延长到 60d，各个浓度下的压缩系数增大了 4.4%～14.7%，相应的浓度加权压缩系数平均增大了 11.8%。说明本试验浸泡 60d 的碱液迁出过程中，浸泡前期引起碱污染红土的压缩系数减小，浸泡后期土体的压缩系数由所恢复；就浓度加权压缩系数来看，碱液迁出时间达到 30d 时压缩系数存在极小值，而且浸泡 60d 时的压缩系数仍然小于浸泡 1d 时的压缩系数。

3. 碱液迁入—迁出比较

图 3-24 给出了碱液迁入、迁出的浸泡条件下，垂直压力 σ 增至 400kPa，碱液迁移浓度 a_w 在 1.0%～7.0% 之间时，碱污染红土的浓度加权压缩系数 a_{vjaw} 随碱液迁移时间 t 变化的迁入—迁出对比关系。

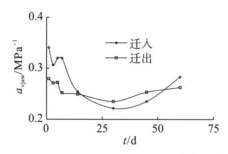

图 3-24　相同碱液迁移时间下碱污染红土的浓度加权压缩系数迁入—迁出对比

图 3-24 表明：碱液迁入时间、迁出时间相同的条件下，迁移时间较短或较长时，碱污染红土的浓度加权压缩系数随迁移时间变化的迁入曲线的位置高于迁出曲线的位置；迁移时间适中时，浓度加权压缩系数的迁出曲线的位置高于迁入曲线的位置。其变化程度见表 3-26。

表 3-26　相同碱液迁移时间下碱污染红土的浓度加权压缩系数迁入-迁出的变化程度

浓度加权压缩系数的变化 $a_{vjaw-rc}$/%	碱液迁移时间 t/d								$a_{vjaw-t-rc}$/%
	1	3	5	7	14	30	45	60	
迁入→迁出	−17.8	−11.5	−14.8	−21.2	−1.9	6.0	7.8	−7.2	−2.2

注：$a_{vjaw-rc}$、$a_{vjaw-t-rc}$ 分别代表相比碱液迁入条件，碱液迁出条件下碱污染红土的浓度加权压缩系数以及浓度—时间加权压缩系数的变化程度。

可见，迁移时间在 1～60d 之间，相比碱液迁入条件，碱液迁出条件下碱污染红土的浓度加权压缩系数在 1～14d 时减小了 1.9%～21.2%，达到 60d 时浓度加权压缩系数减小了 7.2%；而在 30～45d 时浓度加权压缩系数增大了 6.0%～7.8%。说明浸泡初期和后期，碱液的迁出有利于降低碱污染红土的压缩性；而浸泡中期，碱液的迁出增大了碱污染红土的压缩性。总体上，经过时间加权平均后的压缩系数迁出比迁入减小了 2.2%。说明相同条件下，碱液迁出后红土的压缩性稍低于碱液迁入后的压缩性。

3.3.2　压缩模量的变化

3.3.2.1　碱液浓度的影响

1. 碱液迁入条件

图 3-25 给出了碱液浸泡素红土的迁入条件下，垂直压力 σ 增至 400kPa，碱液迁入时间 t_r 不同时，碱污染红土的平均压缩模量 E_s 以及时间加权压缩模量 E_{sjt} 随碱液迁入浓度 a_{wr} 的变化情况。时间加权压缩模量是指碱液迁入浓度相同时，对不同碱液迁入时间下的压缩模量按时间进行加权平均，用以衡量碱液迁入时间对压缩模量的影响。

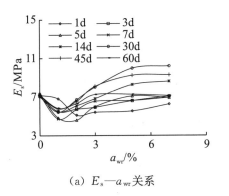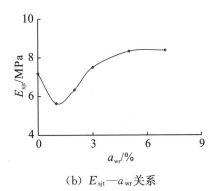

（a）E_s—a_{wr}关系　　　　　　　（b）E_{sjt}—a_{wr}关系

图 3-25　迁入条件下碱污染红土的压缩模量与碱液迁入浓度的关系

图 3-25 表明：碱液迁入条件下，迁入时间相同时，随碱液迁入浓度的增大，碱污染红土的压缩模量呈先减小后增大的变化趋势；相应的时间加权压缩模量也呈这一变化趋势。低浓度下碱污染红土的压缩模量小于素红土的压缩模量，高浓度下的碱污染红土的压缩模量大于素红土的压缩模量。其变化程度见表 3-27。

表 3-27　迁入条件下碱污染红土的压缩模量随碱液迁入浓度的变化程度（E_{s-aw}/%）

迁入浓度 a_{wr}/%	迁入时间 t_r/d								E_{sjt-aw} /%
	1	3	5	7	14	30	45	60	
0.0→7.0	−13.1	−1.3	−6.7	−3.5	18.5	44.9	29.5	−1.1	16.7
0.0→1.0	$−28.9^{0→2}$	−23.3	−34.8	−34.4	−24.7	−22.9	−19.6	−19.0	−21.6
1.0→7.0	$22.3^{2→7}$	28.8	43.1	47.0	57.5	87.8	61.2	22.1	48.5

注：E_{s-aw}、E_{sjt-aw}分别代表碱液迁入条件下，碱污染红土的压缩模量以及时间加权压缩模量随碱液迁入浓度的变化程度；$−28.9^{0→2}$、$22.3^{2→7}$分别代表碱液迁入浓度由 0.0% 增大到 2.0%、2.0% 增大到 7.0% 时压缩模量的变化程度。

可见，碱液迁入时间在 1~60d 之间，相比素红土（a_{wr}=0.0%），碱液迁入浓度达到 1.0%（2.0%）时，各个迁入时间下碱污染红土的压缩模量减小了 19.0%~34.8%，相应的时间加权压缩模量平均减小了 21.6%；碱液迁入浓度达到 7.0% 时，各个迁入时间下的压缩模量波动变化了 −13.1%~44.9%，但相应的时间加权压缩模量平均增大了 16.7%。当碱液迁入浓度由 1.0%（2.0%）增大到 7.0% 时，各个迁入时间下的压缩模量增大了 22.1%~87.8%，相应的时间加权压缩模量平均增大了 48.5%。说明低浓度下的碱液浸泡迁入，降低了碱污染红土的压缩模量；高浓度下的碱液浸泡迁入，增大了碱污染红土的压缩模量。本试验条件下，碱液迁入浓度为 1.0% 时，碱污染红土的压缩模量存在极小值；而碱液迁入浓度达到 7.0% 时的压缩模量高于素红土的压缩模量。

2. 碱液迁出条件

图 3-26 给出了水溶液浸泡碱污染红土的碱液迁出条件下，垂直压力 σ 增至 400kPa，碱液迁出时间 t_c 不同时，碱污染红土的压缩模量 E_s 以及时间加权压缩模量 E_{sjt} 随碱液迁出浓度 a_{wc} 的变化情况。时间加权压缩模量是指碱液迁出浓度相同时，对不同碱液迁出时间下的压缩模量按时间进行加权平均，用以衡量碱液迁出时间对压缩模量

的影响。

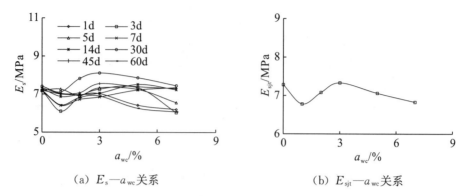

(a) E_s—a_{wc}关系   (b) E_{sjt}—a_{wc}关系

图 3-26 迁出条件下碱污染红土的压缩模量与碱液迁出浓度的关系

图 3-26 表明：碱液迁出时间相同，随碱液迁出浓度的增大，碱污染红土的压缩模量呈波动减小的变化趋势；相应的时间加权压缩模量页呈这一变化趋势。其变化程度见表 3-28。

表 3-28 迁出条件下碱污染红土的压缩模量随碱液迁出浓度的变化程度（E_{s-aw}/%）

迁出浓度 a_{wc}/%	迁出时间 t_c/d								E_{sjt-aw}/%
	1	3	5	7	14	30	45	60	
0.0→7.0	−13.9	−15.9	−8.9	2.5	−0.5	0.5	−0.3	−15.6	−6.2
0.0→1.0	−2.8	−15.0	−3.9$^{0→2}$	−10.7	−5.6	−4.1	−4.0	−10.7	−6.9
1.0→7.0	−11.4	−1.0	−9.6	14.8	5.4	4.8	3.8	−5.4	0.7
1.0→3.0	0.4	19.0	5.9$^{2→3}$	7.0	9.3$^{1→5}$	14.1	7.4	7.3	8.1
3.0→7.0	−11.8	−16.8	−10.5	7.3	−3.6$^{5→7}$	−8.1	−3.3	−11.9	−6.8

注：E_{s-aw}、E_{sjt-aw} 分别代表碱液迁出条件下，碱污染红土的压缩模量以及时间加权压缩模量随碱液迁出浓度的变化程度；−3.9$^{0→2}$、5.9$^{2→3}$ 分别代表碱液迁出浓度由 0.0%增大到 2.0%、由 2.0%增大到 3.0%时压缩模量的变化程度，其他类似。

可见，碱液迁出时间在 1~60d 之间，相比素红土（a_{wc}=0.0%），碱液迁出浓度达到 1.0%（2.0%）时，碱污染红土的压缩模量减小了 2.8%~15.0%，相应的时间加权压缩模量平均减小了 6.9%；浓度达到 7.0%，除 7d、30d 时的压缩模量增大了 0.5%~2.5%外，其他时间下的压缩模量减小了 0.3%~15.9%，相应的时间加权压缩模量平均减小了 6.2%。而当碱液迁出浓度由 1.0%增大到 7.0%，压缩模量波动变化了 −11.4%~14.8%，相应的时间加权平均压缩模量仅增大了 0.7%。其中，浓度由 1.0%（2.0%)增大到 3.0%（5.0%）时，压缩模量增大了 0.4%~19.0%，相应的时间加权压缩模量平均增大了 8.1%；浓度由 3.0%（5.0%）增大到 7.0%，除 7d 时的压缩模量增大了 7.3%外，其他时间下的压缩模量减小了 3.3%~16.8%，相应的时间加权压缩模量平均减小了 6.8%。说明低浓度下的碱液迁出，引起碱污染红土的压缩模量减小；较高浓度的碱液迁出，有利于恢复碱污染红土的压缩模量；而更高浓度的碱液迁出，最终还是降低了碱污染红土的压缩模量。就时间加权平均值来看，本试验条件下，碱液迁出浓度达到 1.0％时压缩模量存在极小值，浓度达到 3.0％时压缩模量存在极大值；而碱液迁出浓度达到 7.0％时的压缩模量稍小于素红土的压缩模量。

3. 碱液迁入—迁出比较

图 3-27 给出了碱液迁入、迁出的浸泡条件下，垂直压力 σ 增至 400kPa，碱液迁移时间 t 在 1~60d 之间时，碱污染红土的时间加权压缩模量 E_{sjt} 随碱液迁移浓度 a_w 变化的迁入—迁出对比情况。

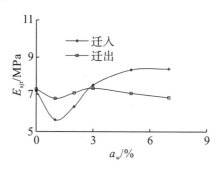

图 3-27　相同碱液迁移浓度下碱污染红土的时间加权压缩模量迁入—迁出对比

图 3-27 表明：碱液迁入浓度、迁出浓度相同，碱液浓度较小时，碱污染红土的时间加权压缩模量随碱液浓度变化的迁出曲线的位置高于迁入曲线的位置；碱液浓度较大时，时间加权压缩模量随碱液浓度变化的迁入曲线的位置高于迁出曲线的位置。其变化程度见表 3-29。

表 3-29　相同碱液迁移浓度下碱污染红土的时间加权压缩模量迁入-迁出的变化程度

E_{jt-rc} /％	碱液迁移浓度 a_w/％						$E_{jt-aw-rc}$ /％
	0	1.0	2.0	3.0	5.0	7.0	
迁入→迁出	1.4	20.4	11.7	−2.3	−15.2	−18.5	−10.7

注：E_{jt-rc}、$E_{jt-aw-rc}$ 分别代表相比碱液迁入条件，碱液迁出条件下碱污染红土的时间加权压缩模量以及时间—浓度加权压缩模量的变化程度。

可见，相比碱液迁入条件，浓度在 0.0％~2.0％之间，碱液迁出条件下碱污染红土的时间加权压缩模量增大了 1.4％~20.4％；浓度在 3.0％~7.0％之间，碱液迁出条件下的时间加权压缩模量减小了 2.3％~15.5％。说明低浓度下碱液迁出后碱污染红土的压缩模量大于碱液迁入后的压缩模量；高浓度下碱液迁出后碱污染红土的压缩模量小于碱液迁入后的压缩模量。但总体上经过浓度加权后，碱液迁出后的压缩模量比碱液迁入后的压缩模量平均减小了 10.7％。

3.3.2.2　迁移时间的影响

1. 碱液迁入条件

图 3-28 给出了碱液浸泡素红土的迁入条件下，垂直压力 σ 增至 400kPa，碱液迁入浓度 a_{wr} 不同时，碱污染红土的压缩模量 E_s 以及浓度加权压缩模量 E_{sjaw} 随碱液迁入时

间 t_r 的变化情况。浓度加权压缩模量是指碱液迁入时间相同时，对不同碱液迁入浓度下的压缩模量按浓度进行加权平均，用以衡量碱液迁入浓度对压缩模量的影响。

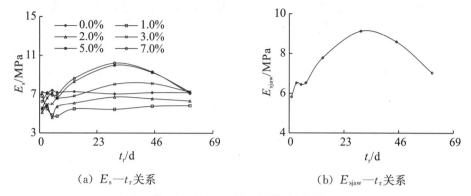

（a）E_s—t_r关系　　　　（b）E_{sjaw}—t_r关系

图 3-28　迁入条件下碱污染红土的压缩模量与碱液迁入时间的关系

图 3-28 表明：碱液迁入条件下，随碱液迁入时间的延长，碱污染红土的压缩模量呈波动增大的变化趋势，迁入时间较短时波动明显；相应的浓度加权压缩模量呈凸型变化。其变化程度见表 3-30。

表 3-30　迁入条件下碱污染红土的压缩模量随碱液迁入时间的变化程度（E_{s-t}/%）

碱液迁入时间 t_r/d	碱液迁入浓度 a_{wr}/%						E_{sjaw-t}/%
	0.0	1.0	2.0	3.0	5.0	7.0	
1→60	0.1	−14.4	23.9	33.9	31.2	13.9	20.8
1→30	−2.1	−20.3	31.5	48.3	80.1	63.2	56.9
30→60	2.3	7.4	−5.8	−9.7	−27.2	−30.2	−23.0

注：E_{s-t}、E_{sjaw-t} 分别代表碱液迁入条件下，碱污染红土的压缩模量以及浓度加权压缩模量随碱液迁入时间的变化程度。

可见，碱液迁入浓度在 1.0%～7.0% 之间，碱液迁入时间由 1d 延长到 60d，除浓度为 1.0% 时碱污染红土的压缩模量减小了 14.4% 外，其他浓度下的压缩模量增大了 13.9%～33.9%；相应的浓度加权压缩模量增大了 20.8%。迁入时间由 1d 延长到 30d，除浓度为 1.0% 时的压缩模量减小了 20.3% 外，其他浓度下的压缩模量增大了 31.5%～80.1%；相应的浓度加权压缩模量增大了 56.9%。迁入时间由 30d 延长到 60d，除浓度为 1.0% 时的压缩模量增大了 7.4% 外，其他浓度下的压缩模量减小了 5.8%～30.2%；相应的浓度加权压缩模量减小了 23.0%。说明碱液迁入的浸泡过程中，浸泡时间较短时有利于提高碱污染红土的压缩模量，浸泡时间较长时最终引起压缩模量的减小。就浓度加权平均压缩模量来看，本试验条件下，浸泡时间约为 30d 时压缩模量存在极大值，但浸泡 60d 时的压缩模量仍然大于浸泡 1d 时的压缩模量。

2. 碱液迁出条件

图 3-29 给出了水溶液浸泡碱污染红土的碱液迁出条件下，垂直压力 σ 增至 400kPa，碱液迁出浓度 a_{wc} 不同时，碱污染红土的压缩模量 E_s 以及浓度加权压缩模量 E_{sjaw} 随碱液迁

出时间 t_c 的变化情况。浓度加权压缩模量是指碱液迁出时间相同时，对不同碱液迁出浓度下的压缩模量按浓度进行加权平均，用以衡量碱液迁出浓度对压缩模量的影响。

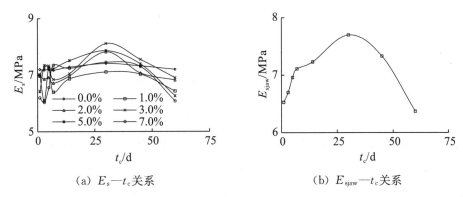

（a）E_s—t_c 关系　　　　　　　　（b）E_{sjaw}—t_c 关系

图 3−29　迁出条件下碱污染红土的压缩模量与碱液迁出时间的关系

图 3−29 表明：碱液迁出条件下，随碱液迁出时间的延长，碱污染红土的压缩模量呈波动减小的变化趋势，迁出时间较短时波动变化明显；相应的浓度加权压缩模量呈凸型变化。其变化程度见表 3−31。

表 3−31　迁出条件下碱污染红土的压缩模量随碱液迁出时间的变化程度（$E_{s−t}$/%）

碱液迁出时间 t_c/d	碱液迁出浓度 a_{wc}/%						$E_{sjaw−t}$/%
	0.0	1.0	2.0	3.0	5.0	7.0	
1→60	0.0	−8.1	−2.2	−1.8	−2.5	−1.9	−2.5
1→30	2.9	1.6	12.2	15.4	22.4	20.2	17.9
30→60	−2.8	−9.6	−12.8	−14.9	−20.4	−18.4	−17.3

注：$E_{s−t}$、$E_{sjaw−t}$ 分别代表碱液迁出条件下，碱污染红土的压缩模量以及浓度加权压缩模量随碱液迁出时间的变化程度。

可见，碱液迁出浓度在 1.0%～7.0% 之间，碱液迁出时间由 1d 延长到 60d 时，各个浓度下碱污染红土的压缩模量减小了 1.8%～8.1%；相应的浓度加权压缩模量减小了 2.5%。其中，迁出时间由 1d 延长到 30d 时，各个浓度下的压缩模量增大了 1.6%～22.4%，相应的浓度加权压缩模量增大了 17.9%；而迁出时间由 30d 延长到 60d 时，各个浓度下的压缩模量减小了 9.6%～20.4%，相应的浓度加权压缩模量减小了 17.3%。说明碱液迁出的浸泡过程中，短时间的浸泡迁出有利于增大碱污染红土的压缩模量，长时间的浸泡迁出最终引起压缩模量的减小。就浓度加权压缩模量来看，本试验条件下，浸泡时间约为 30d 时压缩模量存在极大值，但浸泡 60d 时的压缩模量稍小于浸泡 1d 时的压缩模量。

3. 碱液迁入—迁出比较

图 3−30 给出了碱液迁入、迁出的浸泡条件下，垂直压力 σ 增至 400kPa，碱液迁移浓度 a_w 在 1.0%～7.0% 之间时，碱污染红土的浓度加权压缩模量 E_{sjaw} 随碱液迁移时间 t 变化的迁入—迁出对比情况。

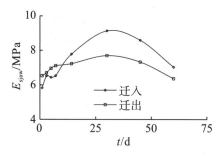

图3-30 相同碱液迁移时间下碱污染红土的浓度加权压缩模量迁入—迁出对比

图3-30表明：碱液迁入时间、迁出时间相同，迁移时间较短时，碱污染红土的浓度加权压缩模量随碱液迁移时间变化的迁出曲线的位置高于迁入曲线的位置；迁移时间较长时，浓度加权压缩模量随碱液迁移时间变化的迁入曲线的位置高于迁出曲线的位置。其变化程度见表3-32。

表3-32 相同碱液迁移时间下碱污染红土的浓度加权压缩模量迁入-迁出的变化程度

$E_{sjaw-rc}$ /%	碱液迁移时间 t/d								$E_{sjaw-t-rc}$ /%
	1	3	5	7	14	30	45	60	
迁入→迁出	12.2	2.8	8.1	8.9	-7.1	-15.7	-14.7	-9.4	-10.7

注：$E_{sjaw-rc}$、$E_{sjaw-t-rc}$ 分别代表相比碱液迁入条件，碱液迁出条件下碱污染红土的浓度加权压缩模量以及浓度—时间加权压缩模量的变化程度。

可见，相比碱液迁入条件，迁移时间在1～7d之间，碱液迁出条件下碱污染红土的浓度加权压缩模量增大了2.8%～12.2%；时间在14～60d之间，碱液迁出条件下的浓度加权压缩模量减小了7.1%～15.7%。说明短时间浸泡下，碱液迁出后碱污染红土的压缩模量大于碱液迁入后的压缩模量；长时间浸泡下，碱液迁出后的压缩模量小于碱液迁入后的压缩模量。但总体上经过时间加权后，碱液迁出后的压缩模量比碱液迁入后的压缩模量平均减小了10.7%。

3.4 迁移条件下碱污染红土的渗透特性

3.4.1 渗透系数的变化

3.4.1.1 碱液浓度的影响

1. 碱液迁入条件

图3-31给出了碱液浸泡素红土的迁入条件下，碱液迁入时间 t_r 不同时，碱污染红土的渗透系数 k 以及时间加权渗透系数 k_{jt} 随碱液迁入浓度 a_{wr} 的变化情况。时间加权渗

透系数是指碱液迁入浓度相同时，对不同碱液迁入时间下的渗透系数按时间进行加权平均，用以衡量碱液迁入时间对渗透系数的影响。

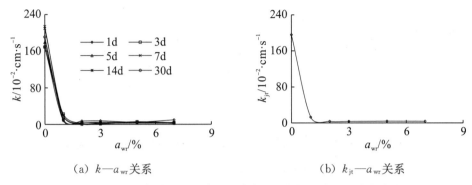

（a）k—a_{wr}关系　　　　　　　　（b）k_{jt}—a_{wr}关系

图 3－31　迁入条件下碱污染红土的渗透系数与碱液迁入浓度的关系

图 3－31 表明：碱液迁入时间相同时，随碱液迁入浓度的增大，碱污染红土的渗透系数呈急剧减小—缓慢减小的变化趋势；相应的时间加权平均渗透系数也呈这一变化趋势。其变化程度见表 3－33。

表 3－33　迁入条件下碱污染红土的渗透系数随碱液迁入浓度的变化程度（k_{aw}/%）

碱液迁入浓度 a_{wr}/%	碱液迁入时间 t_r/d						k_{jt-aw}/%
	1	3	5	7	14	30	
0.0→7.0	−99.4	−97.8	−98.8	−98.1	−98.8	−97.8	−98.1
0.0→1.0	−95.2	−86.5	−89.8	−90.6	−95.2	−94.3	−93.4
1.0→7.0	−88.2	−83.4	−88.2	−79.8	−75.0	−61.2	−71.4

注：k_{aw}、k_{jt-aw}分别代表碱液迁入条件下，碱污染红土的渗透系数以及时间加权渗透系数随碱液迁入浓度的变化程度。

可见，碱液迁入时间在 1～30d 之间，相比素红土（$a_{wr}=0.0$%），碱液迁入浓度达到 1.0% 时，碱污染红土的渗透系数减小了 86.5%～95.2%，相应的时间加权平均渗透系数减小了 93.4%；碱液迁入浓度达到 7.0% 时，渗透系数减小了 97.8%～99.4%，相应的时间加权平均渗透系数减小了 98.1%。而当碱液迁入浓度由 1.0% 增大到 7.0% 时，渗透系数减小了 61.2%～88.2%，相应的时间加权平均渗透系数减小了 71.4%。说明碱液迁入条件下，碱污染红土的渗透性明显低于素红土的渗透性；低浓度下碱液的迁入显著减小了渗透系数；高浓度下碱液的迁入对渗透系数的影响程度减弱。

2. 碱液迁出条件

图 3－32 给出了水溶液浸泡碱污染红土的碱液迁出条件下，碱液迁出时间 t_c 不同时，碱污染红土的渗透系数 k 以及时间加权渗透系数 k_{jt} 随碱液迁出浓度 a_{wc} 的变化情况。时间加权渗透系数是指碱液迁出浓度相同时，对不同碱液迁出时间下的渗透系数按时间进行加权平均，用以衡量碱液迁出时间对渗透系数的影响。

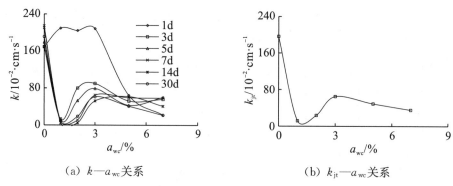

（a）k—a_{wc}关系 （b）k_{jt}—a_{wc}关系

图 3-32 迁出条件下碱污染红土的渗透系数与碱液迁出浓度的关系

图 3-32 表明：碱液迁出条件下，随碱液迁出浓度的增大，除 1d 时碱污染红土的渗透系数变化特殊外，其他时间下，碱污染红土的渗透系数呈急剧减小—缓慢增大—缓慢减小的变化趋势；相应的时间加权平均渗透系数也呈这一变化趋势。其变化程度见表3-34。

表 3-34 迁出条件下碱污染红土的渗透系数随碱液迁出浓度的变化程度（k_{aw}/%）

碱液迁出浓度 a_{wc}/%	碱液迁出时间 t_c/d						k_{jt-aw}/%
	1	3	5	7	14	30	
0.0→1.0	23.7	−92.4	−93.6	−95.5	−97.9	−95.2	−94.0
0.0→7.0	−86.9	−67.0	−66.4	−72.1	−80.9	−88.7	−82.0
1.0→7.0	−89.4	335.9	427.2	520.6	300.7	135.7	199.0
1.0→3.0	−0.5	603.9	592.1	587.6	1050.1	570.0	449.6
3.0→7.0	−89.4	−38.1	−23.8	−9.7	−21.7	−64.8	−45.6

注：k_{aw}、k_{jt-aw}分别代表碱液迁出条件下，碱污染红土的渗透系数以及时间加权渗透系数随碱液迁出浓度的变化程度。

可见，碱液迁出时间在 1～30d 之间，相比素红土（a_{wc}=0.0%），碱液迁出浓度达到 1.0%，除 1d 时的渗透系数增大了 23.7%外，其他时间下的渗透系数减小了 92.4%～97.9%，相应的时间加权平均渗透系数减小了 94.0%；浓度达到 7.0%时，各个时间下的渗透系数减小了 66.4%～88.7%，相应的时间加权平均渗透系数减小了 82.0%。碱液迁出浓度由 1.0%→7.0%，除 1d 时渗透系数减小了 89.4%外，其他时间下的渗透系数增大了 135.7%～520.6%，相应的时间加权平均渗透系数增大了 199.0%。其中，浓度由 1.0%→3.0%，1d 时的渗透系数减小了 0.5%，其他时间下的渗透系数增大了 570.0%～1050.1%，相应的时间加权平均渗透系数增大了 449.6%；浓度由 3.0%→7.0%，各个时间下的渗透系数减小了 9.7%～64.8%，相应的时间加权平均渗透系数减小了 45.6%。说明碱液迁出条件下，碱污染红土的渗透性明显低于素红土的渗透性；低浓度下碱液的迁出显著减小了渗透系数；高浓度下碱液的迁出对渗透系数有所恢复，但最终还是按减小的趋势变化。就时间加权平均渗透系数来看，碱液迁出浓度达到 1.0%时，渗透系数存在极小值；浓度达到 3.0%时，渗透系数存在极大值，但仍然显著低于素红土的渗透系数；浓度达到 7.0% 时，渗透系数已经小于浓度 3.0% 时的极大值，但仍然大于浓度 1.0% 时的渗透系数。

3. 碱液迁入—迁出比较

图 3-33 给出了碱液迁入、迁出的浸泡条件下，碱液迁移时间 t 在 1~30d 时，碱污染红土的时间加权渗透系数 k_{jt} 随碱液迁移浓度 a_w 变化的迁入—迁出对比情况。

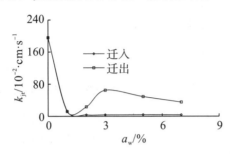

图 3-33　相同碱液迁移浓度下碱污染红土的时间加权渗透系数迁入—迁出对比

图 3-33 表明：总体上，碱污染红土的时间加权平均渗透系数随碱液浓度变化的迁出曲线的位置高于迁入曲线的位置。说明碱液迁入浓度、迁出浓度相同时，碱液迁出后碱污染红土的渗透系数大于碱液迁入后的渗透系数。其变化程度见表 3-35。

表 3-35　相同碱液迁移浓度下碱污染红土的时间加权渗透系数迁入-迁出的变化程度

时间加权渗透系数的变化 k_{jt-rc}/%	碱液迁移浓度 a_w/%					$k_{jt-aw-rc}$/%
	1.0	2.0	3.0	5.0	7.0	
迁入→迁出	-9.1	561.1	1740.9	1149.0	850.1	877.3

注：k_{jt-rc}、$k_{jt-aw-rc}$ 分别代表相比碱液迁入条件，碱液迁出条件下碱污染红土的时间加权渗透系数以及时间—浓度加权渗透系数的变化程度。

可见，碱液迁移浓度在 1.0%~7.0% 之间，相比碱液迁入条件，碱液迁出条件下除浓度为 1.0% 时的时间加权平渗透系数减小了 9.1% 外，其他浓度下的时间加权平均渗透系数增大了 561.1%~1740.9%；再经过浓度加权平均后，碱液迁出后的渗透系数总体上比碱液迁入后的渗透系数增大了 877.3%。表明先污染后迁出的条件下碱污染红土的渗透性明显高于先迁入后污染条件下土体的渗透性。

3.4.1.2　迁移时间的影响

1. 碱液迁入条件

图 3-34 给出了碱液浸泡素红土的迁入条件下，碱液迁入浓度 a_{wr} 不同时，碱污染红土的渗透系数 k 以及浓度加权渗透系数 k_{jaw} 随碱液迁入时间 t_r 的变化情况。浓度加权渗透系数是指碱液迁入时间相同时，对不同碱液迁入浓度下的渗透系数按浓度进行加权平均，用以衡量碱液迁入浓度对渗透系数的影响。

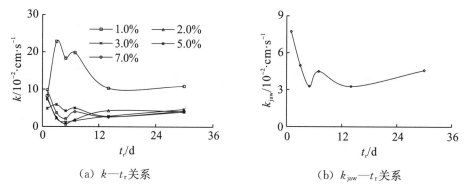

（a）k—t_r关系　　　　　　　（b）k_{jaw}—t_r关系

图3-34　迁入条件下碱污染红土的渗透系数与碱液迁入时间的关系

图3-34表明：碱液迁入浓度相同时，随碱液迁入时间的延长，除浓度为1.0%时碱污染红土的渗透系数呈明显的波动变化外，其他浓度下的渗透系数呈波动减小—缓慢增大的变化趋势；但总体上，相应的浓度加权渗透系数也呈波动减小—缓慢增大的变化趋势。其变化程度见表3-36。

表3-36　迁入条件下碱污染红土的渗透系数随碱液迁入时间的变化程度（k_t/%）

碱液迁入时间 t_r/d	碱液迁入浓度 a_{wr}/%					浓度加权渗透系数的变化 k_{jaw-t}/%
	1.0	2.0	3.0	5.0	7.0	
1→30	33.4	−44.3	−39.4	−18.4	−56.7	−40.5
1→5	26.1[1→14]	−90.9	−84.5	−44.1[1→14]	−78.4	−57.5
5→30	5.8[14→30]	504.4	290.8	46.1[14→30]	100.0	39.9

注：k_t、k_{jaw-t}分别代表碱液迁入条件下，碱污染红土的渗透系数以及浓度加权渗透系数随碱液迁入时间的变化程度；26.1[1→14]、5.8[14→30]分别代表碱液迁入时间由1d延长到14d、由14d延长到30d时渗透系数的变化程度，其他类似。

可见，碱液迁入浓度在1.0%~7.0%之间，相比碱液迁入1d时间，当碱液迁入时间延长到5d（14d），除浓度为1.0%时碱污染红土的渗透系数增大了26.1%外，其他浓度下的渗透系数减小了44.1%~90.9%，总体上浓度加权平均渗透系数减小了57.5%；时间延长到30d，除浓度为1.0%时的渗透系数增大了33.4%外，其他浓度下的渗透系数减小了18.4%~56.7%，总体上浓度加权平均渗透系数减小了40.5%。而碱液迁入时间由5d（14d）延长到30d时，各个浓度下的渗透系数增大了5.8%~504.4%，相应的浓度加权渗透系数增大了39.9%。说明短时间的碱液迁入，低浓度下明显增大了碱污染红土的渗透系数，较高浓度下引起渗透系数的减小；长时间的碱液迁入，各个浓度下的渗透系数有所恢复。就浓度加权渗透系数来看，本试验条件下，碱液迁入时间达到5d时，渗透系数存在极小值；碱液迁入时间达到30时，渗透系数有所恢复，但仍然小于1d时的渗透系数。

2. 碱液迁出条件

图3-35给出了水溶液浸泡碱污染红土的碱液迁出条件下，碱液迁出浓度a_{wc}不同时，碱污染红土的渗透系数k以及浓度加权渗透系数k_{jaw}随碱液迁出时间t_c的变化情

况。浓度加权渗透系数是指碱液迁出时间相同时，对不同碱液迁出浓度下的渗透系数按浓度进行加权平均，用以衡量碱液迁出浓度对渗透系数的影响。

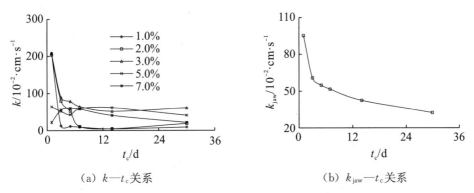

$$(a) \ k \text{—} t_c \text{关系} \qquad\qquad (b) \ k_{jaw} \text{—} t_c \text{关系}$$

图 3-35　迁出条件下碱污染红土的渗透系数与碱液迁出时间的关系

图 3-35 表明：碱液迁出浓度相同时，随碱液迁出时间的延长，除浓度为 7.0% 时碱污染红土的渗透系数呈增大—减小变化外，其他浓度下的渗透系数呈快速减小—缓慢减小的变化趋势；但总体上，相应的浓度加权渗透系数也呈快速减小—缓慢减小的变化趋势。其变化程度见表 3-37。

表 3-37　迁出条件下碱污染红土的渗透系数随碱液迁出时间的变化程度（k_t/%）

碱液迁出时间 t_c/d	碱液迁出浓度 a_{wc}/%					浓度加权渗透系数的变化 k_{jaw-t}/%
	1.0	2.0	3.0	5.0	7.0	
1→30	−95.6	−90.8	−70.6	−36.4	−2.7	−66.0
1→3	−93.9	−60.8	−56.7	−18.8	152.5	−36.3
3→30	−28.8	−76.5	−32.2	−21.7	−61.5	−46.6

注：k_t、k_{jaw-t} 分别代表碱液迁出条件下，碱污染红土的渗透系数以及浓度加权渗透系数随碱液迁出时间的变化程度。

可见，碱液迁出浓度在 1.0%～7.0% 之间，相比碱液迁出 1d 时间，当碱液迁出时间延长到 3d 时，除浓度为 7.0% 时碱污染红土的渗透系数增大了 152.5% 外，其他浓度下的渗透系数减小了 18.8%～93.9%，但总体上浓度加权平均渗透系数减小了 36.3%；当碱液迁出时间延长到 30d 时，各个浓度下的渗透系数减小了 2.7%～95.6%，相应的浓度加权平均渗透系数减小了 66.0%。当碱液迁出时间由 3d 延长到 30d 时，各个浓度下的渗透系数减小了 21.7%～76.5%，相应的浓度加权平均渗透系数减小了 46.6%。说明短时间的碱液迁出，显著减小了碱污染红土的渗透系数；长时间的碱液迁出，引起渗透系数继续缓慢减小。就浓度加权平均渗透系数来看，本试验条件下，渗透系数快速减小与缓慢减小的分界时间约为 3d。

3. 碱液迁入—迁出比较

图 3-36 给出了碱液迁入、迁出的浸泡条件下，碱液迁移浓度 a_w 在 1.0%～7.0% 之间时，碱污染红土的浓度加权渗透系数 k_{jaw} 随碱液迁移时间 t 变化的迁入—迁出对比情况。

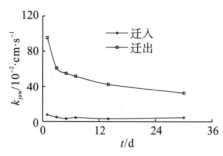

图3-36 相同碱液迁移时间下碱污染红土的浓度加权渗透系数迁入—迁出对比

图3-36表明：总体上，碱污染红土的浓度加权平均渗透系数随碱液迁移时间变化的迁出曲线的位置明显高于迁入曲线的位置。说明碱液迁入时间、迁出时相同时，碱液迁出后碱污染红土的渗透系数大于碱液迁入后的渗透系数。其变化程度见表3-38。

表3-38 相同碱液迁移时间下碱污染红土的浓度加权渗透系数迁入-迁出的变化程度

浓度加权渗透系数的变化 k_{jaw-rc}/%	碱液迁移时间 t/d						$k_{jaw-t-rc}$ /%
	1	3	5	7	14	30	
迁入→迁出	1135.4	1123.1	1573.8	1050.3	1198.5	607.4	877.3

注：k_{jaw-rc}、$k_{jaw-t-rc}$分别代表相比碱液迁入条件，碱液迁出条件下碱污染红土的浓度加权渗透系数以及浓度—时间加权渗透系数的变化程度。

可见，碱液迁移时间在1~30d之间，相比碱液迁入条件，碱液迁出条件下碱污染红土的浓度加权平均渗透系数增大了607.4%~1573.8%；再经过时间加权平均后，碱液迁出后的渗透系数总体上比碱液迁入后的渗透系数增大了877.3%。表明先污染后迁出的条件下碱污染红土的渗透性明显高于先迁入后污染条件下土体的渗透性。

3.5 迁移条件下碱污染红土的物质组成特性

3.5.1 浸泡液 pH 值的变化

3.5.1.1 碱液浓度的影响

1. 碱液迁入条件

图3-37给出了碱液浸泡素红土的迁入条件下，碱液迁入时间 t_r 不同时，浸泡液的 pH 值以及时间加权 pH 值 pH_{jt} 随碱液迁入浓度 a_{wr} 的变化情况。时间加权 pH 值是指碱液迁入浓度相同时，对不同碱液迁入时间下的 pH 值按时间进行加权平均，用以衡量碱液迁入时间对 pH 值的影响。

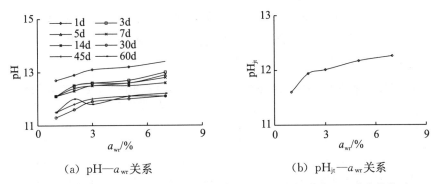

（a）pH—a_{wr}关系　　　　　　（b）pH$_{jt}$—a_{wr}关系

图 3−37　迁入条件下碱污染红土的浸泡液的 pH 值与碱液迁入浓度的关系

图 3−37 表明：在碱液浸泡迁入素红土的过程中，各个碱液迁入时间下，随碱液迁入浓度的增大，浸泡液的 pH 值呈增大的变化趋势；相应的时间加权 pH 值也呈这一变化趋势。其变化程度见表 3−39。

表 3−39　迁入条件下浸泡液的 pH 值随碱液迁入浓度的变化程度（pH$_{aw}$/％）

碱液迁入浓度 a_{wr}/％	碱液迁入时间 t_r/d								pH$_{jt-aw}$/％
	1	3	5	7	14	30	45	60	
1.0→7.0	5.5	7.4	6.6	5.8	4.1	7.1	5.2	6.1	6.0

注：pH$_{aw}$、pH$_{jt-aw}$分别代表碱液迁入条件下，碱污染红土的浸泡液的 pH 值以及时间加权 pH 值随碱液迁入浓度的变化程度。

可见，碱液迁入时间在 1~60d 之间，当碱液迁入浓度由 1.0％增大到 7.0％时，各个时间下浸泡液的 pH 值增大了 4.1％~7.4％；相应的时间加权平均 pH 值增大了 6.0％。说明碱液迁入浓度越大，浸泡液的 pH 值越大。就时间加权平均 pH 值来看，碱液迁入浓度达到 2.0％时是 pH 值增长快慢的分界点。

2. 碱液迁出条件

图 3−38 给出了水溶液浸泡碱污染红土的碱液迁出条件下，碱液迁出时间 t_c 不同时，浸泡液的 pH 值以及时间加权 pH 值 pH$_{jt}$ 随碱液迁出浓度 a_{wc} 的变化情况。时间加权 pH 值是指碱液迁出浓度相同时，对不同碱液迁出时间下的 pH 值按时间进行加权平均，用以衡量碱液迁出时间对 pH 值的影响。

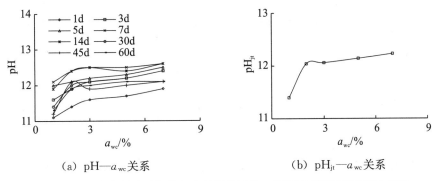

（a）pH—a_{wc}关系　　　　　　（b）pH$_{jt}$—a_{wc}关系

图 3−38　迁出条件下碱污染红土的浸泡液的 pH 值与碱液迁出浓度的关系

图 3-38 表明：在水溶液浸泡碱污染红土迁入碱液的过程中，碱液迁出时间相同时，随碱液迁出浓度的增大，浸泡液的 pH 值呈增大的变化趋势；相应的时间加权 pH 值也呈这一变化趋势。其变化程度见表 3-40。

表 3-40　迁出条件下碱污染红土的浸泡液的 pH 值随碱液迁出浓度的变化程度（pH$_{aw}$/%）

碱液迁出浓度 a_{wc}/%	碱液迁出时间 t_c/d								pH$_{jt-aw}$/%
	1	3	5	7	14	30	45	60	
1.0→7.0	7.2	6.9	4.2	4.1	5.9	8.8	8.0	7.1	7.0

注：pH$_{aw}$、pH$_{jt-aw}$ 分别代表碱液迁出条件下，碱污染红土的浸泡液的 pH 值以及时间加权 pH 值随碱液迁出浓度的变化程度。

可见，碱液迁出时间在 1~60d 之间，当碱液迁出浓度由 1.0% 增大到 7.0% 时，各个时间下浸泡液的 pH 值增大了 4.1%~8.8%；相应的时间加权平均 pH 值增大了 7.0%。说明碱液迁出浓度越大，浸泡液的 pH 值越大。就时间加权平均 pH 值来看，碱液迁出浓度达到 2.0% 时是 pH 值增长快慢的分界点。

3. 碱液迁入—迁出对比

图 3-39 给出了碱液迁入红土、迁出红土的浸泡条件下，碱液迁移时间 t 在 1~60d 之间时，碱污染红土的浸泡液的时间加权 pH 值随碱液迁移浓度 a_w 变化的迁入—迁出对比情况。

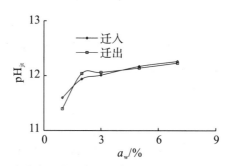

图 3-39　相同碱液迁移浓度下碱污染红土的浸泡液的时间加权 pH 值迁入—迁出比较

图 3-39 表明：碱液迁入、迁出浓度相同时，碱污染红土的浸泡液的时间加权 pH 值随碱液迁移浓度变化的迁入曲线与迁出曲线的位置相近，交叉变化。其变化程度见表 3-41。

表 3-41　相同碱液迁移浓度下碱污染红土的浸泡液的时间加权 PH 值迁入－迁出的变化程度

时间加权 pH 值的变化 pH$_{jt-rc}$/%	碱液迁移浓度 a_w/%					pH$_{jt-aw-rc}$/%
	1.0	2.0	3.0	5.0	7.0	
迁入→迁出	−1.7	0.8	0.4	−0.3	−0.2	−0.1

注：pH$_{jt-rc}$、pH$_{jt-aw-rc}$ 分别代表相比碱液迁入条件，碱液迁出条件下浸泡液的时间加权 pH 值以及时间—浓度加权 pH 值的变化程度。

可见，碱液迁移浓度在 1.0%~7.0% 之间，相比碱液迁入条件，碱液迁出条件下浸泡液的时间加权 pH 值波动增大或减小了 −1.7%~0.8%；再经过浓度加权平均后，碱液迁出后的 pH 值约小于碱液迁入后的 pH 值 0.1%。说明相同碱液浓度下，碱液的迁入、迁出对浸泡液的 pH 值影响很小。

3.5.1.2　迁移时间的影响

1. 碱液迁入条件

图 3−40 给出了碱液浸泡素红土的迁入条件下，碱液迁入浓度 a_{wr} 不同时，碱污染红土的浸泡液的 pH 值以及浓度加权 pH 值 pH_{jaw} 随碱液迁入时间 t_r 的变化情况。浓度加权 pH 值是指碱液迁入时间相同时，对不同碱液迁入浓度下的 pH 值按浓度进行加权平均，用以衡量碱液迁入浓度对 pH 值的影响。

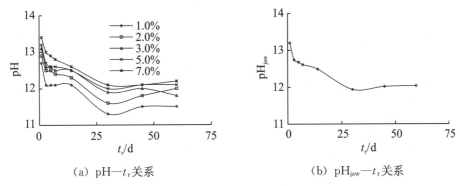

（a）pH—t_r 关系　　　　　　　（b）pH$_{jaw}$—t_r 关系

图 3−40　迁入条件下碱污染红土的浸泡液的 pH 值与碱液迁入时间的关系

图 3−40 表明：碱液浸泡迁入素红土的过程中，各个碱液迁入浓度下，随碱液迁入时间的延长，浸泡液的 pH 值呈快速减小—波动缓慢减小—趋于稳定的变化趋势；相应的浓度加权 pH 值也呈这一变化趋势。其变化程度见表 3−42。

表 3−42　迁入条件下碱污染红土的浸泡液的 pH 值随碱液迁入时间的变化程度（pH$_t$/%）

碱液迁入时间 t_r/d	碱液迁入浓度 a_{wr}/%					浓度加权 pH 值的变化 pH$_{jaw−t}$/%
	1.0	2.0	3.0	5.0	7.0	
1→60	−9.4	−7.0	−9.9	−8.3	−9.0	−8.8
1→3	−4.7	−3.1	−3.8	−3.8	−3.0	−3.5
3→30	−6.6	−7.2	−5.6	−5.5	−6.9	−6.3
30→60	1.8	3.4	−0.8	0.8	0.8	0.8

注：pH$_t$、pH$_{jaw−t}$ 分别代表碱液迁入条件下，碱污染红土的浸泡液的 pH 值以及浓度加权 pH 值随碱液迁入时间的变化程度。

可见，碱液迁入浓度在 1.0%～7.0% 之间，相比碱液迁入 1d 时间，碱液迁入时间达到 60d 时，浸泡液的 pH 值减小了 7.0%～9.4%，相应的浓度加权平均 pH 值减小了 8.8%。其中，碱液迁入时间由 1d 延长到 3d 时，pH 值减小了 3.0%～4.7%，相应的浓度加权平均 pH 值减小了 3.5%；由 3d 延长到 30d 时，pH 值减小了 5.5%～7.2%，相应的浓度加权平均 pH 值减小了 6.3%；由 30d 延长到 60d 时，pH 值波动变化了 −0.8%～

3.4%，总体上相应的浓度加权平均 pH 值增大了 0.8%。说明碱液浸泡素红土后，引起浸泡液的 pH 值减小；短时间的碱液浸泡迁入，引起 pH 值的快速减小；长时间的碱液浸泡迁入，pH 值变化缓慢。就浓度加权平均 pH 值来看，本试验条件下，迁入时间 1d→3d 时 pH 值快速减小，3d→30d 时 pH 值缓慢减小，30d→60d 时 pH 值趋于稳定。

2. 碱液迁出条件

图 3-41 给出了水溶液浸泡碱污染红土的碱液迁出条件下，碱液迁出浓度 a_{wc} 不同时，碱污染红土的浸泡液的 pH 值以及浓度加权 pH 值 pH_{jaw} 随碱液迁出时间 t_c 的变化情况。浓度加权 pH 值是指碱液迁出时间相同时，对不同碱液迁出浓度下的 pH 值按浓度进行加权平均，用以衡量碱液迁出浓度对 pH 值的影响。

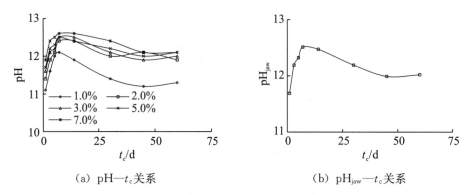

（a）pH—t_c 关系　　　　　　　　（b）pH_{jaw}—t_c 关系

图 3-41　迁出条件下碱污染红土的浸泡液的 pH 值与碱液迁出时间的关系

图 3-41 表明：水溶液浸泡碱污染红土的碱液迁出过程中，各个碱液迁出浓度下，随碱液迁出时间的延长，浸泡液的 pH 值呈快速增大—缓慢减小—趋于稳定的变化趋势；相应的浓度加权 pH 值也呈这一变化趋势。其变化程度见表 3-43。

表 3-43　迁出条件下碱污染红土的浸泡液的 pH 值随碱液迁出时间的变化程度（pH_t/%）

碱液迁出时间 t_c/d	碱液迁出浓度 a_{wc}/%					浓度加权 pH 值的变化 pH_{jaw-t}/%
	1.0	2.0	3.0	5.0	7.0	
1→60	1.8	4.4	3.4	3.4	1.7	2.8
1→7	9.0	8.8	7.8	6.8	5.9	7.0
7→45	−7.4	−2.4	−4.8	−4.0	−4.0	−4.2
45→60	0.9	−1.7	0.8	0.8	0.0	0.3

注：pH_t、pH_{jaw-t} 分别代表碱液迁出条件下，碱污染红土的浸泡液的 pH 值以及浓度加权 pH 值随碱液迁出时间的变化程度。

可见，碱液迁出浓度在 1.0%～7.0% 之间，相比碱液迁出 1d 时间，碱液迁出时间达到 60d 时，浸泡液的 pH 值增大了 1.7%～4.4%；相应的浓度加权平均 pH 值增大了 2.8%。其中，碱液迁出时间由 1d 延长到 7d 时，各个浓度下的 pH 值增大了 5.9%～9.0%，相应的浓度加权 pH 值增大了 7.0%；由 7d 延长到 45d 时，各个浓度下的 pH 值减小了 2.4%～7.4%，相应的浓度加权 pH 值减小了 4.2%；由 45d 延长到 60d 时，各个浓度下的 pH 值波动变化了 −1.7%～0.9%，总体上相应的浓度加权 pH 值增大了

0.3%。说明浸泡条件下碱液迁出红土的过程中，浸泡初期引起浸泡液的 pH 值增大，浸泡中期引起 pH 值减小，浸泡后期 pH 值稍有恢复。就浓度加权平均 pH 值来看，本试验条件下，碱液迁出时间由 1d→7d 时，浸泡液的 pH 值快速增大，7d 时存在极大值；由 7d→45d 时，pH 值缓慢减小；由 45d→60d 时，pH 值变化很小，趋于稳定。但 60d 时的 pH 值仍然大于 1d 时的 pH 值。

3．碱液迁入—迁出比较

图 3-42 给出了碱液迁入红土、迁出红土的浸泡条件下，碱液迁移浓度 a_w 为 1.0%～7.0% 之间时，碱污染红土的浸泡液的浓度加权 pH_{jaw} 值随碱液迁移时间 t 的变化情况。

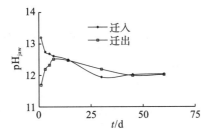

图 3-42　相同碱液迁移时间下碱污染红土的浸泡液的浓度加权 pH 值迁入—迁出对比

图 3-42 表明：总体上，碱液迁入时间、迁出时间相同时，碱污染红土的浸泡液的 pH 值随碱液迁移时间变化的迁入曲线的位置高于迁出曲线的位置，尤其是在迁移时间较短时二者相差较大。说明相同碱液迁移时间下，碱液迁入后浸泡液的浓度加权 pH 值大于碱液迁出后浸泡液的浓度加权 pH 值。其变化程度见表 3-44。

表 3-44　相同碱液迁移时间下碱污染红土的浸泡液的浓度加权 PH 值迁入→迁出的变化程度

浓度加权 pH 值的变化 pH_{jaw-rc}/%	碱液迁移时间 t/d								$pH_{jaw-t-rc}$/%
	1	3	5	7	14	30	45	60	
迁入→迁出	-11.4	-4.3	-2.8	-0.8	-0.2	2.1	-0.3	-0.2	-0.1

注：pH_{jaw-rc}、$pH_{jaw-t-rc}$ 分别代表相比碱液迁入条件，碱液迁出条件下碱污染红土的浸泡液的浓度加权 pH 值以及浓度—时间加权 pH 值的变化程度。

可见，碱液迁移时间在 1～60d 之间，相比碱液迁入条件，碱液迁出条件下除 30d 时的浓度加权 pH 值增大了 2.1% 外，其他时间下的浓度加权 pH 值减小了 0.2%～11.4%；再经过时间加权平均后，碱液迁出后浸泡液的 pH 值稍小于碱液迁入后的 pH 值约为 0.1%，二者基本趋于一致。

3.5.2　浸泡液化学元素的变化

3.5.2.1　碱液浓度的影响

1．碱液迁入条件

图 3-43 给出了碱液浸泡素红土的迁入条件下，碱污染红土的浸泡液中的硅、铁、

铝元素含量 C_{Si}、C_{Fe}、C_{Al} 随碱液迁入浓度 a_{wr} 的变化关系。

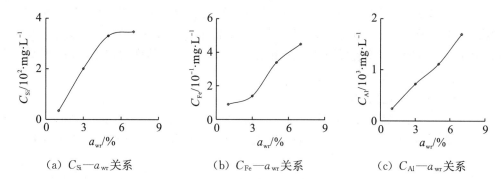

（a）C_{Si}—a_{wr}关系　　　　（b）C_{Fe}—a_{wr}关系　　　　（c）C_{Al}—a_{wr}关系

图 3-43　迁入条件下碱污染红土的浸泡液的元素含量与碱液迁入浓度的关系

图 3-43 表明：随碱液迁入浓度的增大，碱污染红土的浸泡液中的 Si、Fe、Al 元素含量呈增大的变化趋势。其变化程度见表 3-45。

表 3-45　迁移条件下碱污染红土的浸泡液的元素含量随碱液迁移浓度的变化程度

碱液迁移浓度 $a_w/\%$	迁移条件	化学元素含量的变化 $C_{h-aw}/\%$		
		Si	Fe	Al
1.0→7.0	碱液迁入	891.4	400.0	750.0
	碱液迁出	211.4	300.0	400.0

注：C_{h-aw} 代表碱液迁入、碱液迁出条件下，碱污染红土的浸泡液中的元素含量随碱液迁入浓度、碱液迁出浓度的变化程度。

可见，当碱液迁入浓度由 1.0% 增大到 7.0% 时，碱污染红土的浸泡液中的 Si、Fe、Al 元素含量分别增大了 891.4%、400.0%、750.0%。说明碱液浸泡素红土的迁入浓度越大，浸泡液中的 Si、Fe、Al 元素越多，元素含量按 Si>Al>Fe 排列。

2. 碱液迁出条件

图 3-44 给出了水溶液浸泡碱污染红土的碱液迁出条件下，碱污染红土的浸泡液中的硅、铁、铝元素含量 C_{Si}、C_{Fe}、C_{Al} 随碱液迁出浓度 a_{wc} 的变化关系。

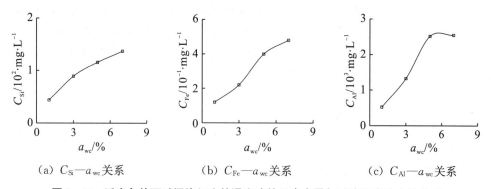

（a）C_{Si}—a_{wc}关系　　　　（b）C_{Fe}—a_{wc}关系　　　　（c）C_{Al}—a_{wc}关系

图 3-44　迁出条件下碱污染红土的浸泡液的元素含量与碱液迁出浓度的关系

图 3-44 表明：随碱液迁出浓度的增大，碱污染红土的浸泡液中的 Si、Fe、Al 元

素含量呈增大的变化趋势。其变化程度见表3−45。

可见，当碱液迁出浓度由1.0％增大到7.0％时，碱污染红土的浸泡液中的Si、Fe、Al元素含量分别增大了211.4％、300.0％、400.0％。说明水溶液浸泡碱污染红土的迁出浓度越大，浸泡液中的Si、Fe、Al元素越多，元素含量按Al＞Fe＞Si排列。

3. 碱液迁入—迁出比较

图3−45给出了碱液迁入红土、迁出红土的浸泡条件下，碱污染红土的浸泡液中的硅、铁、铝元素含量C_{Si}、C_{Fe}、C_{Al}随碱液迁移浓度a_w变化的迁入—迁出对比关系。

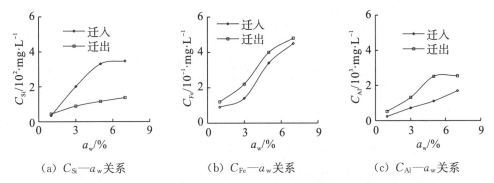

(a) C_{Si}—a_w关系　　(b) C_{Fe}—a_w关系　　(c) C_{Al}—a_w关系

图3−45　相同碱液迁移浓度下碱污染红土的浸泡液中的元素含量迁入—迁出对比

图3−45表明：碱液迁入、迁出的浸泡条件下，碱污染红土的浸泡液中的Si元素含量的迁入曲线的位置高于迁出曲线的位置，而Fe、Al元素含量的迁出曲线的位置高于迁入曲线的位置。其变化程度见表3−46。

表3−46　相同碱液迁移浓度下碱污染红土的浸泡液的元素含量迁入—迁出的变化程度（$C_{h−rc}$/％）

迁移条件	化学元素	碱液迁移浓度a_w/％				浓度加权平均值的变化$C_{hjaw−rc}$/％
		1.0	3.0	5.0	7.0	
迁入→迁出	Si	25.7	−55.7	−65.0	−60.5	−60.8
	Fe	33.3	57.1	17.6	6.7	14.6
	Al	150.0	85.7	127.3	47.1	69.5

注：$C_{h−rc}$、$C_{hjaw−rc}$分别代表相比碱液迁入条件，碱液迁出条件下碱污染红土的浸泡液中的元素含量及其浓度加权平均值的变化程度。

可见，碱液迁入浓度、迁出浓度都在1.0％～7.0％之间，相比碱液迁入条件，碱液迁出条件下除浓度为1.0％时浸泡液中的Si元素含量增大了25.7％外，其他浓度下的Si元素含量减小了55.7％～65.0％；而各个浓度下的Fe元素含量增大了6.7％～57.1％，Al元素含量增大了47.1％～150.0％。经过浓度加权平均后，总体上，迁出与迁入比较，Si元素含量减小了60.8％，Fe、Al元素含量分别增大了14.6％、69.5％。说明本试验条件下，碱液迁入浓度、迁出浓度相同时，碱液迁出后浸泡液中的Si元素比碱液迁入后减少，而碱液迁出后浸泡液中的Fe、Al元素比碱液迁入后增多，Al元素的增大程度超过Fe元素的增大程度。

3.5.2.2　迁移时间的影响

1. 碱液迁入条件

图 3-46 给出了碱液浸泡素红土的迁入条件下，碱污染红土的浸泡液中的硅、铁、铝元素含量 C_{Si}、C_{Fe}、C_{Al} 随碱液迁入时间 t_r 的变化关系。

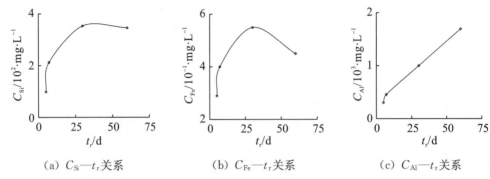

（a）C_{Si}—t_r 关系　　　　（b）C_{Fe}—t_r 关系　　　　（c）C_{Al}—t_r 关系

图 3-46　迁入条件下碱污染红土的浸泡液的元素含量与碱液迁入时间的关系

图 3-46 表明：随碱液迁入时间的延长，碱污染红土的浸泡液中的 Si、Fe、Al 元素含量呈快速增大—缓慢变化的趋势。迁入时间 30d 以前，碱污染红土的浸泡液中的 Si、Fe 元素含量增长较快，30d 以后缓慢减小；而 Al 元素含量在 7d 以前增长较快，7d 以后缓慢增大。其变化程度见表 3-47。

表 3-47　迁入条件下碱污染红土的浸泡液的元素含量随碱液迁入时间的变化程度

碱液迁入时间 t_r/d	化学元素含量的变化 C_{h-t}/%		
	Si	Fe	Al
5→60	253.1	55.2	466.7
5→30	260.2	89.7	53.3[5→7]
30→60	−2.0	−18.2	269.6[7→60]

注：C_{h-t} 代表碱液迁入条件下，碱污染红土的浸泡液中的元素含量随碱液迁入时间的变化程度；53.3[5→7]、269.6[7→60] 分别代表碱液迁入时间由 5d 延长到 7d、由 7d 延长到 60d 时元素含量的变化程度。

可见，碱液迁入时间由 5d 延长到 60d 时，碱污染红土的浸泡液中的 Si、Fe、Al 元素含量分别增大了 253.1%、55.2%、466.7%。其中，由 5d 延长到 30d（7d）时，Si、Fe、Al 元素含量分别增大了 260.2%、89.7%、53.3%；而由 30d（7d）延长到 60d 时，Si、Fe 元素含量分别减小了 2.0%、18.2%，Al 元素含量增大了 269.6%。说明碱液迁入的前期，明显增多了浸泡液中的 Si、Fe、Al 元素；而碱液迁入的后期，引起浸泡液中的 Si、Fe 元素减少，而 Al 元素继续增多。本试验条件下，当碱液迁入时间达到 60d 时，各个元素的含量仍然大于 5d 时的值，按 Al>Si>Fe 的顺序排列。

2. 碱液迁出条件

图 3-47 给出了水溶液浸泡碱污染红土的碱液迁出条件下，碱污染红土的浸泡液中

的硅、铁、铝元素含量 C_{Si}、C_{Fe}、C_{Al} 随碱液迁出时间 t_c 的变化关系。

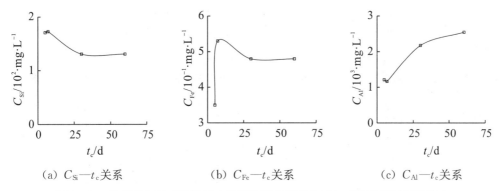

（a）C_{Si}—t_c 关系 　　（b）C_{Fe}—t_c 关系 　　（c）C_{Al}—t_c 关系

图 3-47　迁出条件下碱污染红土的浸泡液的元素含量与碱液迁出时间的关系

图 3-47 表明：随碱液迁出时间的延长，碱污染红土的浸泡液中的 Si 元素含量呈减小的变化趋势，Fe 元素含量呈先快速增大后缓慢减小的变化趋势，Al 元素含量呈增大的变化趋势。其变化程度见表 3-48。

表 3-48　迁出条件下碱污染红土的浸泡液的元素含量随碱液迁出时间的变化程度

碱液迁出时间 t_c/d	化学元素含量的变化 C_{h-t}/%		
	Si	Fe	Al
5→60	−23.4	37.1	109.9
5→7	1.2	51.4	−4.1
7→60	−24.3	−9.4	119.0

注：C_{h-t} 代表碱液迁出条件下，碱污染红土的浸泡液中的元素含量随碱液迁出时间的变化程度。

可见，碱液迁出时间由 5d 延长到 60d 时，碱污染红土的浸泡液中的 Si 元素含量减小了 23.4%，Fe、Al 元素的含量分别增大了 37.1%、109.9%。其中，Fe 元素含量由 5d 延长到 7d 时明显增大了 51.4%，而由 7d 延长到 60d 时缓慢减小了 9.4%。

3. 碱液迁入—迁出比较

图 3-48 给出了碱液迁入红土、迁出红土的浸泡条件下，碱污染红土的浸泡液中的硅、铁、铝元素含量 C_{Si}、C_{Fe}、C_{Al} 随碱液迁移时间 t 变化的迁入—迁出对比关系。

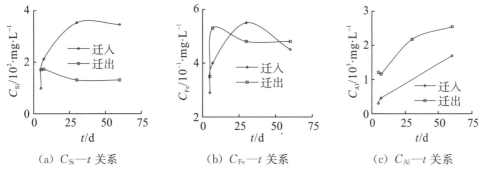

（a）C_{Si}—t 关系 　　（b）C_{Fe}—t 关系 　　（c）C_{Al}—t 关系

图 3-48　相同碱液迁移时间下碱污染红土的浸泡液中的元素含量迁入—迁出对比

图 3—48 表明：碱液迁入时间、迁出时间相同的条件下，碱污染红土的浸泡液中的 Si 元素含量随碱液迁移时间变化的迁入曲线的位置高于迁出曲线的位置，Fe 元素含量的迁入曲线、迁出曲线交叉变化，Al 元素含量的迁出曲线的位置高于迁入曲线的位置。其变化程度见表 3—49。

表 3—49　相同碱液迁移时间下碱污染红土的浸泡液的元素含量迁入—迁出的变化程度

迁移条件	元素含量的变化 C_{h-rc}/%	碱液迁移时间 t/d				时间加权平均值的变化 C_{hjt-rc}/%
		5	7	30	60	
迁入→迁出	Si	74.5	−18.4	−62.9	−62.1	−58.4
	Fe	20.7	32.5	−12.7	6.3	1.9
	Al	300.0	140.0	120.0	47.1	69.4

注：C_{h-rc}、C_{hjt-rc} 分别代表相比碱液迁入条件，碱液迁出条件下碱污染红土的浸泡液中的元素含量及其时间加权平均值的变化程度。

可见，碱液迁移时间在 5~60d 之间，相比碱液迁入条件，碱液迁出条件下除 5d 时浸泡液中的 Si 元素含量增大了 74.5% 外，其他时间下的 Si 元素含量减小了 18.4%~62.9%；除 30d 时的 Fe 元素含量减小了 12.7% 外，其他时间下的 Fe 元素含量增大了 6.3%~32.5%；而各个时间下的 Al 元素含量增大了 47.1%~300.0%。经过时间加权平均后，总体上迁出与迁入比较，Si 元素含量减小了 58.4%，Fe、Al 元素含量分别增大了 1.9%、69.4%。说明本试验条件下，碱液迁入时间、迁出时间相同时，碱液迁出后浸泡液中的 Si 元素比碱液迁入后减少，而碱液迁出后浸泡液中的 Fe、Al 元素比碱液迁入后增多，尤其是 Al 元素的增大程度远超过 Fe 元素的增大程度。

3.6　迁移条件下碱污染红土的微结构特性

3.6.1　剪切红土的微结构变化

3.6.1.1　碱液浓度的影响

图 3—49 给出了水溶液浸泡素红土 60d 时，不同放大倍数下的微结构图像。可见，各个放大倍数下，浸泡时间达到 60d，素红土的微结构较紧密，颗粒间连接较强；2000X 时微结构图像较平整，颗粒分布较均匀；5000X、10000X 时微结构图像略显粗糙，有层次，孔隙明显。

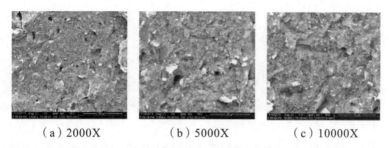

（a）2000X　　　　　　（b）5000X　　　　　　（c）10000X

图 3-49　水溶液浸泡条件下素红土的微结构图像与放大倍数的关系（$a_w=0.0\%$）

1. 碱液迁入条件

图 3-50、图 3-51 分别给出了碱液浸泡素红土的迁入条件下，碱液迁入时间 t_r 为 60d，放大倍数为 2000X 时，剪切前、剪切后，碱污染红土的微结构图像随碱液迁入浓度 a_{wr} 的变化情况。

（a）$a_{wr}=1.0\%$　　　（b）$a_{wr}=3.0\%$　　　（c）$a_{wr}=5.0\%$　　　（d）$a_{wr}=7.0\%$

图 3-50　迁入条件下碱污染红土的微结构图像与碱液迁入浓度的关系（剪切前）

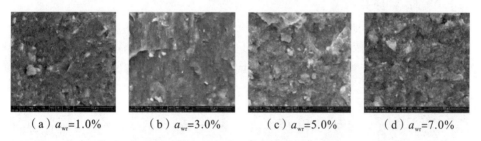

（a）$a_{wr}=1.0\%$　　　（b）$a_{wr}=3.0\%$　　　（c）$a_{wr}=5.0\%$　　　（d）$a_{wr}=7.0\%$

图 3-51　迁入条件下碱污染红土的微结构图像与碱液迁入浓度的关系（剪切后）

图 3-50、图 3-51 表明：相比素红土，碱液迁入条件下，剪切前后碱污染红土的微结构图像粗糙、颗粒复杂。随碱液迁入浓度的增大，剪切前，碱污染红土的微结构图像的密实性降低、粗糙、复杂。浓度为 1.0%、3.0% 时，颗粒之间连接较为密实；浓度为 5.0%、7.0% 时，颗粒粗糙、复杂，存在细小的颗粒结构。剪切受力后，碱污染红土的微结构图像质地紧密、整体性好，只有浓度为 7.0% 时粗糙、复杂、毛刺。

2. 碱液迁出条件

图 3-52、图 3-53 分别给出了水溶液浸泡碱污染红土的碱液迁出条件下，碱液迁出时间 t_c 为 60d，放大倍数为 2000X 时，剪切前、剪切后，碱污染红土的微结构图像随碱液迁出浓度 a_{wc} 的变化情况。

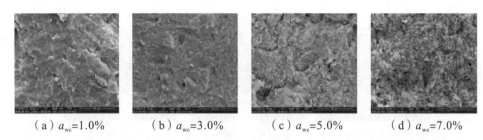

（a）$a_{wc}=1.0\%$ （b）$a_{wc}=3.0\%$ （c）$a_{wc}=5.0\%$ （d）$a_{wc}=7.0\%$

图3-52　迁出条件下碱污染红土的微结构图像与碱液迁出浓度的关系（剪切前）

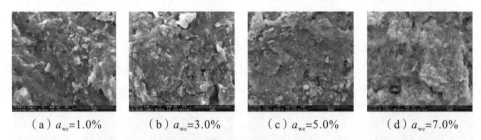

（a）$a_{wc}=1.0\%$ （b）$a_{wc}=3.0\%$ （c）$a_{wc}=5.0\%$ （d）$a_{wc}=7.0\%$

图3-53　迁出条件下碱污染红土的微结构图像与碱液迁出浓度的关系（剪切后）

图3-52、图3-53表明：碱液迁出条件下，随迁出浓度的增大，剪切前，碱污染红土的微结构图像的质地由密实变为疏松、粗糙、复杂、毛刺；迁出浓度为1.0%、3.0%时，颗粒之间连接较为密实；碱液迁出浓度达到5.0%、7.0%时，颗粒细小、粗糙、复杂、毛刺。剪切受力后，微结构图像的密实性降低、可见生成物质的附着，只有浓度为7.0%时稍粗糙、复杂。

3. 碱液迁入—迁出比较

图3-54给出了碱液迁入红土、迁出红土的浸泡条件下，碱液迁移时间 t 为60d，放大倍数为2000X时，剪切前，碱污染红土的微结构图像随碱液迁移浓度 a_w 变化的迁入—迁出对比情况。

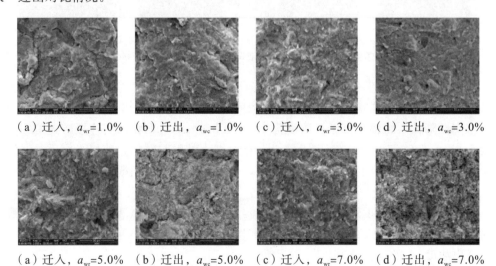

（a）迁入，$a_{wr}=1.0\%$　（b）迁出，$a_{wc}=1.0\%$　（c）迁入，$a_{wr}=3.0\%$　（d）迁出，$a_{wc}=3.0\%$

（a）迁入，$a_{wr}=5.0\%$　（b）迁出，$a_{wc}=5.0\%$　（c）迁入，$a_{wr}=7.0\%$　（d）迁出，$a_{wc}=7.0\%$

图3-54　相同碱液浓度下碱污染红土的微结构图像迁入—迁出对比（剪切前）

图 3—54 表明：碱液迁移浓度相同时，碱液迁入、迁出条件下碱污染红土的微结构图像的变化趋势一致。迁移浓度为 1.0%、3.0% 时，微结构图像的致密性较好；迁移浓度为 5.0%、7.0% 时，微结构图像粗糙、复杂、毛刺。相比迁出前，浓度为 1.0%、3.0%、5.0% 时，迁出后的微结构图像的密实性增强，复杂性降低；浓度为 7.0% 时，迁出后的微结构图像的密实性降低。

3.6.1.2　迁移时间的影响

1. 碱液迁入条件

图 3—55、图 3—56 分别给出了碱液浸泡素红土的迁入条件下，碱液迁入浓度 a_{wr} 为 7.0%，放大倍数为 2000X 时，剪切前、剪切后，碱污染红土的微结构图像随碱液迁入时间 t_r 的变化情况。

（a）$t_r=5d$　　（b）$t_r=7d$　　（c）$t_r=30d$　　（d）$t_r=60d$

图 3—55　迁入条件下碱污染红土的微结构图像与碱液迁入时间的关系（剪切前）

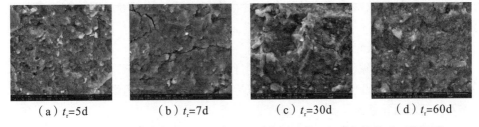

（a）$t_r=5d$　　（b）$t_r=7d$　　（c）$t_r=30d$　　（d）$t_r=60d$

图 3—56　迁入条件下碱污染红土的微结构图像与碱液迁入时间的关系（剪切后）

图 3—55、图 3—56 表明：碱液迁入条件下，迁入浓度为 7.0%，2000X 的放大倍数下，随迁入时间的延长，剪切前，迁入时间达到 5d、7d 时，碱污染红土的微结构图像较疏松、孔隙较多；迁入时间达到 30d 时，微结构图像的密实性提高；时间达到 60d 时，颗粒细小、复杂、毛刺。剪切受力后，微结构图像质地板结、密实，只有在 60d 时出现粗糙、毛刺现象。

2. 碱液迁出条件

图 3—57、图 3—58 分别给出了水溶液浸泡碱污染红土的碱液迁出条件下，碱液迁出浓度 a_{wc} 为 7.0%，放大倍数为 2000X 时，剪切前、剪切后，碱污染红土的微结构图像随碱液迁出时间 t_c 的变化情况。

（a）t_c=5d　　　　（b）t_c=7d　　　　（c）t_c=30d　　　　（d）t_c=60d

图3—57　迁出条件下碱污染红土的微结构图像与碱液迁出时间的关系（剪切前）

（a）t_c=5d　　　　（b）t_c=7d　　　　（c）t_c=30d　　　　（d）t_c=60d

图3—58　迁出条件下碱污染红土的微结构图像与碱液迁出时间的关系（剪切后）

图3—57、图3—58表明：碱液迁出条件下，迁出浓度为7.0%，2000X的放大倍数下，剪切前，当迁出时间由5d延长到30d时，碱污染红土的微结构由密实逐渐变为疏松、颗粒间连接松散、颗粒分布不均匀；迁出时间达到60d时，明显可见颗粒细小、粗糙、复杂、毛刺的现象。剪切受力后，微结构板结，密实性增强；迁出30d时，土颗粒间连接较强，质地致密，相应的抗剪强度存在极大值；达到60d时，存在颗粒细小、粗糙、复杂的现象。

3. 碱液迁入—迁出比较

图3—59给出了碱液迁入红土、迁出红土的浸泡条件下，碱液迁移浓度a_w为7.0%，放大倍数为2000X时，剪切前，碱污染红土的微结构图像随碱液迁移时间t变化的迁入—迁出对比情况。

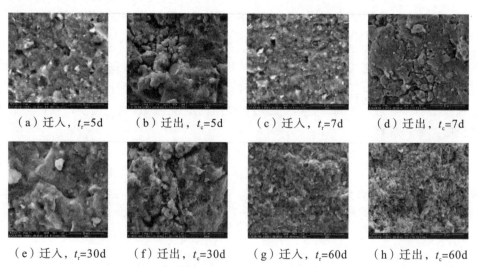

（a）迁入，t_r=5d　　（b）迁出，t_c=5d　　（c）迁入，t_r=7d　　（d）迁出，t_c=7d

（e）迁入，t_r=30d　　（f）迁出，t_c=30d　　（g）迁入，t_r=60d　　（h）迁出，t_c=60d

图3—59　相同碱液迁移时间下碱污染红土的微结构图像迁入—迁出对比

图 3−59 表明：碱液迁移浓度为 7.0％，2000X 的放大倍数下，碱液迁入时间、迁出时间相同，在 5～60d 之间时，相比碱液迁入条件，碱液迁出条件下碱污染红土的微结构图像呈现出粗糙、密实性降低、有层次、复杂的特征。相应的，在宏观上体现出迁出条件下碱污染红土的抗剪强度总体小于迁入条件下的抗剪强度。

3.6.2　压缩红土的微结构变化

3.6.2.1　碱液浓度的影响

1. 碱液迁入条件

图 3−60、图 3−61 分别给出了碱液浸泡素红土的迁入条件下，碱液迁入时间 t_r 为 60d，放大倍数为 2000X 时，压缩前、压缩后，碱污染红土的微结构图像随碱液迁入浓度 a_{wr} 的变化情况。

（a）$a_{wr}=1.0\%$　　　（b）$a_{wr}=3.0\%$　　　（c）$a_{wr}=5.0\%$　　　（d）$a_{wr}=7.0\%$

图 3−60　迁入条件下碱污染红土的微结构图像与碱液迁入浓度的关系（压缩前）

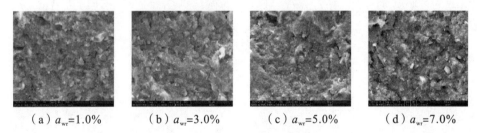

（a）$a_{wr}=1.0\%$　　　（b）$a_{wr}=3.0\%$　　　（c）$a_{wr}=5.0\%$　　　（d）$a_{wr}=7.0\%$

图 3−61　迁入条件下碱污染红土的微结构图像与碱液迁入浓度的关系（压缩后）

图 3−60、图 3−61 表明，碱液迁入条件下，迁入时间达到 60d，2000X 的放大倍数下，随迁入浓度的增大，压缩前后，碱污染红土的微结构图像呈现出密实性降低、粗糙度增大、颗粒复杂特征。浓度为 1.0％、3.0％时，微结构图像的密实性较高，整体性较好；浓度为 5.0％、7.0％时，粗糙性、复杂性明显。说明迁入浓度越高，对红土的侵蚀作用越强，碱污染红土的微结构越复杂。

2. 碱液迁出条件

图 3−62、图 3−63 分别给出了水溶液浸泡碱污染红土的碱液迁出条件下，碱液迁出时间 t_c 为 60d，放大倍数为 2000X 时，压缩前、压缩后，碱污染红土的微结构图像随碱液迁出浓度 a_{wc} 的变化情况。

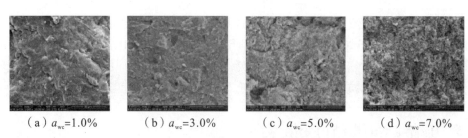

（a）a_{wc}=1.0%　　　　（b）a_{wc}=3.0%　　　　（c）a_{wc}=5.0%　　　　（d）a_{wc}=7.0%

图3-62　迁出条件下碱污染红土的微结构图像与碱液迁出浓度的关系（压缩前）

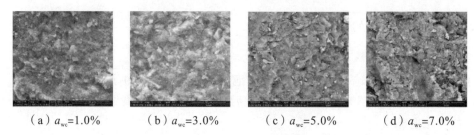

（a）a_{wc}=1.0%　　　　（b）a_{wc}=3.0%　　　　（c）a_{wc}=5.0%　　　　（d）a_{wc}=7.0%

图3-63　迁出条件下碱污染红土的微结构图像与碱液迁出浓度的关系（压缩后）

图3-62、图3-63表明：碱液迁出条件下，迁出时间达到60d，2000X的放大倍数下，随着迁出浓度的增大，碱污染红土微结构图像呈现出密实性降低、粗糙度增加、复杂度增大、颗粒细小的特征。浓度为1.0%、3.0%时，颗粒之间连接紧密，结构较为密实；浓度达到5.0%、7.0%时，颗粒细小，结构较为松散。

3. 碱液迁入—迁出比较

图3-64给出了碱液迁入红土、迁出红土的浸泡条件下，碱液迁出时间t_c为60d，放大倍数为2000X时，压缩后，碱污染红土的微结构图像随碱液迁出浓度a_{wc}的变化情况。

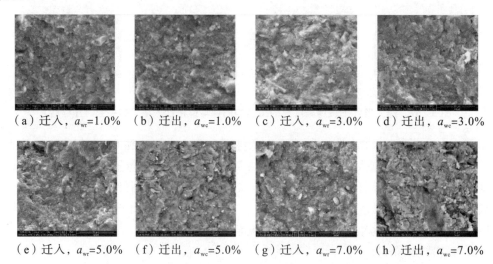

（a）迁入，a_{wr}=1.0%　（b）迁出，a_{wc}=1.0%　（c）迁入，a_{wr}=3.0%　（d）迁出，a_{wc}=3.0%

（e）迁入，a_{wr}=5.0%　（f）迁出，a_{wc}=5.0%　（g）迁入，a_{wr}=7.0%　（h）迁出，a_{wc}=7.0%

图3-64　相同碱液浓度下碱污染红土的微结构图像迁入—迁出比较（压缩后）

图3-64表明：碱液迁移时间达到60d，2000X的放大倍数下，碱液迁入浓度、迁出浓度相同，在1.0%~7.0%之间时，相比碱液迁入条件，碱液迁出条件下碱污染红

土的微结构图像呈现出密实性降低、孔隙增多、颗粒连接松散的特征。浓度分别为
1.0%、3.0%、5.0%时，迁出后的微结构的密实性稍有降低；浓度达到 7.0%时，迁
出后的微结构明显松散。

3.6.2.2　迁移时间的影响

1. 碱液迁入条件

图 3-65、图 3-66 分别给出了碱液浸泡素红土的迁入条件下，碱液迁入浓度 a_{wr} 为
7.0%，放大倍数为 2000X 时，压缩前、压缩后，碱污染红土的微结构图像随碱液迁入
时间 t_r 的变化情况。

（a）t_r=5d　　　（b）t_r=7d　　　（c）t_r=30d　　　（d）t_r=60d

图 3-65　迁入条件下碱污染红土的微结构图像与碱液迁入时间的关系（压缩前）

（a）t_r=5d　　　（b）t_r=7d　　　（c）t_r=30d　　　（d）t_r=60d

图 3-66　迁入条件下碱污染红土的微结构图像与碱液迁入时间的关系（压缩后）

图 3-65、图 3-66 表明，碱液迁入条件下，迁入浓度为 7.0%，2000X 的放大倍
数下，压缩前，迁入时间达到 5d、7d 时，碱污染红土的微结构图像的整体性较好，孔
隙明显；迁入时间达到 30d 时，微结构图像较密实，有层次，颗粒细小，存在胶质；达
到 60d 时间，微结构图像复杂、粗糙、层次明显。压缩受力后，随迁入时间的延长，微
结构图像的密实性降低、有层次、颗粒细小、复杂、存在溶蚀孔洞。与压缩前相比，压
缩后，由于力学作用，各个时间下微结构图像的密实程度明显提高。

2. 碱液迁出条件

图 3-67、3-68 分别给出了水溶液浸泡碱污染红土的碱液迁出条件下，碱液迁出
浓度 a_{wc} 为 7.0%，放大倍数为 2000X 时，压缩前、压缩后，碱污染红土的微结构图像
随碱液迁出时间 t_c 的变化情况。

（a）t_c=5d　　　　（b）t_c=7d　　　　（c）t_c=30d　　　　（d）t_c=60d

图3-67　迁出条件下碱污染红土的微结构图像与碱液迁出时间的关系（压缩前）

（a）t_c=5d　　　　（b）t_c=7d　　　　（c）t_c=30d　　　　（d）t_c=60d

图3-68　迁出条件下碱污染红土的微结构图像与碱液迁出时间的关系（压缩后）

图3-67、图3-68表明：碱液迁出条件下，迁出浓度为7.0%，2000X的放大倍数下，压缩前，随迁出时间的延长，碱污染红土的微结构图像的密实性降低、颗粒细小、颗粒增多、复杂。迁出时间达到5d、7d、30d时，微结构较松散，表面可见分散的大颗粒；时间达到60d时，颗粒细小、粗糙、复杂。压缩受力后，随迁出时间的延长，微结构图像的密实性稍有降低，5～30d时的微结构变化不明显，60d时较松散。相比压缩前，微结构图像的密实性明显增强。

3. 碱液迁入—迁出比较

图3-69给出了碱液迁入红土、迁出红土的浸泡条件下，碱液迁移浓度 a_w 为7.0%，放大倍数为2000X时，压缩后，碱污染红土的微结构图像随碱液迁移时间 t 变化的迁入—迁出对比情况。

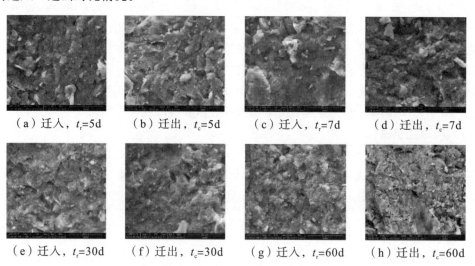

（a）迁入，t_r=5d　　（b）迁出，t_c=5d　　（c）迁入，t_r=7d　　（d）迁出，t_c=7d

（e）迁入，t_r=30d　（f）迁出，t_c=30d　（g）迁入，t_r=60d　（h）迁出，t_c=60d

图3-69　相同迁移时间下碱污染红土的微结构图像迁入—迁出比较（压缩后）

图 3－69 表明：碱液迁入浓度、迁出浓度为 7.0％时，2000X 的放大倍数下，压缩受力后，相比碱液迁入条件，迁移时间 5～60d 时，碱液迁出条件下碱污染红土的微结构图像呈现出密实性降低、整体性变差、结构松散的特征。

3.6.3　渗透红土的微结构变化

3.6.3.1　碱液浓度的影响

1. 碱液迁入条件

图 3－70 给出了碱液浸泡素红土的迁入条件下，碱液迁入时间 t_r 为 30d，放大倍数为 20000X 时，渗透后，碱污染红土的微结构图像随碱液迁入浓度 a_{wr} 的变化情况。

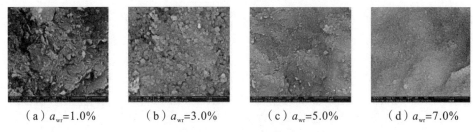

（a）a_{wr}=1.0%　　（b）a_{wr}=3.0%　　（c）a_{wr}=5.0%　　（d）a_{wr}=7.0%

图 3－70　迁入条件下碱污染红土的微结构图像与碱液迁入浓度的关系（渗透后）

图 3－70 表明：碱液迁入条件下，迁入时间为 30d，20000X 的放大倍数下，渗透后，随着迁入浓度的增大，碱污染红土的微结构图像呈现出层次感降低、整体性增强、密实性提高、颗粒分散、细小、泥化、连成一片的特征。浓度为 1.0％时，红土整体结构完整，颗粒间连接疏松，颗粒不均匀，片状分布；浓度为 3.0％时，片状结构分散成团粒结构，细小颗粒明显，部分颗粒间存在孔隙；浓度为 5.0％、7.0％时，基本上全是细小颗粒，结构致密，颗粒间无孔隙，分布均匀。说明碱液迁入过程中，浓度越高，对红土颗粒及其连接的破坏越严重，细小颗粒增多，渗透过程中细小颗粒堵塞孔隙，降低了碱污染红土的渗透性。

2. 碱液迁出条件

图 3－71 给出了水浸泡碱污染红土的碱液迁出条件下，碱液迁出时间 t_c 为 30d，放大倍数为 20000X 时，渗透后，碱污染红土的微结构图像随碱液迁出浓度 a_{wc} 的变化情况。

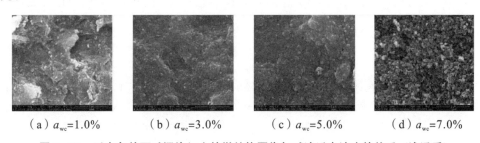

（a）a_{wc}=1.0%　　（b）a_{wc}=3.0%　　（c）a_{wc}=5.0%　　（d）a_{wc}=7.0%

图 3－71　迁出条件下碱污染红土的微结构图像与碱液迁出浓度的关系（渗透后）

图 3-71 表明：碱液迁出条件下，迁出时间为 30d，20000X 的放大倍数下，渗透后，随着迁出浓度的增大，碱污染红土的微结构图像呈现出整体性降低、密实性降低、团粒性增强、颗粒分散、粗糙、复杂的特征。浓度为 1.0% 时，红土颗粒间连接紧密，密实程度高，整体性好；浓度为 3.0%、5.0% 时，整体性较好，团粒均匀分布，连接较紧密；浓度为 7.0% 时，结构松散、粗糙、复杂、孔隙较多、有层次。说明碱液迁出过程中，碱土反应程度比迁入过程更充分，碱液迁出的浓度越大，碱份细化红土颗粒程度更高，渗透过程中细小颗粒更易于堵塞孔隙，引起碱污染红土的渗透性降低。

3. 碱液迁入—迁出对比

图 3-72 给出了碱液迁入红土、迁出红土的浸泡条件下，碱液迁移时间 t 为 30d，放大倍数为 20000X 时，渗透后，碱污染红土的微结构图像随碱液迁移浓度 a_w 变化的迁入—迁出对比情况。

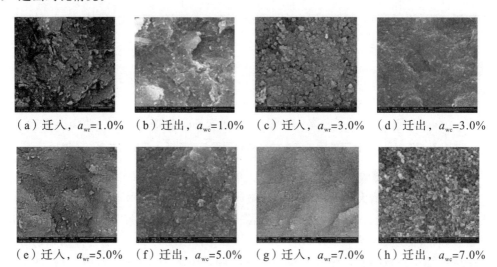

（a）迁入，$a_{wr}=1.0\%$　（b）迁出，$a_{wc}=1.0\%$　（c）迁入，$a_{wr}=3.0\%$　（d）迁出，$a_{wc}=3.0\%$

（e）迁入，$a_{wr}=5.0\%$　（f）迁出，$a_{wc}=5.0\%$　（g）迁入，$a_{wr}=7.0\%$　（h）迁出，$a_{wc}=7.0\%$

图 3-72　相同碱液浓度下碱污染红土的微结构图像迁入—迁出对比（渗透后）

图 3-72 表明：碱液迁移时间达到 30d，20000X 的放大倍数下，碱液迁入浓度、迁出浓度相同，渗透后，相比碱液迁入条件，浓度为 1.0%、3.0% 时，碱液迁出条件下碱污染红土的微结构图像的密实性增强、颗粒连接较紧密、整体性较好；浓度为 5.0%、7.0% 时，碱液迁出条件下微结构图像的密实性降低、颗粒连接较松散、整体性较差、颗粒粗糙、复杂。相应的，宏观上体现出低浓度时碱液迁入条件下的渗透性大于迁出条件下的渗透性，高浓度时碱液迁入条件下的渗透性小于迁出条件下的渗透性。

3.6.3.2　迁移时间的影响

1. 碱液迁入条件

图 3-73 给出了碱液浸泡素红土的迁入条件下，碱液迁入浓度 a_{wr} 为 7.0%，放大倍数为 20000X 时，渗透后，碱污染红土的微结构图像随碱液迁入时间 t_r 的变化情况。

（a）t_r=1d　　（b）t_r=5d　　（c）t_r=14d　　（d）t_r=30d

图 3-73　迁入条件下碱污染红土的微结构图像与碱液迁入时间的关系（渗透后）

图 3-73 表明：碱液迁入条件下，迁入浓度为 7.0%，20000X 的放大倍数下，随迁入时间的延长，碱污染红土的微结构图像的粗糙度降低、复杂性降低、层次感减弱、细小颗粒增多、密实性提高、整体性增强。迁入时间达到 1d、5d、14d 时，微结构图像较粗糙、复杂，层次感明显，片状结构；时间达到 30d 时，基本上全是细小颗粒，胶质感强，整体性好，密实程度高。说明碱液迁入的时间越长，对红土颗粒的侵蚀作用越显著，分散泥化的细小颗粒越多，渗透过程中易于堵塞孔隙通道，降低了碱污染红土的渗透性。

2. 碱液迁出条件

图 3-74 给出了水溶液浸泡碱污染红土的碱液迁出条件下，碱液迁出浓度 a_{wc} 为 7.0%，放大倍数为 20000X 时，渗透后，碱污染红土的微结构图像随碱液迁出时间 t_c 的变化情况。

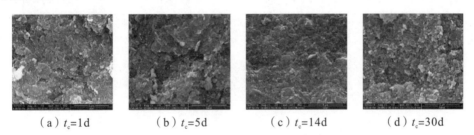

（a）t_c=1d　　（b）t_c=5d　　（c）t_c=14d　　（d）t_c=30d

图 3-74　迁出条件下碱污染红土的微结构图像与碱液迁出时间的关系（渗透后）

图 3-74 表明：碱液迁出条件下，迁出浓度为 7.0%，20000X 的放大倍数下，渗透后，随迁出时间的延长，碱污染红土的微结构图像的整体性降低、团粒性减弱、密实性增强、粗糙、复杂、有层次。迁出时间 1d 时，微结构图像的整体性较好，团粒明显，没有层次；迁出时间达到 5d、14d 时，层次结构，有一定整体性，密实性较高，看不出团粒；30d 时，颗粒粗糙、复杂，可以看出细小颗粒的淤积现象。

3. 碱液迁入—迁出比较

图 3-75 给出了碱液迁入红土、迁出红土的浸泡条件下，碱液迁移浓度 a_w 为 7.0%，放大倍数为 20000X 时，渗透后，碱污染红土的微结构图像随碱液迁移时间 t 变化的迁入—迁出对比情况。

（a）迁入，t_r=1d　（b）迁出，t_c=1d　（c）迁入，t_r=5d　（d）迁出，t_c=5d

（e）迁入，t_r=14d　（f）迁出，t_c=14d　（g）迁入，t_r=30d　（h）迁出，t_c=30d

图3-75　相同迁移时间下碱污染红土的微结构图像迁入—迁出对比（渗透后）

　　图3-75表明：碱液迁移浓度 a_w 为7.0%，20000X的放大倍数下，相比碱液迁入条件，碱液迁出条件下碱污染红土的微结构图像的密实性降低、整体性变差、层次感增强、颗粒较粗、粗糙、复杂。迁移时间达到1d、5d、14d时，迁出后的微结构图像的整体性较差、有层次，孔隙明显，层状结构；30d时，迁入条件下的微结构图像整体性好、泥化连片、细小颗粒均匀分布，而迁出条件下颗粒较大、粗糙、复杂、结构松散、孔隙较多。相应的，宏观上体现出迁出条件下碱污染红土的渗透性大于迁入条件下的渗透性。

第4章 硫酸铜污染红土的迁移特性

4.1 试验设计

4.1.1 试验材料

4.1.1.1 试验土料

试验用红土取自云南昆明世博园地区，该红土样的基本性质见表 4-1，化学组成见表 4-2。可见，该红土的颗粒组成中，以粉粒和黏粒为主，其含量占 90.5%，且粉粒含量（46.6%）大于黏粒含量（43.9%）；液限为 47.6%，小于 50.0%；塑性指数为 16.4，介于 10.0~17.0 之间。分类属于低液限粉质红黏土。化学组成中，SiO_2、Al_2O_3、Fe_2O_3 的含量占 85.54%，说明该红土以硅、铝、铁氧化物为主要化学成分。

表 4-1 红土样的基本性质

| 风干含水率 ω_f/% | 界限含水指标 | | | 最佳击实指标 | | 颗粒组成 P_g/% | | |
	液限 ω_L/%	塑限 ω_p/%	塑性指数 I_p	最大干密度 ρ_{dmax}/(g·cm^{-3})	最优含水率 ω_{op}/%	砂粒/mm 0.075~2.0	粉粒/mm 0.005~0.075	黏粒/mm <0.005
3.0	47.6	31.2	16.4	1.48	28.0	9.5	46.6	43.9

注：ω_f 代表红土样的风干含水率，ω_L、ω_p、I_p 分别代表红土样的液限、塑限和塑限指数，ρ_{dmax}、ω_{op} 分别代表红土样的最大干密度和最优含水率，P_g 代表红土样中的砂粒、粉粒、黏粒的含量。

表 4-2 红土样的化学组成

化学成分	SiO_2	Al_2O_3	Fe_2O_3	FeO	TiO_2	MgO	CaO	Na_2O	K_2O	S_s
含量 H_z/%	56.99	20.24	8.31	0.28	1.27	0.68	0.31	0.05	0.62	9.73

注：H_z 代表红土样中各个化学组成的含量，S_s 代表红土样的烧失量。

4.1.1.2 污染物

针对工农业生产中普遍存在的铜污染问题，选取无水硫酸铜（$CuSO_4$）作为污染物。其 $CuSO_4$ 含量达到 99.0％以上，水不溶物含量为 0.01％，氯化物、硫酸盐等杂质含量为 0.002％～0.15％。

4.1.2 试验方案

4.1.2.1 土柱迁移试验方案

制备素红土土柱，向土柱上部淋滤不同浓度的 $CuSO_4$ 溶液污染红土，测试分析不同时间下硫酸铜溶液沿土柱下渗迁移过程中不同位置红土的变化特性。试验过程如下。

1. 素红土土柱的制备

采用分层击样法制备素红土土柱。该土柱的含水率以最优含水率 28.0％控制，土柱的干密度控制为 $1.33g/cm^3$（为最大干密度的 90.0％），土柱高度为 24cm，直径为 10cm。

2. 硫酸铜溶液的配制

根据设定的 $CuSO_4$ 溶液浓度 0.0g/L、0.5g/L、1.0g/L、2.0g/L，称取相应的 $CuSO_4$ 粉末倒入 1000mL 的量筒中，加入蒸馏水使 $CuSO_4$ 粉末完全溶解，制备成不同浓度的 1000mL 的硫酸铜溶液。其中 $CuSO_4$ 溶液浓度为 0.0g/L 时，代表溶液为蒸馏水，模拟素红土土柱的迁移过程。

3. 土柱的污染

将酸式滴定管固定在铁架台上，根据土柱的高度确定滴定管的位置，滴定管的下端悬于土柱上方；通过洗耳球将溶液注入滴定管中，调节滴定管上的阀门，控制 $CuSO_4$ 溶液的淋滤速率，使 $CuSO_4$ 溶液沿土柱顶部下渗迁移，污染红土。

4. 土柱取样

在硫酸铜溶液沿土柱下渗迁移过程中，根据不同的迁移时间 3d、7d、15d、30d，分别在土柱的不同位置深度取样。土柱的取样位置 z 分别为 0～20mm、20～40mm、40～60mm、60～80mm、90～110mm、120～140mm、140～160mm 及 220～240mm。

4.1.2.2 土柱宏观特性试验方案

考虑硫酸铜溶液浓度、迁移时间、土柱深度的影响，通过土柱淋滤试验后取样，测试分析硫酸铜污染红土的比重、颗粒组成以及 Cu^{2+} 迁移等宏观特性。其中，比重试验采用比重瓶法，颗粒组成试验采用密度计法，抗剪强度试验采用直剪快剪法（垂直压力 300kPa），Cu^{2+} 迁移试验采用 ICP 光谱仪法。

4.1.2.3 土柱微结构特性试验方案

与土柱的宏观特性相对应，考虑硫酸铜溶液浓度、迁移时间、土柱深度的影响，通过土柱淋滤试验后，制备微结构试样，采用 Quanta－200 型扫描电镜的方法，观测不同放大倍数下硫酸铜污染红土的微结构的变化特性。

4.2 迁移条件下硫酸铜污染红土的比重特性

4.2.1 迁移时间的影响

图4-1给出了硫酸铜溶液沿素红土土柱铅直向下的迁移条件下，不同土柱深度 z、不同硫酸铜浓度 a_w 时，硫酸铜污染红土的比重 G_s 随迁移时间 t 的变化情况。

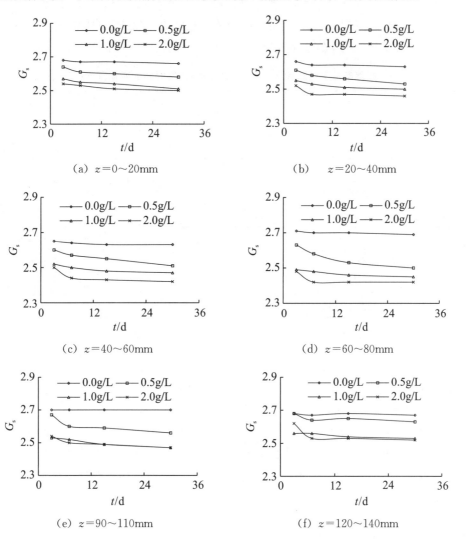

(a) $z=0\sim20$mm

(b) $z=20\sim40$mm

(c) $z=40\sim60$mm

(d) $z=60\sim80$mm

(e) $z=90\sim110$mm

(f) $z=120\sim140$mm

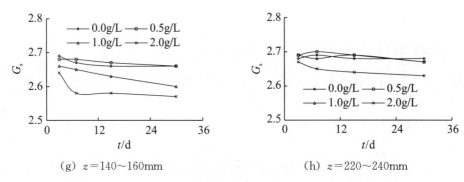

（g）$z = 140 \sim 160\text{mm}$　　　　　（h）$z = 220 \sim 240\text{mm}$

图 4-1　迁移条件下硫酸铜污染红土的比重与迁移时间的关系

图 4-1 表明：迁移条件下，硫酸铜溶液浓度相同时，随迁移时间的延长，不同土柱深度，素红土和硫酸铜污染红土的比重都呈减小的变化趋势。其变化程度见表 4-3。

表 4-3　迁移条件下硫酸铜污染红土的比重随迁移时间的变化程度（$G_{s-t}/\%$）

迁移时间 t/d	土柱深度 z/mm	硫酸铜浓度 $a_w/(\text{g} \cdot \text{L}^{-1})$			
		0.0	0.5	1.0	2.0
3→30	$0 \sim 20$	−0.7	−2.3	−2.3	−1.6
	$20 \sim 40$	−1.1	−3.1	−2.0	−2.4
	$40 \sim 60$	−0.8	−3.5	−2.0	−3.2
	$60 \sim 80$	−0.7	−4.9	−1.6	−2.4
	$90 \sim 110$	0.0	−4.1	−2.4	−2.8
	$120 \sim 140$	−0.4	−1.9	−1.2	−3.8
	$140 \sim 160$	−1.1	−0.8	−2.3	−2.7
	$220 \sim 240$	0.0	−0.7	−0.7	−1.5

注：G_{s-t} 代表硫酸铜溶液铅直向下的迁移条件下，硫酸铜污染红土的比重随迁移时间的变化程度。

由表 4-3 可知，不同土柱深度处，迁移时间由 3d 延长到 30d 时，素红土（$a_w = 0.0\text{g/L}$）的比重减小了 0.0%～1.1%；而硫酸铜溶液浓度在 0.5～2.0g/L 之间，硫酸铜溶液污染红土的比重减小了 0.7%～4.9%。说明相同迁移时间下，硫酸铜污染红土的比重的减小程度高于素红土的比重的减小程度。硫酸铜的污染，破坏了红土颗粒之间的胶结，改变了红土的物质组成，迁移时间越长，随溶液迁移走的物质越多，相应的硫酸铜污染红土的比重降低越多。

4.2.2　硫酸铜浓度的影响

图 4-2 给出了硫酸铜溶液沿素红土土柱铅直向下的迁移条件下，不同土柱深度 z、不同迁移时间 t 时，硫酸铜污染红土的比重 G_s 随硫酸铜溶液浓度 a_w 的变化关系。

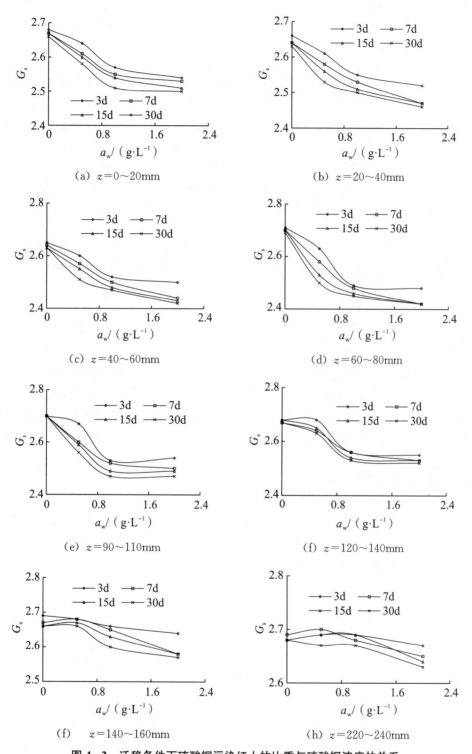

图 4-2　迁移条件下硫酸铜污染红土的比重与硫酸铜浓度的关系

图 4-2 表明：迁移条件下，迁移时间相同时，随硫酸铜溶液浓度的增大，不同土柱深度处，硫酸铜污染红土的比重呈减小的变化趋势。硫酸铜溶液浓度较低（0.0～

1.0g/L）时，比重减小较快；硫酸铜溶液浓度较高（1.0～2.0g/L）时，比重缓慢减小。其变化程度见表4-4。

表4-4　迁移条件下硫酸铜污染红土的比重随硫酸铜浓度的变化程度（G_{s-aw}/%）

硫酸铜浓度 $a_w/$ (g·L^{-1})	土柱深度 z/mm	迁移时间 t/d			
		3	7	15	30
0.0→2.0	0～20	−5.2	−5.2	−6.0	−6.0
	20～40	−5.3	−6.4	−6.4	−6.5
	40～60	−5.7	−7.6	−7.6	−8.0
	60～80	−8.5	−10.4	−10.4	−10.0
	90～110	−5.9	−7.4	−7.8	−8.5
	120～140	−4.9	−5.6	−5.2	−5.6
	140～160	−1.9	−3.4	−3.0	−3.4
	220～240	−0.4	−1.5	−1.5	−1.9

注：G_{s-aw}代表硫酸铜溶液铅直向下的迁移条件下，硫酸铜污染红土的比重随硫酸铜溶液浓度的变化程度。

可见，硫酸铜溶液迁移过程中，迁移时间在3～30d之间，相比素红土（$a_w=0.0$g/L），硫酸铜溶液浓度增大到2.0g/L时，不同土柱深度处，硫酸铜污染红土的比重减小了0.4%～10.4%。说明相比素红土，硫酸铜污染红土的比重减小；而且硫酸铜溶液的浓度越大，硫酸铜污染红土的比重减小越多。

4.2.3　土柱深度的影响

图4-3给出了硫酸铜溶液沿素红土土柱铅直向下的迁移条件下，不同硫酸铜浓度 a_w、不同迁移时间 t 时，硫酸铜污染红土的比重 G_s 随土柱深度 z 的变化关系。图中，$z=0$时的数值代表素红土的比重值。

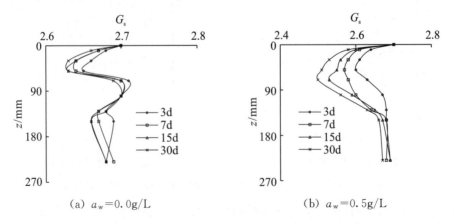

（a）$a_w=0.0$g/L　　　　　　　（b）$a_w=0.5$g/L

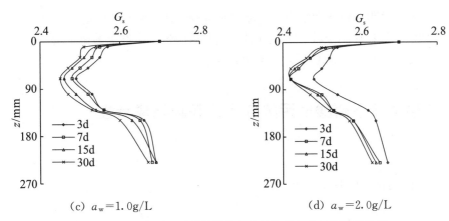

(c) $a_w = 1.0$g/L   (d) $a_w = 2.0$g/L

图 4-3   迁移条件下硫酸铜污染红土的比重与土柱深度的关系

图 4-3 表明：迁移条件下，相同迁移时间、不同浓度时，随土柱深度的增大，硫酸铜污染红土的比重呈先减小后增大的波动变化趋势。相比素红土，土柱深度较浅时，硫酸铜污染红土的比重减小；土柱深度较深时，硫酸铜污染红土的比重增大。其变化程度见表 4-5。

表 4-5   迁移条件下硫酸铜污染红土的比重随土柱深度的变化程度（G_{s-z}/%）

土柱深度 z/mm	硫酸铜浓度 a_w/ (g·L^{-1})	迁移时间 t/d			
		3	7	15	30
0→230	0.0	−0.7	−0.4	−0.7	−0.7
	0.5	−0.4	−0.7	−0.4	−1.1
	1.0	−0.4	−0.7	−0.4	−1.1
	2.0	−1.1	−1.9	−2.2	−2.6
0→70	0.0	$-1.9^{0→50}$	$-2.2^{0→50}$	$-2.6^{0→50}$	$-2.6^{0→50}$
	0.5	$-3.7^{0→50}$	$-4.8^{0→50}$	−6.3	−7.4
	1.0	−7.8	−8.1	−8.9	−9.3
	2.0	−8.1	−10.4	−10.4	−10.4
70→230	0.0	$1.1^{50→230}$	$1.9^{50→230}$	$1.9^{50→230}$	$1.9^{50→230}$
	0.5	$3.5^{50→230}$	$4.3^{50→230}$	6.3	6.8
	1.0	8.0	8.1	9.3	9.0
	2.0	7.7	9.5	9.1	8.7

注：G_{s-z}代表硫酸铜溶液铅直向下的迁移条件下，硫酸铜污染红土的比重随土柱深度的变化程度；$-1.9^{0→50}$、$1.1^{50→230}$分别代表土柱深度由 0mm 延伸到 50mm、由 50mm 延伸到 230mm 时比重的变化程度，其他类似。

由表 4-5 可知，硫酸铜溶液浓度在 0.0～2.0g/L 之间，迁移时间在 3～30d 之间，相比土柱表面（$z=0$mm），土柱深度达到 230mm 时，总体上，各个浓度、各个时间下硫酸铜污染红土的比重减小了 0.4％～2.6％。其中，土柱深度由 0mm→70mm（50mm）时，各个浓度、各个时间下硫酸铜污染红土的比重减小了 1.9％～10.4％；由 70mm（50mm）→230mm 时，各个浓度、各个时间下硫酸铜污染红土的比重增大了

1.1%～9.5%。说明土柱深度较浅处，硫酸铜溶液的迁移引起硫酸铜污染红土的比重减小；而硫酸铜溶液迁移到土柱深度较深处，引起硫酸铜污染红土的比重增大。本试验条件下，约在土柱深度 70mm 位置处，比重存在极小值。

4.3　迁移条件下硫酸铜污染红土的颗粒组成特性

4.3.1　迁移时间的影响

4.3.1.1　黏粒的变化

图 4-4 给出了硫酸铜溶液沿素红土土柱铅直向下的迁移条件下，不同土柱深度 z、不同硫酸铜浓度 a_w 时，硫酸铜污染红土的黏粒含量 P_n 随迁移时间 t 的变化关系。

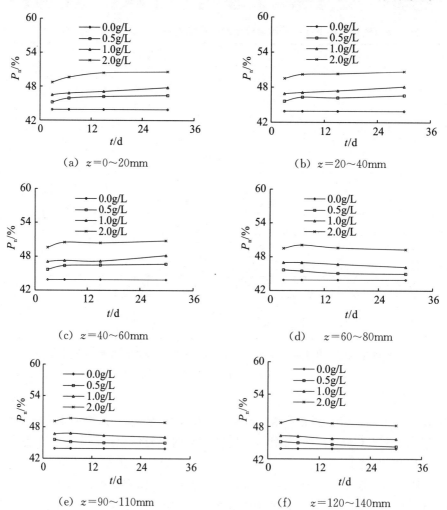

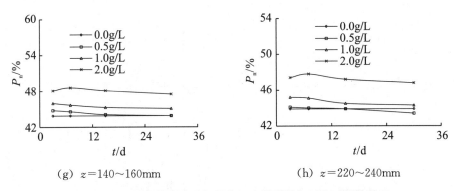

（g）$z=140\sim160\text{mm}$ （h）$z=220\sim240\text{mm}$

图 4-4 迁移条件下硫酸铜污染红土的黏粒与迁移时间的关系

图 4-4 表明：随迁移时间的延长，水溶液铅直向下的迁移条件下，素红土的黏粒含量基本不变；而硫酸铜溶液铅直向下的迁移条件下，硫酸铜浓度相同时，土柱位置的上部，硫酸铜污染红土的黏粒含量增大；土柱位置的中下部，硫酸铜污染红土的黏粒含量减小。其变化程度见表 4-6。

表 4-6 迁移条件下硫酸铜污染红土的黏粒含量随迁移时间的变化程度（P_{n-t}/%）

迁移时间 t/d	土柱深度 z/mm	硫酸铜浓度 a_w/（g·L^{-1}）		
		0.5	1.0	2.0
3→30	0~20	2.7	2.8	3.9
	20~40	2.2	2.6	2.4
	40~60	2.2	2.3	2.4
	60~80	−1.5	−1.7	−0.4
	90~110	−1.3	−1.3	−0.4
	120~140	−2.0	−1.3	−1.0
	140~160	−2.0	−2.0	−1.3
	220~240	−1.6	−2.0	−1.3

注：P_{n-t} 代表硫酸铜溶液铅直向下的迁移条件下，硫酸铜污染红土的黏粒含量随迁移时间的变化程度。

由表 4-6 可知，硫酸铜溶液浓度在 0.5~2.0g/L 之间，迁移时间由 3d 延长到 30d 时，土柱深度 0~60mm 范围，硫酸铜污染红土的黏粒含量增大了 2.2%~3.9%；土柱深度 60~240mm 范围，硫酸铜污染红土的黏粒含量减小了 0.4%~2.0%。说明硫酸铜溶液的迁移时间越长，持续不断的侵蚀作用产生更多的细小颗粒，引起土柱上部的黏粒增多，土柱中下部的黏粒减少。

4.3.1.2 粉粒的变化

图 4-5 给出了硫酸铜溶液沿素红土土柱铅直向下的迁移条件下，不同土柱深度 z、不同硫酸铜浓度 a_w 时，硫酸铜污染红土的粉粒含量 P_f 随迁移时间 t 的变化情况。

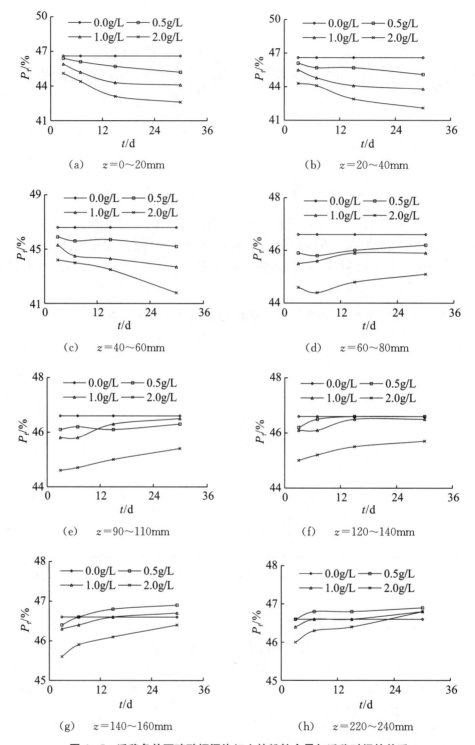

图 4-5　迁移条件下硫酸铜污染红土的粉粒含量与迁移时间的关系

图 4-5 表明：随着迁移时间的延长，水溶液铅直向下的迁移条件下，素红土的粉粒含量基本不变；而硫酸铜溶液铅直向下的迁移条件下，硫酸铜溶液浓度相同时，土柱

位置的上部，硫酸铜污染红土的粉粒含量减小；土柱位置的中下部，硫酸铜污染红土的粉粒含量增大。其变化程度见表4－7。

表4－7 迁移条件下硫酸铜污染红土的粉粒含量随迁移时间的变化程度（P_{f-t}/%）

迁移时间 t/d	土柱深度 z/mm	硫酸铜浓度 a_w/（g·L⁻¹）		
		0.5	1.0	2.0
3→30	0~20	−2.6	−3.9	−5.5
	20~40	−2.2	−3.7	−5.0
	40~60	−1.5	−3.5	−5.4
	60~80	0.7	0.9	1.1
	90~110	0.4	1.5	1.8
	120~140	0.9	0.9	1.6
	140~160	1.1	0.9	1.8
	220~240	0.6	0.9	1.7

注：P_{f-t}代表硫酸铜溶液铅直向下的迁移条件下，硫酸铜污染红土的粉粒含量随迁移时间的变化程度。

由表4－7可知，硫酸铜溶液浓度在0.5~2.0g/L之间，当迁移时间由3d延长到30d时，土柱深度在0~60mm范围内，硫酸铜污染红土的粉粒含量减小了2.2%~5.5%；土柱深度在60~240mm范围内，硫酸铜污染红土的粉粒含量增大了0.4%~1.8%。说明硫酸铜溶液的迁移时间越长，持续不断的侵蚀作用破坏了颗粒间的胶结，引起土柱上部的粉粒减少，土柱中下部的粉粒增多。

4.3.2 硫酸铜浓度的影响

4.3.2.1 黏粒的变化

图4－6给出了硫酸铜溶液沿素红土土柱铅直向下的迁移条件下，不同土柱深度 z、不同迁移时间 t 时，硫酸铜污染红土的黏粒含量 P_n 随硫酸铜溶液浓度 a_w 的变化关系。图中，a_w=0.0g/L，P_n=43.9%时的数值代表迁移前素红土的黏粒含量。

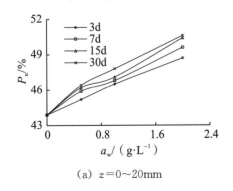
（a）z=0~20mm

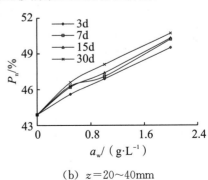
（b）z=20~40mm

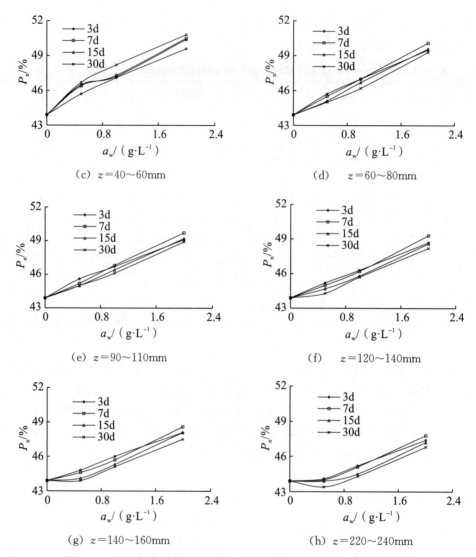

图 4-6　迁移条件下硫酸铜污染红土的黏粒含量与硫酸铜浓度的关系

图 4-6 表明：迁移条件下，迁移时间相同时，相比素红土，随硫酸铜溶液浓度的增大，不同土柱深度处，硫酸铜污染红土的黏粒含量呈增大的变化趋势。其变化程度见表 4-8。

表 4-8　迁移条件下硫酸铜污染红土的黏粒含量随硫酸铜浓度的变化程度（P_{n-aw}/%）

硫酸铜浓度 a_w/（g·L^{-1}）	土柱深度 z/mm	迁移时间 t/d			
		3	7	15	30
0.0→2.0	0～20	10.9	13.0	14.8	15.3
	20～40	12.8	14.4	14.6	15.5
	40～60	13.0	15.0	14.8	15.7
	60～80	12.8	14.1	13.0	12.3
	90～110	11.9	13.2	12.1	11.4
	120～140	10.9	12.3	10.7	9.8
	140～160	9.6	10.7	9.6	8.2
	220～240	8.4	8.9	7.5	6.6

注：P_{n-aw}代表硫酸铜溶液铅直向下的迁移条件下，硫酸铜污染红土的黏粒含量随硫酸铜溶液浓度的变化程度。

由表 4-8 可知，迁移时间在 3～30d 之间，相比素红土（a_w=0.0g/L），硫酸铜溶液浓度达到 2.0g/L 时，不同土柱深度处，硫酸铜污染红土的黏粒含量增大了 6.6%～15.7%。说明硫酸铜溶液的浓度越大，对红土颗粒的侵蚀作用越强，产生更多的细小颗粒，引起硫酸铜污染红土的黏粒越多。

4.3.2.2　粉粒的变化

图 4-7 给出了硫酸铜溶液沿素红土土柱铅直向下的迁移条件下，不同土柱深度 z、不同迁移时间 t 时，硫酸铜污染红土的粉粒含量 P_f 随硫酸铜溶液浓度 a_w 的变化关系。图中，a_w=0.0g/L，P_f=46.6% 时的数值代表迁移前素红土的粉粒含量。

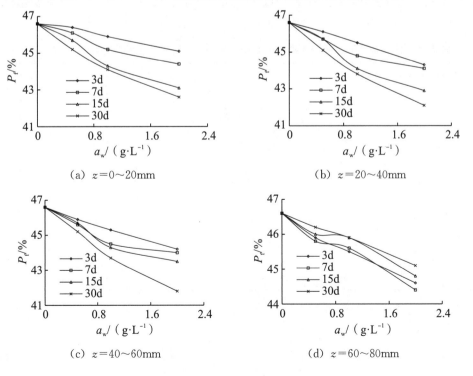

(a) z=0～20mm　　　　　　(b) z=20～40mm

(c) z=40～60mm　　　　　　(d) z=60～80mm

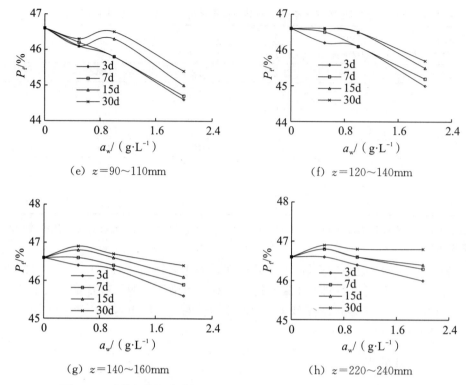

图 4-7 迁移条件下硫酸铜污染红土的粉粒含量与硫酸铜浓度的关系

图 4-7 表明：迁移条件下，迁移时间相同时，相比素红土，随硫酸铜溶液浓度的增大，不同土柱深度处，硫酸铜污染红土的粉粒含量呈减小的变化趋势。其变化程度见表 4-9。

表 4-9 迁移条件下硫酸铜污染红土的粉粒含量随硫酸铜浓度的变化程度（P_{f-aw}/%）

硫酸铜浓度 a_w/（g·L⁻¹）	土柱深度 z/mm	迁移时间 t/d			
		3	7	15	30
	0~20	−3.2	−4.7	−7.5	−8.6
	20~40	−4.9	−5.4	−7.9	−9.7
	40~60	−5.2	−5.6	−6.7	−10.3
0.0→2.0	60~80	−4.3	−4.7	−3.9	−3.2
	90~110	−4.3	−4.1	−3.4	−2.6
	120~140	−3.4	−3.0	−2.4	−1.9
	140~160	−2.1	−1.5	−1.1	−0.4
	220~240	−1.3	−0.6	−0.4	0.4

注：P_{f-aw} 代表硫酸铜溶液铅直向下的迁移条件下，硫酸铜污染红土的粉粒含量随硫酸铜溶液浓度的变化程度。

由表 4-9 可知，迁移时间在 3~30d 之间，相比素红土（a_w＝0.0g/L），硫酸铜溶液浓度达到 2.0g/L 时，不同土柱深度处，硫酸铜污染红土的粉粒含量减小了 0.4%～10.3%。说明硫酸铜溶液的浓度越大，强烈的侵蚀作用破坏了较粗的颗粒，引起硫酸铜污染红土的粉粒越少。

4.3.3　土柱深度的影响

4.3.3.1　黏粒的变化

图 4-8 给出了硫酸铜溶液沿素红土土柱铅直向下的迁移条件下，不同硫酸铜浓度 a_w、不同迁移时间 t 时，硫酸铜污染红土的黏粒含量 P_n 随土柱深度 z 的变化关系。图中，$z=0$，$P_n=43.9\%$ 时的数值代表迁移前素红土的黏粒含量。

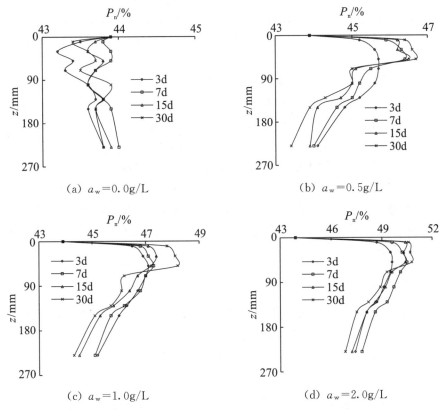

(a) $a_w=0.0g/L$　　　　(b) $a_w=0.5g/L$

(c) $a_w=1.0g/L$　　　　(d) $a_w=2.0g/L$

图 4-8　迁移条件下硫酸铜污染红土的黏粒含量与土柱深度的关系

图 4-8 表明：不同迁移时间下，随土柱深度的增大，素红土的黏粒含量呈波动变化，土柱上部位置处波动较大，土柱下部位置处波动减小，接近迁移前素红土的数值。而硫酸铜溶液的浓度相同时，相比素红土，硫酸铜污染红土的黏粒含量呈先增大后减小的变化趋势。其变化程度见表 4-10。

表 4—10　迁移条件下硫酸铜污染红土的黏粒含量随土柱深度的变化程度（$P_{n-z}/\%$）

土柱深度 z/mm	硫酸铜浓度 $a_w/(g \cdot L^{-1})$	迁移时间 t/d			
		3	7	15	30
10→230	0.0	0.7	0.5	0.5	0.9
	0.5	−2.4	−4.1	−5.0	−6.5
	1.0	−2.8	−3.6	−5.5	−7.3
	2.0	−2.7	−3.6	−6.3	−7.5
10→50	0.5	1.1	1.1	0.6	0.6
	1.0	1.3	1.1	0.2	0.8
	2.0	1.8	1.8	0.0	0.4
50→230	0.5	−7.2	−5.2	−5.6	−7.1
	1.0	−4.0	−4.7	−4.4	−8.1
	2.0	−4.4	−5.3	−6.3	−7.9

注：P_{n-z} 代表硫酸铜溶液铅直向下的迁移条件下，硫酸铜污染红土的黏粒含量随土柱深度的变化程度。

由表 4—10 可知，当土柱深度由 10mm 延伸到 230mm 时，迁移时间在 3～30d 之间，素红土（$a_w=0.0g/L$）的黏粒含量变化不大，增大了 0.5%～0.9%。而硫酸铜溶液浓度在 0.5～2.0g/L 之间，硫酸铜污染红土的黏粒含量则减小了 2.4%～7.5%。各个时间、各个浓度下，当土柱深度由 10mm→50mm 时，硫酸铜污染红土的黏粒含量增大了 0.0%～1.8%；当土柱深度由 50mm→230mm 时，硫酸铜污染红土的黏粒含量减小了 4.0%～8.1%。说明土柱的上部位置，由于硫酸铜溶液的浸泡，破坏了大颗粒间的胶结，引起黏粒增多；土柱的中下部位置，由于硫酸铜溶液的不断向下迁移，浸泡作用减弱，上部的细颗粒向下迁移，引起黏粒减少。本试验条件下，约在土柱深度 50mm 处，黏粒含量存在极大值。

4.3.3.2　粉粒的变化

图 4—9 给出了硫酸铜溶液沿素红土土柱铅直向下的迁移条件下，不同硫酸铜浓度 a_w、不同迁移时间 t 时，硫酸铜污染红土的粉粒含量 P_f 随土柱深度 z 的变化情况。图中，$z=0$，$P_f=46.6\%$ 时的数值代表迁移前素红土的粉粒含量。

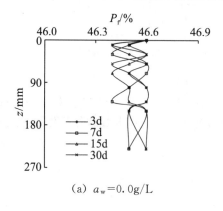

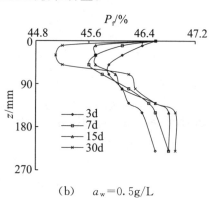

(a)　$a_w=0.0g/L$　　　　(b)　　$a_w=0.5g/L$

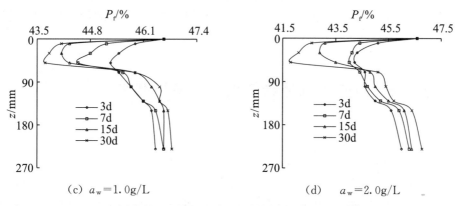

(c)　$a_w = 1.0g/L$　　　　　　　　(d)　$a_w = 2.0g/L$

图 4-9　迁移条件下硫酸铜污染红土的粉粒含量与土柱深度的关系

图 4-9 表明：迁移过程中，不同迁移时间下，随土柱深度的增大，相比迁移前，素红土（$a_w = 0.0g/L$）的粉粒含量呈小幅的波动变化。而硫酸铜溶液浓度在 0.5～2.0g/L 时，硫酸铜污染红土的粉粒含量呈先减小后增大的变化趋势，与黏粒的变化趋势相反。在土柱的底部位置，粉粒含量接近于迁移前素红土的数值。其变化程度见表 4-11。

表 4-11　迁移条件下硫酸铜污染红土的粉粒含量随土柱深度的变化程度（$P_{f-z}/\%$）

土柱深度 z/mm	硫酸铜浓度 a_w/g·L^{-1}	迁移时间 t/d			
		3	7	15	30
10→230	0.5	0.4	1.5	2.4	3.8
	1.0	1.1	3.1	5.2	6.1
	2.0	2.0	4.3	7.7	9.9
10→50	0.5	−1.1	−1.1	0	−0.2$^{10→30}$
	1.0	−1.3	−1.5	−0.5$^{10→30}$	−0.9
	2.0	−2.0	−0.9	−0.5$^{10→30}$	−1.9
50→230	0.5	1.5	2.6	2.4	4.0$^{30→230}$
	1.0	2.4	4.7	5.7$^{30→230}$	7.1
	2.0	4.1	5.2	8.2$^{30→230}$	12.0

　　注：P_{f-z} 代表硫酸铜溶液铅直向下的迁移条件下，硫酸铜污染红土的粉粒含量随土柱深度的变化程度；−0.5$^{10→30}$、5.7$^{30→230}$ 分别代表土柱深度由 10mm 延伸到 30mm、由 30mm 延伸到 230mm 时粉粒含量的变化程度，其他类似。

　　由表 4-11 可知，迁移时间在 3～30d 之间，硫酸铜溶液浓度在 0.5～2.0g/L 之间，当土柱深度由 10mm 延伸到 230mm 时，总体上，硫酸铜污染红土的粉粒含量增大了 0.4%～9.9%。其中，当土柱深度由 10mm→50mm（30mm）时，粉粒含量减小了 0.0%～2.0%；当土柱深度由 50mm（30mm）→230mm 时，粉粒含量增大了 1.5%～12.0%。说明土柱的上部位置，由于硫酸铜溶液的浸泡，破坏了颗粒间的胶结，引起粉粒减少；土柱的中下部位置，由于硫酸铜溶液的不断向下迁移，一方面对颗粒间胶结的破坏作用减弱，另一方面向下迁移的细颗粒的包裹吸附，引起粉粒增多。本试验条件下，约在土柱深度 50mm 处，粉粒含量存在极小值。

4.4 迁移条件下硫酸铜污染红土的抗剪强度特性

4.4.1 迁移时间的影响

图 4-10 给出了硫酸铜溶液沿素红土土柱铅直向下的迁移条件下，不同硫酸铜浓度 a_w、不同土柱深度 z，垂直压力 σ 为 300kPa 时，硫酸铜污染红土的抗剪强度 τ_f 随迁移时间 t 的变化情况。

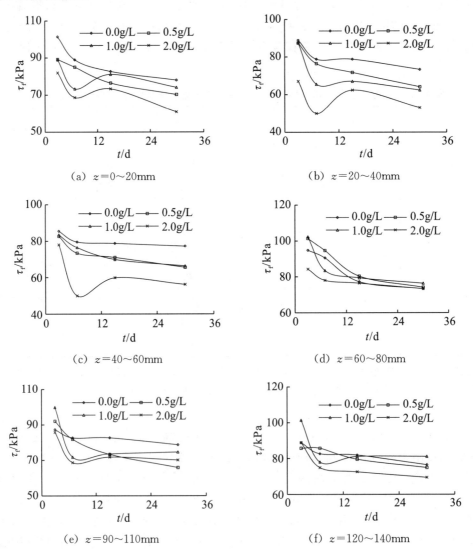

(a) $z=0\sim20$mm

(b) $z=20\sim40$mm

(c) $z=40\sim60$mm

(d) $z=60\sim80$mm

(e) $z=90\sim110$mm

(f) $z=120\sim140$mm

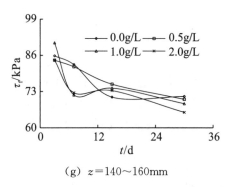 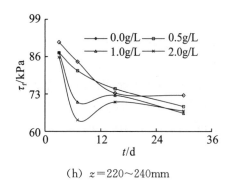

（g）$z＝140～160$mm　　　　　　　　（h）$z＝220～240$mm

图 4-10　迁移条件下硫酸铜污染红土的抗剪强度与迁移时间的关系

图 4-10 表明：迁移过程中，不同土柱深度处，随迁移时间的延长，素红土的抗剪强度呈减小的变化趋势。硫酸铜溶液的浓度相同时，硫酸铜污染红土的抗剪强度呈快速减小—缓慢波动减小的变化趋势。说明迁移前期，硫酸铜溶液对红土抗剪强度的影响较为显著，随着迁移时间的延长，硫酸铜溶液对红土抗剪强度的影响程度减弱。其变化程度见表 4-12。

表 4-12　迁移条件下硫酸铜污染红土的抗剪强度随迁移时间的变化程度（$\tau_{f-t}/\%$）

迁移时间 t/d	土柱深度 z/mm	硫酸铜浓度 $a_w/$（g·L^{-1}）			
		0.0	0.5	1.0	2.0
3→30	0～20	−23.1	−21.0	−16.6	−25.7
	20～40	−17.5	−26.7	−28.6	−21.0
	40～60	−9.7	−20.8	−20.6	−27.9
	60～80	−22.6	−26.9	−25.3	−12.9
	90～110	−9.7	−28.4	−25.4	−18.3
	120～140	−14.1	−12.7	−20.0	−21.9
	140～160	−17.0	−16.7	−24.1	−22.2
	220～240	−20.3	−21.4	−24.1	−21.8

注：τ_{f-t} 代表硫酸铜溶液铅直向下的迁移条件下，硫酸铜污染红土的抗剪强度随迁移时间的变化程度。

由表 4-12 可知，各个土柱深度处，当迁移时间由 3d 延长到 30d 时，素红土（$a_w＝0.0$g/L）的抗剪强度减小了 9.7%～23.1%；而硫酸铜溶液浓度在 0.5～2.0g/L 之间，硫酸铜污染红土的抗剪强度减小了 12.7%～28.4%。说明迁移时间的延长，引起素红土和硫酸铜污染红土的抗剪强度降低；而且硫酸铜污染红土的抗剪强度的降低程度大于素红土的抗剪强度的降低程度。本试验条件下，迁移时间约为 7d 时，抗剪强度存在极小值。

4.4.2 硫酸铜浓度的影响

图 4-11 给出了硫酸铜溶液沿素红土土柱铅直向下的迁移条件下，不同土柱深度 z、不同迁移时间 t，垂直压力 σ 为 300kPa 时，硫酸铜污染红土的抗剪强度 τ_f 随硫酸铜溶液浓度 a_w 的变化情况。图中，$a_w = 0.0$g/L 时的数值代表素红土的抗剪强度。

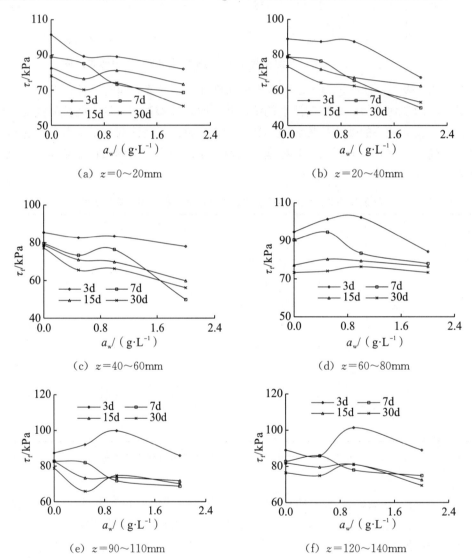

(a) z=0~20mm

(b) z=20~40mm

(c) z=40~60mm

(d) z=60~80mm

(e) z=90~110mm

(f) z=120~140mm

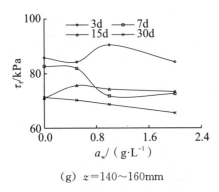
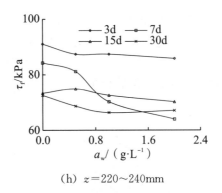

（g）$z=140\sim160$mm　　　　　　（h）$z=220\sim240$mm

图4-11　迁移条件下硫酸铜污染红土的抗剪强度与硫酸铜浓度的关系

图4-11表明：总体上，迁移过程中，相同迁移时间下，随硫酸铜溶液浓度的增大，不同土柱深度处，硫酸铜污染红土的抗剪强度呈波动减小的变化趋势。相比素红土，浓度在0.5~1.0g/L之间，部分试验点的抗剪强度有所增大。其变化程度见表4-13。

表4-13　迁移条件下硫酸铜污染红土的抗剪强度随硫酸铜浓度的变化程度（τ_{f-aw}/%）

硫酸铜浓度 a_w/（g·L^{-1}）	土柱深度 z/mm	迁移时间 t/d			
		3	7	15	30
0.0→2.0	0~20	−19.2	−22.8	−11.3	−22.0
	20~40	−24.6	−36.6	−20.8	−27.7
	40~60	−8.7	−37.3	−24.0	−27.3
	60~80	−11.1	−13.8	−1.0	0
	90~110	−1.7	−17.0	−13.2	−11.0
	120~140	0	−9.4	−11.4	−9.2
	140~160	−1.8	−12.3	3.3	−8.0
	220~240	−5.7	−24.1	−4.3	−7.5

注：τ_{f-aw}代表硫酸铜溶液铅直向下的迁移条件下，硫酸铜污染红土的抗剪强度随硫酸铜溶液浓度的变化程度。

由表4-13可知，各个土柱深度处，迁移时间在3~30d之间，硫酸铜溶液的浓度由0.0g/L增大到2.0g/L时，除少数几个点外，总体上，硫酸铜污染红土的抗剪强度减小了1.0%~37.3%。说明硫酸铜溶液的浓度越大，迁移过程中对红土微结构的损伤作用越强。相应的，硫酸铜污染红土的抗剪强度降低。

需要说明的是，图4-11中，迁移时间达到7d时的抗剪强度变化相对明显，是因为本试验中溶液在7d时完全渗入土柱中，对红土的侵蚀作用较强的缘故。

4.4.3　土柱深度的影响

图4-12给出了硫酸铜溶液沿素红土土柱铅直向下的迁移条件下，不同硫酸铜浓度

a_w、不同迁移时间 t，垂直压力 σ 为 300kPa 时，硫酸铜污染红土的抗剪强度 τ_f 以及时间加权抗剪强度 τ_{fjt} 随土柱深度 z 的变化关系。时间加权抗剪强度是指硫酸铜溶液浓度相同、土柱深度相同时，对不同迁移时间下的抗剪强度按时间进行加权平均，用以衡量迁移时间对抗剪强度的影响。

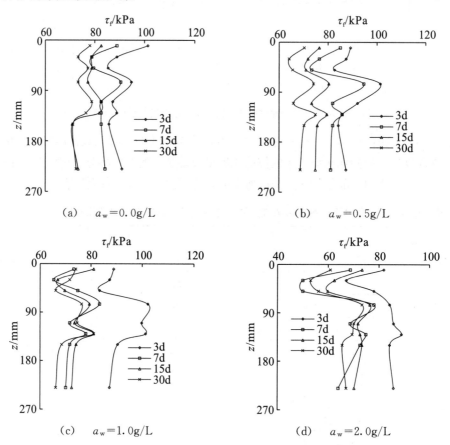

图 4-12　迁移条件下硫酸铜污染红土的抗剪强度与土柱深度的关系

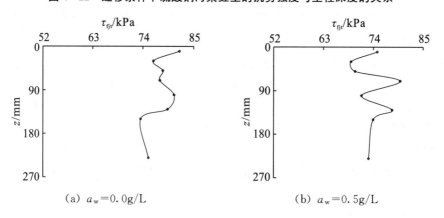

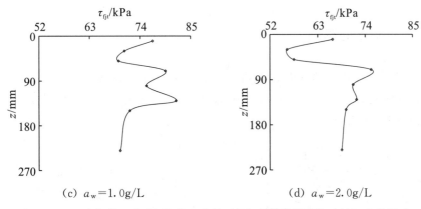

（c）$a_w=1.0g/L$　　　　　（d）$a_w=2.0g/L$

图 4-13　迁移条件下硫酸铜污染红土的时间加权抗剪强度与土柱深度的关系

图 4-12、图 4-13 表明：迁移过程中，硫酸铜溶液浓度不同、迁移时间不同时，随土柱深度的增大，素红土和硫酸铜污染红土的抗剪强度均呈波动减小的变化趋势；其相应的时间加权抗剪强度也呈这一变化趋势。其中，在土柱浅层位置，抗剪强度的波动性明显；约在 30mm 深度处抗剪强度存在谷值，约在 90mm 深度处抗剪强度存在峰值；在土柱的较深处，抗剪强度的波动性减弱，趋于稳定。同时，素红土的抗剪强度的波动程度低于硫酸铜污染红土的抗剪强度的波动程度。其变化程度见表 4-14。

表 4-14　迁移条件下硫酸铜污染红土的抗剪强度随土柱深度的变化程度（τ_{f-z}/%）

土柱深度 z/mm	硫酸铜浓度 $a_w/$（g·L^{-1}）	迁移时间 t/d				时间加权抗剪强度 的变化 τ_{fjt-z}/%
		3	7	15	30	
10→230	0.0	−10.3	−5.3	−11.3	−7.0	−8.2
	0.5	−2.0	−4.7	−2.0	−2.3	−2.5
	1.0	−1.8	−4.3	−10.6	−10.5	−9.2
	2.0	4.8	−6.8	−4.3	10.3	3.3

注：τ_{f-z}、τ_{fjt-z} 分别代表硫酸铜溶液铅直向下的迁移条件下，硫酸铜污染红土的抗剪强度以及时间加权抗剪强度随土柱深度的变化程度。

由表 4-14 可知，迁移时间在 3~30d 之间，土柱深度由 10mm 延伸到 230mm，素红土的抗剪强度减小了 5.3%~11.3%，相应的时间加权抗剪强度平均减小了 8.2%；硫酸铜溶液浓度在 0.5~1.0g/L 之间，硫酸铜污染红土的抗剪强度减小了 1.8%~10.6%，相应的时间加权抗剪强度平均减小了 2.5%~9.2%；而浓度为 2.0g/L 时，抗剪强度则波动变化了−6.8%~10.3%，但时间加权抗剪强度平均增大了 3.3%。总体上，如果再进行浓度加权平均，则时间—浓度加权抗剪强度最终还是平均减小了1.1%。说明迁移过程中，随土柱深度的增大，硫酸铜污染红土的抗剪强度有所减小。

4.4.4 土柱密度的影响

图 4-14 给出了硫酸铜溶液沿素红土土柱铅直向下的迁移条件下，不同土柱深度 z、不同迁移时间 t，硫酸铜浓度 a_w 为 0.5g/L 时，硫酸铜污染红土的抗剪强度 τ_f 随土柱干密度 ρ_d 的变化关系。

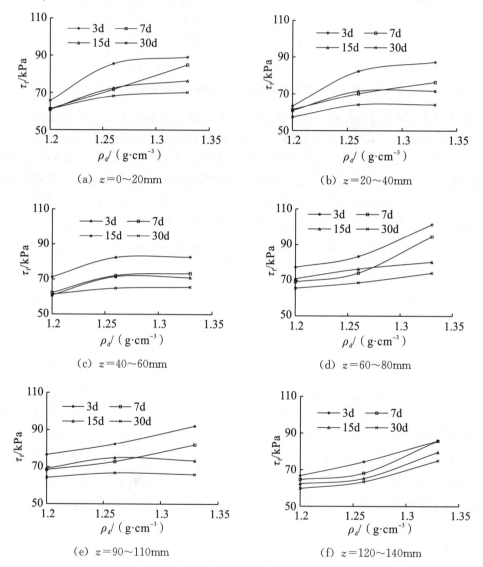

(a) $z=0\sim20$mm

(b) $z=20\sim40$mm

(c) $z=40\sim60$mm

(d) $z=60\sim80$mm

(e) $z=90\sim110$mm

(f) $z=120\sim140$mm

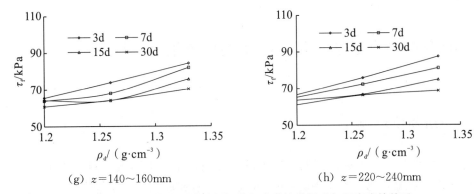

（g）$z=140\sim160$mm　　　　　（h）$z=220\sim240$mm

图 4-14　迁移条件下硫酸铜污染红土的抗剪强度与干密度的关系

图 4-14 表明：硫酸铜溶液铅直向下的迁移过程中，不同土柱深度处，迁移时间相同时，随土柱干密度的增大，硫酸铜污染红土的抗剪强度呈增大的变化趋势。其变化程度见表 4-15。

表 4-15　迁移条件下硫酸铜污染红土的抗剪强度随干密度的变化程度（$\tau_{f-\rho d}$/%）

干密度 $\rho_d/(\mathrm{g\cdot cm^{-3}})$	土柱深度 z/mm	迁移时间 t/d			
		3	7	15	30
1.20→1.33	0~20	35.8	38.8	25.7	14.8
	20~40	38.0	24.5	18.0	11.9
	40~60	16.1	17.7	16.6	6.7
	60~80	31.2	36.9	13.3	13.0
	90~110	20.3	19.7	6.1	2.6
	120~140	28.6	32.8	27.7	25.4
	140~160	28.6	28.2	17.9	15.5
	220~240	31.0	24.2	17.6	12.2

注：$\tau_{f-\rho d}$ 代表硫酸铜溶液铅直向下的迁移条件下，硫酸铜污染红土的抗剪强度随土柱干密度的变化程度。

由表 4-15 可知，硫酸铜溶液浓度为 0.5g/L，迁移时间在 3~30d 之间，土柱深度在 0~240mm 之间，当土柱的干密度由 1.20g/cm³ 增大到 1.33g/cm³ 时，硫酸铜污染红土的抗剪强度增大了 2.6%~38.8%。说明迁移过程中，增大土柱干密度，有利于提高硫酸铜污染红土的抗剪强度。

4.5 迁移条件下硫酸铜污染红土的离子组成特性

4.5.1 迁移时间的影响

图 4-15 给出了硫酸铜溶液铅直向下的迁移条件下，不同硫酸铜浓度 a_w、不同土柱深度 z 时，硫酸铜污染红土中的 Cu^{2+} 浓度 a_{cu} 随迁移时间 t 的变化关系。

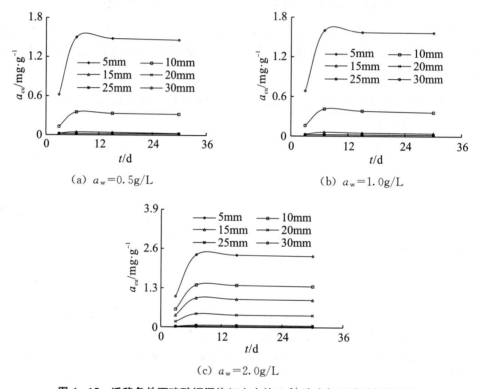

(a) $a_w = 0.5g/L$

(b) $a_w = 1.0g/L$

(c) $a_w = 2.0g/L$

图 4-15 迁移条件下硫酸铜污染红土中的 Cu^{2+} 浓度与迁移时间的关系

图 4-15 表明：迁移过程中，相同硫酸铜溶液浓度时，随迁移时间的延长，硫酸铜污染红土中的 Cu^{2+} 浓度呈快速增大—缓慢减小趋于稳定的变化趋势；土柱深度较浅处，Cu^{2+} 浓度增长较快；土柱深度较深处，Cu^{2+} 浓度基本不变。其变化程度见表 4-16。

表 4-16　迁移条件下硫酸铜污染红土中的 Cu^{2+} 浓度随迁移时间的变化程度 $[a_{cu-t}/(\% \cdot d^{-1})]$

迁移时间 t/d	硫酸铜浓度 $a_w/(g \cdot L^{-1})$	土柱深度 z/mm					
		5	10	15	20	25	30
3→30	0.5	5.0	5.6	0.3	0	0	0
	1.0	4.8	4.6	1.7	0	0	0
	2.0	4.9	4.8	4.9	4.3	5.6	0
3→7	0.5	35.5	43.4	1.9	0	0	0
	1.0	33.4	39.1	25.0	0	0	0
	2.0	33.8	34.3	37.2	36.1	50.0	2.5
7→30	0.5	−0.1	−0.4	−1.8	0	0	0
	1.0	−0.1	−0.5	−1.2	0	0	0
	2.0	−0.1	−0.1	−0.3	−0.5	−0.7	−0.4

注：a_{cu-t} 代表硫酸铜溶液铅直向下的迁移条件下，每迁移 1d 时间，硫酸铜污染红土中 Cu^{2+} 浓度的变化程度。

由表 4-16 可知，总体上，硫酸铜溶液浓度在 0.5～2.0g/L 之间，土柱深度在 5～30mm 范围内，当迁移时间由 3d→30d 时，每迁移 1d，硫酸铜污染红土中的 Cu^{2+} 浓度增大了 0.3%～5.6%。其中，迁移时间由 3d→7d，浓度为 0.5g/L、1.0g/L，土柱深度小于 15mm 时，Cu^{2+} 浓度增大了 1.9%/d～43.4%/d；大于 15mm 时的 Cu^{2+} 浓度为 0。而浓度为 2.0g/L 时，在 30mm 以内的 Cu^{2+} 浓度增大了 2.5%/d～50.0%/d。迁移时间由 7d→30d，浓度为 0.5g/L、1.0g/L 时，小于 15mm 以内的 Cu^{2+} 浓度则减小了 0.1%/d～1.8%/d；大于 15mm 时的 Cu^{2+} 浓度为 0；浓度为 2.0g/L 时，在 30mm 以内的 Cu^{2+} 浓度减小了 0.1%/d～0.7%/d。

说明在迁移前期的 3～7d 中，硫酸铜溶液不断从土柱顶部入渗，引起土柱浅层位置处的红土中的 Cu^{2+} 浓度不断增大，当溶液（500mL）完全渗入土柱后（7d），红土中的 Cu^{2+} 的浓度达到最大；7d 以后，入渗到土柱中的溶液继续向下迁移，由于红土对 Cu^{2+} 的吸附作用，引起相应位置深度处的 Cu^{2+} 浓度约有减小。本试验条件下，迁移时间约为 7d 时，Cu^{2+} 浓度存在极大值。

4.5.2　硫酸铜浓度的影响

图 4-16 给出了硫酸铜溶液铅直向下的迁移条件下，不同土柱深度 z、不同迁移时间 t 时，硫酸铜污染红土中的 Cu^{2+} 浓度 a_{cu} 随硫酸铜浓度 a_w 的变化关系。

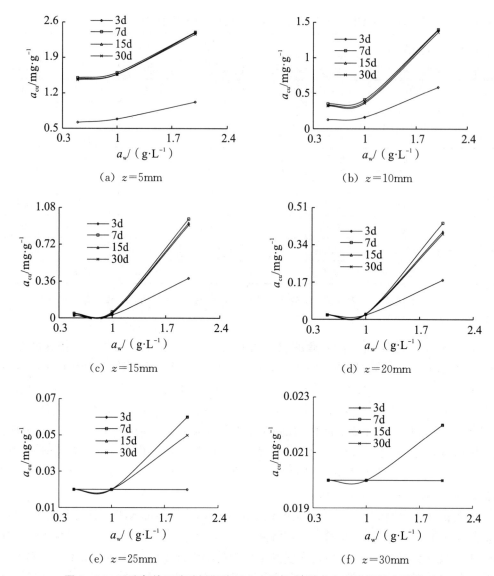

图4-16 迁移条件下硫酸铜污染红土中的 Cu^{2+} 浓度与硫酸铜浓度的关系

图4-16表明：迁移过程中，不同土柱深度处，迁移时间相同时，随硫酸铜溶液浓度的增大，硫酸铜污染红土中的 Cu^{2+} 浓度呈增大的变化趋势；硫酸铜溶液浓度较低时，Cu^{2+} 浓度变化不大；硫酸铜溶液浓度较高时，Cu^{2+} 浓度增长较快。但在土柱深度较深处，部分试验点的 Cu^{2+} 浓度基本不变。其变化程度见表4-17。

表 4-17　迁移条件下硫酸铜污染红土中的 Cu^{2+} 浓度随硫酸铜浓度的变化程度（a_{cu-aw}/%）

硫酸铜浓度 a_w/ $(g \cdot L^{-1})$	迁移时间 t/d	土柱深度 z/mm					
		5	10	15	20	25	30
0.5→2.0	3	64.5	359.4	1525.0	718.2	0	0
	7	60.0	300.0	2055.6	1900.0	200.0	10.0
	15	61.5	321.2	2225.0	1718.2	200.0	10.0
	30	61.6	325.0	3400.0	1672.7	150.0	0
0.5→1.0	3	10.5	26.6	25.0	0	0	0
	7	6.7	17.1	33.3	4.5	0	0
	15	6.1	15.2	25.0	13.6	0	0
	30	7.2	12.5	69.2	4.5	0	0
1.0→2.0	3	48.9	260.7	1200.0	800.0	0	0
	7	50.0	241.5	1516.7	1813.0	200.0	10.0
	15	52.2	265.8	1760.0	1500.0	200.0	10.0
	30	50.8	277.8	1968.2	1595.7	150.0	0

注：a_{cu-aw} 代表硫酸铜溶液铅直向下的迁移条件下，硫酸铜污染红土中的 Cu^{2+} 浓度随硫酸铜溶液浓度的变化程度。

由表 4-17 可知，总体上，迁移时间在 3～30d 之间，土柱深度在 5～30mm 范围，当硫酸铜溶液浓度由 0.5g/L 增大到 2.0g/L 时，硫酸铜污染红土中的 Cu^{2+} 浓度增大了 0.0%～3400.0%；迁移时间为 3d、30d 时，土柱深度较深处的 Cu^{2+} 浓度为 0。其中，浓度由 0.5g/L→1.0g/L 时，Cu^{2+} 浓度仅增大了 4.5%～69.2%；浓度由 1.0g/L→2.0g/L 时，Cu^{2+} 浓度显著增大了 10.0%～1968.2%。浓度较低、土柱位置较深处，红土中的 Cu^{2+} 浓度保持不变，仍为素红土的 Cu^{2+} 浓度（0.02mg/g）；浓度较高、土柱位置较浅处，红土中的 Cu^{2+} 浓度较高。说明硫酸铜溶液的浓度越高，溶液中的 Cu^{2+} 越多，迁移过程中红土颗粒吸附的 Cu^{2+} 越多，所以红土中的 Cu^{2+} 浓度增大。本试验条件下，硫酸铜浓度大于 1.0g/L 后，Cu^{2+} 浓度变化明显。

4.5.3　土柱深度的影响

图 4-17 给出了硫酸铜溶液铅直向下的迁移条件下，不同硫酸铜浓度 a_w、不同迁移时间 t 时，硫酸铜污染红土中的 Cu^{2+} 浓度 a_{cu} 随土柱深度 z 的变化关系。

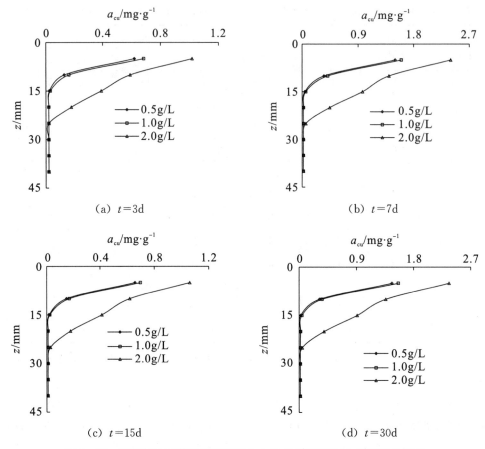

图 4-17　迁移条件下硫酸铜污染红土中的 Cu^{2+} 浓度与土柱深度的关系

图 4-17 表明：迁移过程中，迁移时间不同、硫酸铜溶液浓度相同时，随土柱深度的增大，硫酸铜污染红土中的 Cu^{2+} 浓度呈快速减小—缓慢减小—趋于稳定的变化趋势。其中，各个迁移时间下，硫酸铜溶液浓度为 0.5g/L、1.0g/L 时，在土柱深度 5~20mm 范围内 Cu^{2+} 浓度明显降低，土柱深度 20mm 以下 Cu^{2+} 浓度趋于稳定；而浓度为 2.0g/L 时，在土柱深度 0~30mm 范围内 Cu^{2+} 浓度明显降低，土柱深度 30mm 以下 Cu^{2+} 浓度趋于稳定。其变化程度见表 4-18。

表 4-18　迁移条件下硫酸铜污染红土中的 Cu^{2+} 浓度随土柱深度的变化程度（a_{cu-z}/%）

土柱深度 z/mm	硫酸铜浓度 a_w/（g·L^{-1}）	迁移时间 t/d			
		3	7	15	30
5→30	0.5	-96.8	-98.7	-98.6	-98.6
	1.0	-97.1	-98.8	-98.7	-98.7
	2.0	-98.0	-99.2	-99.2	-99.2

土柱深度 z/mm	硫酸铜浓度 a_w/ (g·L^{-1})	迁移时间 t/d			
		3	7	15	30
5→15	0.5	−96.1	−97.0	−97.3	−98.2
	1.0	−95.6	−96.3	−96.8	−97.1
	2.0	−98.0$^{5→25}$	−97.5$^{5→25}$	−97.5$^{5→25}$	−97.9$^{5→25}$
15→30	0.5	−16.7	−55.6	−50.0	−23.1
	1.0	−33.3	−66.7	−60.0	−55.6
	2.0	0$^{25→30}$	−66.7$^{25→30}$	−66.7$^{25→30}$	−60.0$^{25→30}$

注：a_{cu-z} 代表硫酸铜溶液铅直向下的迁移条件下，硫酸铜污染红土中的 Cu^{2+} 浓度随土柱深度的变化程度；−98.0$^{5→25}$、−66.7$^{25→30}$ 分别代表土柱深度由5mm延伸到25mm、由25mm延伸到30mm时 Cu^{2+} 浓度的变化程度。

由表 4-18 可知，迁移时间在 3~30d 之间，硫酸铜溶液浓度在 0.5~2.0g/L 之间，当土柱深度由 5mm 延伸到 30mm 时，硫酸铜红土中的 Cu^{2+} 浓度显著减小了 96.8%~99.2%。其中，当土柱深度由 5mm→15mm（25mm）时，Cu^{2+} 浓度显著减小了 95.6%~98.2%；当土柱深度由 15mm（25mm）→30mm 时，Cu^{2+} 浓度减小了 0.0%~66.7%。说明迁移过程中，硫酸铜溶液中的 Cu^{2+} 随溶液的入渗在土柱内部不断向下迁移，红土颗粒的吸附对 Cu^{2+} 的迁移产生阻滞作用。经检测发现渗滤液中并无 Cu^{2+}，表明 Cu^{2+} 均被红土颗粒吸附，而且 Cu^{2+} 主要吸附在土柱的中上位置处。本试验条件下，硫酸铜溶液浓度为 0.5g/L、1.0g/L 时，红土颗粒对 Cu^{2+} 的最大吸附深度约为 15cm；硫酸铜溶液浓度为 2.0g/L 时，红土颗粒对 Cu^{2+} 的最大吸附深度约为 25cm。表现出硫酸铜溶液的浓度越大，Cu^{2+} 向下迁移越远的特征，但最终被红土颗粒吸附，趋于稳定，接近素红土中的 Cu^{2+} 浓度（0.02mg/g）。

4.6 迁移条件下硫酸铜污染红土的微结构特性

4.6.1 迁移时间的影响

图 4-18 给出了水溶液沿素红土土柱铅直向下的迁移条件下，表层深度 z 在 0~20mm 位置处，放大倍数 X 为 2000X 时，素红土的微结构图像随迁移时间 t 的变化情况。

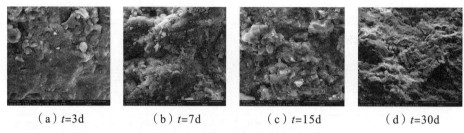

（a）$t=3$d　　　　（b）$t=7$d　　　　（c）$t=15$d　　　　（d）$t=30$d

图 4—18　迁移条件下素红土的微结构图像与迁移时间的关系（$a_w=0.0$g/L）

图 4—18 表明：水溶液沿素红土土柱铅直向下迁移过程中，当迁移时间由 3d 延长到 30d 时，表层位置处的素红土的微结构图像呈密实性降低、质地粗糙、松散的特征。迁移时间达到 3d 时，微结构图像的密实性较高，质地紧密；迁移时间达到 7~30d 时，微结构图像的密实性较差，质地粗糙、松散。体现出水溶液的长时间浸泡迁移、软化破坏了土柱表层素红土颗粒间的连接。

图 4—19、图 4—20 给出了硫酸铜溶液沿素红土土柱铅直向下的迁移条件下，硫酸铜溶液浓度 a_w 分别为 1.0g/L、2.0g/L，土柱表层深度 z 在 0~20mm 位置处，放大倍数 X 为 2000X 时，硫酸铜污染红土的微结构图像随迁移时间 t 的变化情况。

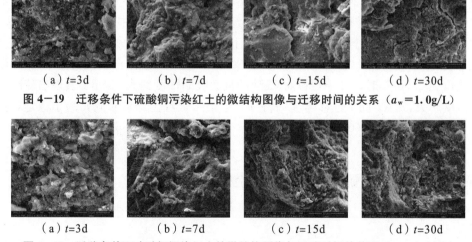

（a）$t=3$d　　　　（b）$t=7$d　　　　（c）$t=15$d　　　　（d）$t=30$d

图 4—19　迁移条件下硫酸铜污染红土的微结构图像与迁移时间的关系（$a_w=1.0$g/L）

（a）$t=3$d　　　　（b）$t=7$d　　　　（c）$t=15$d　　　　（d）$t=30$d

图 4—20　迁移条件下硫酸铜污染红土的微结构图像与迁移时间的关系（$a_w=2.0$g/L）

图 4—19、图 4—20 表明：迁移条件下，土柱表层 0~20mm 位置处，迁移时间较短（3d）时，硫酸铜污染红土的微结构图像质地较粗糙，颗粒分散，复杂，可见较多细小孔隙，密实性较差；迁移时间延长到 7d 时，微结构图像的质地细腻，颗粒间胶结物质的紧密连接，密实性较好，可见溶蚀孔洞；迁移时间达到 15d、30d 时，微结构图像的密实性降低、成层状、板结。相应的，当迁移时间 t 由 3d 延长到 30d，总体上，硫酸铜污染红土的微结构图像参数的孔隙率 n、复杂度 F、圆形度 Y 呈先增大后减小的变化趋势，分维数 D_v 呈先减小后增大的变化趋势。素红土和硫酸铜污染红土的微结构参数的变化趋势一致，见图 4—21。

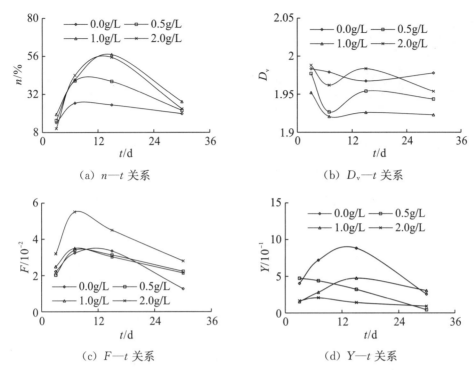

（a）n—t 关系　　　　　　　　（b）D_v—t 关系

（c）F—t 关系　　　　　　　　（d）Y—t 关系

图 4-21　迁移条件下硫酸铜污染红土的微结构参数与迁移时间的关系（2000X）

4.6.2　硫酸铜浓度的影响

图 4-22～图 4-24 分别给出了硫酸铜溶液铅直向下的迁移条件下，土柱表层深度 z 在 0～20mm 位置处，迁移时间 t 在 3～15d 之间，放大倍数 X 为 2000X 时，硫酸铜污染红土的微结构图像随硫酸铜溶液浓度 a_w 的变化情况。

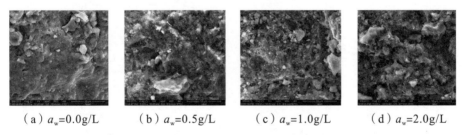

（a）a_w=0.0g/L　　（b）a_w=0.5g/L　　（c）a_w=1.0g/L　　（d）a_w=2.0g/L

图 4-22　迁移条件下硫酸铜污染红土的微结构图像与硫酸铜浓度的关系（t=3d）

（a）a_w=0.0g/L　　（b）a_w=0.5g/L　　（c）a_w=1.0g/L　　（d）a_w=2.0g/L

图 4-23　迁移条件下硫酸铜污染红土的微结构图像与硫酸铜浓度的关系（t=7d）

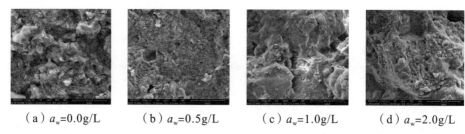

（a）a_w=0.0g/L　　（b）a_w=0.5g/L　　（c）a_w=1.0g/L　　（d）a_w=2.0g/L

图 4-24　迁移条件下硫酸铜污染红土的微结构图像与硫酸铜浓度的关系（t=15d）

图 4-22~图 4-24 表明：迁移条件下，土柱表层 0~20mm 位置处，随硫酸铜溶液浓度的增大，硫酸铜污染红土的微结构图像呈现出质地松散、密实性降低、粗糙、复杂的特征。相应的，当硫酸铜溶液浓度 a_w 由 0.0g/L 增大到 2.0g/L，总体上，硫酸铜污染红土的微结构图像参数的孔隙率 n、复杂度 F 呈增大的变化趋势，分维数 D_v 呈凹形变化，圆形度 Y 呈波动减小变化，见图 4-25。

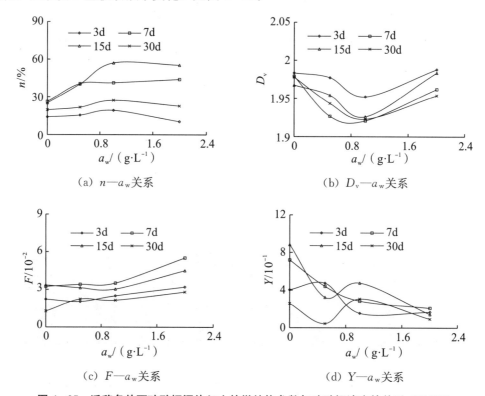

（a）n—a_w关系　　　　　　　　　　（b）D_v—a_w关系

（c）F—a_w关系　　　　　　　　　　（d）Y—a_w关系

图 4-25　迁移条件下硫酸铜污染红土的微结构参数与硫酸铜浓度的关系（2000X）

4.6.3　土柱深度的影响

图 4-26 给出了硫酸铜溶液铅直向下的迁移条件下，硫酸铜浓度 a_w 为 2.0g/L、迁移时间 t 为 7d、放大倍数 X 为 2000X 时，硫酸铜污染红土的微结构图像随土柱深度 z 的变化情况。

  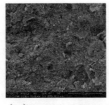 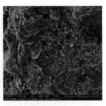

（a）z=0~20mm　　（b）z=60~80mm　　（c）z=120~140mm　　（d）z=220~240mm

图 4-26　迁移条件下硫酸铜污染红土的微结构图像与土柱深度的关系（a_w=2.0g/L，t=7d）

图 4-26 表明：迁移条件，随土柱深度的增大，硫酸铜污染红土的微结构图像呈现出密实性增强、孔隙减少、质地致密、层次感降低的特征。土柱表层至中上部范围内，硫酸铜溶液对红土的侵蚀作用强烈。表层位置 0~20mm 处，由于硫酸铜溶液的浸泡侵蚀，破坏了红土颗粒间的连接，胶结物质溶在一起，连成一片，质地致密，可见侵蚀后团粒、孔洞；中上部 60~80mm 位置处，土颗粒分布散乱，表面粗糙、复杂，有层次，出现较多的孔隙和裂隙结构；中下部 120~140mm 范围至底部 220~240mm 范围内，硫酸铜溶液对红土的侵蚀作用逐渐减弱，对红土原有微结构的损伤程度较低，前期向下迁移的细小颗粒堵塞孔隙，引起红土的密实性增大，孔隙减小。相应的，由表层 0~20mm 延伸到底部 220~240mm 时，微结构图像的孔隙率 n、分维数 D_v、圆形度 Y 等特征参数呈波动减小的变化趋势。在土柱上部变化明显，在土柱下部变化缓慢，约在土柱深度 70mm 位置处发生转变，见图 4-27。

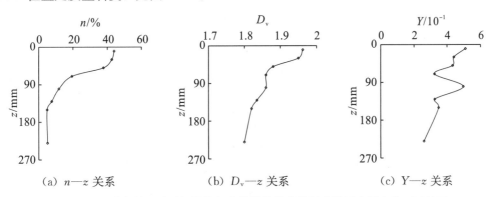

（a）n—z 关系　　　　（b）D_v—z 关系　　　　（c）Y—z 关系

图 4-27　迁移条件下硫酸铜污染红土的微结构参数随土柱深度的变化（2000X）

4.6.4　放大倍数的影响

图 4-28 给出了不同放大倍数 X 下，硫酸铜溶液浓度 a_w 为 0.0g/L 时，素红土的微结构图像的变化情况。

（a）500X   （b）1000X   （c）2000X

（d）5000X   （e）10000X   （f）20000X

图 4-28   不同放大倍数下素红土的微结构图像（a_w=0.0g/L）

图 4-28 表明：对于素红土，随放大倍数的增大，其微结构图像呈现出整体性降低、密实性降低、颗粒粗糙度增大、胶结物质显著的特征。放大倍数由 500X 增大到 2000X 时，素红土的微结构图像的整体性较好、质感较密实、胶结紧密；放大倍数由 2000X 增大到 20000X 时，微结构图像的质感较细腻、颗粒粗糙、松散、胶质明显。可见，放大倍数低于 2000X 时，素红土的微结构图像的变化趋势一致；而放大倍数高于 2000X 时的微结构图像的变化趋势一致。表明 2000X 的放大倍数是一个重要的分界点。

图 4-29 给出了迁移条件下，硫酸铜溶液浓度 a_w 为 1.0g/L、迁移时间 t 为 30d、土柱深度 z 为 0~20mm 位置处，硫酸铜污染红土的微结构图像随不同放大倍数 X 的变化情况。

（a）500X   （b）1000X   （c）2000X

（d）5000X   （e）10000X   （f）20000X

图 4-29   不同放大倍数下硫酸铜污染红土的微结构图像（a_w=1.0g/L，t=30d）

图 4-29 表明：随放大倍数的增大，硫酸铜污染红土的微结构图像呈现出整体性降低、层次感降低、团粒性降低、密实性降低、粗糙度增大、细小颗粒增多的特征。放大倍数由 500X 增大到 2000X 时，硫酸铜污染红土的微结构图像的整体性较好、较密实、层状明显；放大倍数由 2000X 增大到 20000X 时，微结构图像的整体性较差、质感细腻、颗粒细小、密实性降低、松散、孔隙明显。可见，放大倍数低于 2000X 时，硫酸铜污染红土的微结构图像的变化趋势一致；而放大倍数高于 2000X 时的微结构图像的变化趋势一致。同样表明 2000X 的放大倍数是一个重要的分界点。

相比素红土（图 4-28），硫酸铜污染红土的微结构图像的质感粗糙、密实性降低、成层状、团粒性明显、颗粒细小、溶蚀孔洞明显、附着生成物。表明硫酸铜的污染显著改变了红土的微结构状态，相应地改变了红土的宏微观特性。

第5章 六偏磷酸钠污染红土的迁移特性

5.1 试验设计

5.1.1 试验材料

5.1.1.1 试验土料

试验用土为云南昆明黑龙潭地区的红土，呈褐色，风干含水率 ω_f 为 3.3%。其基本特性见表 5-1，化学组成见表 5-2。

表 5-1 红土样的基本特性

比重 G_s	界限含水指标			最佳击实指标		颗粒组成 P_g/%		
	液限 ω_L/%	塑限 ω_p/%	塑性指数 I_P	最大干密度 ρ_{dmax}/ $(g \cdot cm^{-3})$	最优含水率 ω_{op}/%	砂粒/mm 2.0~0.075	粉粒/mm 0.005~0.075	黏粒/mm ≤0.005
2.69	35.5	23.5	12.0	1.53	25.4	4.9	42.3	52.8

注：G_s 代表红土样的颗粒比重，ω_L、ω_p、I_p 分别代表红土样的液限、塑限和塑限指数，ρ_{dmax}、ω_{op} 分别代表红土样的最大干密度和最优含水率，P_g 代表红土样的颗粒组成中砂粒、粉粒、黏粒的含量。

表 5-2 红土样的化学组成

化学组成	SiO_2	Al_2O_3	Fe_2O_3	FeO	CaO	MgO	K_2O	Na_2O	TiO_2	P_2O_5	S_s
含量 H_z/%	44.94	22.26	14.56	0.68	0.48	0.39	0.61	0.06	3.70	0.21	11.91

注：H_z 代表红土样中各个化学组成的含量，S_s 代表红土样的烧失量。

由表 5-1 和表 5-2 可知，该红土的颗粒组成以黏粒、粉粒为主，含量为 95.1%；塑性指数为 12.0，介于 10.0~17.0 之间；液限 35.5%，小于 50.0%。分类属于低液限粉质红黏土。该红土的化学成分以 SiO_2、Al_2O_3、Fe_2O_3 和 TiO_2 为主，其含量之和占 85.46%，定名为硅质铁铝钛土。

5.1.1.2 污染物

选择应用广泛的六偏磷酸钠（$NaPO_3$）$_6$ 作为污染物。六偏磷酸钠呈白色粉末状，易溶于水。

5.1.2　试验方案

5.1.2.1　迁移试验方案

在含水率、干密度、温度一定的条件下，考虑六偏磷酸钠溶液浓度、迁移时间的影响，通过土柱迁移试验，研究六偏磷酸钠溶液（磷溶液）迁移条件下，不同土柱深度处，六偏磷酸钠污染红土（磷污染红土）的宏微观迁移特性以及物质组成特性的变化情况。

试验过程中，制样含水率 ω 以最优含水率 25.4％控制，制样干密度 ρ_d 以最大干密度的 78.4％控制为 1.20g/cm^3，环境温度 T_w 控制为 20℃。六偏磷酸钠溶液（磷溶液）浓度 a_w 设定为 2.0％、4.0％、6.0％，迁移时间 t 设定为 30d、60d、90d。

5.1.2.2　迁移试验的开展

1. 素红土土柱的制备

先选用风干含水率为 3.3％的松散素红土，以最优含水率作为控制标准，加入纯水浸润 24h，制备素红土样；再采用分层击样法制备干密度为 1.20g/cm^3 的素红土土柱，土柱高度为 11.0cm，直径为 8.0cm，截面面积为 50.2cm^2，土柱体积为 552.6cm^3。

2. 六偏磷酸钠溶液量的确定

用 50mL 的碱式滴定管分别向素红土土柱内添加 100mL、200mL、300mL、400mL 浓度为 4.0％的六偏磷酸钠溶液，其目的是获得离子浓度试验所需 60mL 以上浸泡液或渗滤液的溶液量。最终确定了 300mL 溶液量满足要求。

3. 六偏磷酸钠污染红土的迁移试验

先将素红土土柱试样放在 20℃的恒温箱中；再将配制好浓度分别为 2.0％、4.0％、6.0％的六偏磷酸钠溶液 300mL，通过 50mL 的碱式滴定管从素红土土柱的顶部加入磷溶液（浸泡液）；磷溶液沿着土柱顶部从上往下迁移，从土柱底部渗滤出来（渗滤液），引起素红土的污染（磷污染红土）。

4. 六偏磷酸钠污染红土的宏观特性测试

迁移过程中，磷溶液浓度为 4.0％、迁移时间达到 90d 时，从恒温箱中取出磷污染红土土柱试样，在 60℃的烘箱中进行快速干燥处理，制备不同土柱深度处的六偏磷酸钠污染红土试样，根据《土工试验规程》（SL 237—1999），分别采用比重瓶法、密度计法、液塑限联合测定仪法测试磷污染红土的比重、颗粒组成、界限含水等特性随土柱深度的变化情况。

5. 六偏磷酸钠污染红土的物质组成特性测试

迁移过程中，迁移时间分别为 30d、60d、90d，磷溶液浓度分别为 2.0％、4.0％、6.0％时，提取磷污染红土土柱顶部的浸泡液和土柱底部的渗滤液各 60mL，用于测试磷溶液迁移条件下，磷污染红土的离子浓度、pH 值、矿物成分、化学成分等物质组成特性随土柱深度的变化情况。

6. 六偏磷酸钠污染红土的微观结构特性测试

迁移过程中，磷溶液浓度为 4.0%、迁移时间达到 90d 时，从恒温箱中取出磷污染红土柱试样，在 60℃的烘箱中进行快速干燥处理，制备土柱不同位置深度处的磷污染红土微观结构试样，采用 Quanta-200 高真空模式（SEM-EDS）测试不同放大倍数下磷污染红土的微结构图像、能谱组成等微观结构特性随土柱深度的变化情况。

5.2　迁移条件下六偏磷酸钠污染红土的宏观特性

5.2.1　比重的变化

图 5-1 给出了六偏磷酸钠溶液沿素红土土柱铅直向下的迁移条件下，磷溶液浓度 a_w 为 4.0%、迁移时间 t 为 90d 时，磷污染红土的比重 G_s 随土柱深度 z 的变化情况。图中，$z=0$ 时的数值代表素红土的比重值。

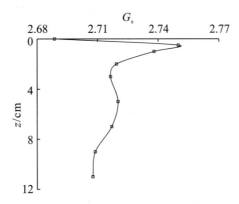

图 5-1　迁移过程中磷污染红土的比重与土柱深度的关系

图 5-1 表明：磷溶液迁移 90d 时，与素红土比较，不同土柱深度处，磷污染红土的比重增大。素红土的比重为 2.69，磷污染红土的比重最小为 2.71（$z=11$cm）、最大为 2.75（$z=0.5$cm），相比素红土分别增大了 0.7%、2.2%。说明磷溶液的迁移增大了红土颗粒的质量。这是由于红土中游离铁铝氧化物与磷的吸附络合作用，造成红土颗粒发生不同程度的胶结凝聚增大了红土颗粒的质量。

随土柱深度的增加，总体上，磷污染红土的比重呈减小变化的趋势。在 0~0.5cm 的土柱表层，磷污染红土的比重最大，达到 2.75；后逐渐减小，在 9~11cm 的土柱底部，比重减小到 2.71。相比土柱 0.5 cm 位置处，比重减小了 1.5%。说明磷溶液的迁移对红土比重的影响主要集中在土柱上部；越往土柱下部，磷溶液的迁移能力越弱，对红土比重的影响也就越小。这是由于土柱上部的磷溶液浓度较高，游离铁铝氧化物与磷的吸附络合作用较强，胶结凝聚红土颗粒质量较大。

5.2.2　颗粒组成的变化

5.2.2.1　级配曲线的变化

图5-2给出了六偏磷酸钠溶液沿素红土土柱铅直向下的迁移条件下，磷溶液浓度 a_w 为4.0%、迁移时间 t 为90d时，不同土柱深度 z 下磷污染红土的级配曲线，反映了磷污染红土的级配构成情况。图中，P_x 代表小于某粒径的颗粒累计含量。

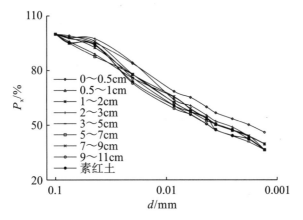

图5-2　迁移条件磷污染红土的级配曲线

图5-2表明：与素红土相比，磷溶液迁移过程中，不同土柱深度处，磷污染红土的颗粒组成发生了变化，表明磷污染改变了红土的颗粒组成。

5.2.2.2　粒组含量的变化

图5-3给出了六偏磷酸钠溶液沿素红土土柱铅直向下的迁移条件下，磷溶液浓度 a_w 为4.0%、迁移时间 t 为90d时，磷污染红土的砂粒、粉粒、黏粒等各粒组含量 P_g 随不同土柱深度 z 的变化情况。图中，$z=0$ 时的数值代表素红土的粒组含量。

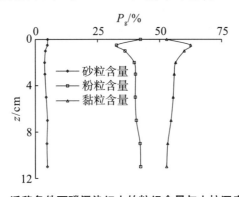

图5-3　迁移条件下磷污染红土的粒组含量与土柱深度的关系

图5-3表明：磷溶液迁移过程中，与素红土相比，磷污染红土的砂粒含量沿土柱

深度变化很小，污染前后基本一致。在土柱表层 0.5cm 位置，磷污染红土的粉粒含量最小为 32.7%，对应的黏粒含量最大为 62.4%，相比素红土，粉粒含量减小了22.7%，黏粒含量增大了 18.2%；在土柱表层 11cm 位置，磷污染红土的粉粒含量为42.3%，对应的黏粒含量为 52.8%，与素红土基本一致。其变化程度见表 5-3。说明磷溶液的污染破坏了红土颗粒间的连接，引起红土较粗的粉粒减少，细小的黏粒增多。

表 5-3　迁移条件下磷污染红土的粒组含量随土柱深度的变化程度

土柱深度 z/cm	粒组含量的变化		
	砂粒 P_{s-z}/%	粉粒 P_{f-z}/%	黏粒 P_{n-z}/%
	2.0~0.075mm	0.075~0.005mm	<0.005mm
0→0.5	−2.0	−22.7	18.2
0.5→11	0.0	29.4	−15.4
0→11	−2.0	0.0	0.0

注：P_{s-z}、P_{f-z}、P_{n-z}分别代表迁移条件下，磷污染红土的砂粒含量、粉粒含量、黏粒含量随土柱深度的变化程度。

由表 5-3 可知，随着土柱深度的增加（0.5cm→11cm），磷污染红土的粉粒含量呈增大的变化趋势，由 32.7% 增大到 42.3%，相比 0.5cm 位置，11cm 位置处增大了29.4%；黏粒含量呈减小的变化趋势，由 62.4% 减小到 52.8%，相比 0.5cm 位置，11cm 位置处减小了 15.4%。说明磷溶液的污染对红土颗粒的连接破坏主要集中在土柱的上部；在土柱的中下部，随着磷溶液迁移的浓度降低，对红土颗粒连接的破坏减弱，引起粉粒和黏粒的变化较小，接近素红土的状态。

5.2.3　界限含水的变化

5.2.3.1　液塑限的变化

图 5-4 给出了六偏磷酸钠溶液沿素红土土柱铅直向下的迁移条件下，磷溶液浓度a_w 为 4.0%、迁移时间 t 为 90d 时，磷污染红土的液限 ω_L、塑限 ω_p 随不同土柱深度 z的变化情况。图中，$z=0$ 时的数值代表素红土的液限、塑限值。

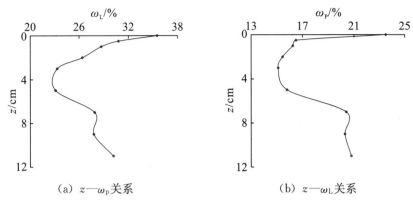

（a）z—ω_p 关系　　　　　　（b）z—ω_L 关系

图 5-4　迁移条件下磷污染红土的液塑限与土柱深度的关系

图 5-4 表明：迁移条件下，与素红土比较，磷污染红土的液限、塑限减小。相比素红土，土柱深度 4cm 处，磷污染红土的液限减小了 35.2%，塑限减小了 36.2%；土柱深度 11cm 处，磷污染红土的液限减小了 14.9%，塑限减小了 11.5%。其变化程度见表 5-4。说明磷溶液的迁移过程中，磷污染减弱了红土颗粒与水作用的能力。

表 5-4　迁移条件下磷污染红土的界限含水随土柱深度的变化程度

土柱深度 z/cm	界限含水的变化		
	液限 ω_{L-z}/%	塑限 ω_{p-z}/%	塑性指数 I_{p-z}/%
0→4	−35.2	−36.2	−35.0
0→11	−14.9	−11.5	−21.7
0→0.5	−13.2	−29.8	19.2
0.5→4	−25.3	−9.1	−45.5
4→11	31.3	38.7	20.5

注：ω_{p-z}、ω_{L-z}、I_{p-z} 分别代表迁移条件下，磷污染红土的塑限、液限、塑性指数等界限含水指标随土柱深度的变化程度。

由表 5-4 可知，随土柱深度的增加，磷污染红土的液限、塑限总体上呈 C 形变化趋势。在土柱的上部 0~4cm 位置处，磷污染红土的液限、塑限减小，约 4cm 位置达到最小，相比 0.5cm 位置处，液限减小了 25.3%，塑限减小了 9.1%；在土柱的中下部 4~11cm 位置处，磷污染红土的液限、塑限增大，相比 4cm 位置处，液限增大了 31.3%，塑限增大了 38.7%。说明磷溶液的迁移过程中，磷污染显著减弱了土柱上部红土颗粒与水的作用能力，磷污染的影响主要集中在土柱上部；而在土柱的中下部，磷溶液的迁移能力越弱，磷污染对红土颗粒与水作用能力的影响减小，红土颗粒与水的作用能力有所增强，逐渐接近于素红土的状态。

5.2.3.2　塑性指数的变化

图 5-5 给出了六偏磷酸钠溶液沿素红土土柱铅直向下的迁移条件下，磷溶液浓度 a_w 为 4.0%、迁移时间 t 为 90d 时，磷污染红土的塑性指数 I_p 随土柱深度 z 的变化情

况。图中，$z=0$ 时的数值代表素红土的塑性指数。

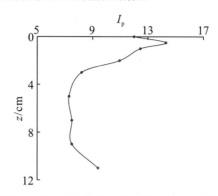

图 5—5 迁移条件下磷污染红土的塑性指数与土柱深度的关系

图 5—5 表明：迁移过程中，磷污染影响了红土的可塑性，改变了红土的可塑能力。总体上，素红土的塑性指数为 12.0（大于 10），分类属于粉质黏土；磷污染红土的塑性指数小于 10（除 0.5cm 位置外），分类属于粉土。相比素红土，只有在土柱表层的 0～0.5cm 位置处，磷污染红土的塑性指数增大了 19.2％；而在土柱深度 5cm 位置处，塑性指数减小了 39.2％；在土柱深度 11 cm 位置处，塑性指数减小了 21.7％。其变化程度见表 5—4。说明磷溶液的迁移过程中，磷污染减弱了红土的可塑能力。

随土柱深度的增加，磷污染红土的塑性指数呈 C 形变化趋势。在土柱的上部 0～5cm 位置处，磷污染红土的塑性指数减小，约 4cm 位置达到最小，相比 0.5cm 位置处，塑性指数减小了 45.5％；在土柱的中下部 4～11cm 位置处，磷污染红土的塑性指数增大，相比 4cm 位置处，塑性指数增大了 20.5％。表明磷溶液的迁移过程中，磷污染显著减弱了土柱上部红土的可塑能力，磷污染的影响主要集中在土柱上部；而在土柱的中下部，磷溶液的迁移能力越弱，磷污染对红土可塑能力的影响减小，红土可塑性有所增强，逐渐接近于素红土的状态。

5.3 迁移条件下六偏磷酸钠污染红土的物质组成特性

5.3.1 矿物组成的变化

图 5—6 给出了六偏磷酸钠溶液沿素红土土柱铅直向下的迁移条件下，磷浓度 a_w 为 4.0％、迁移时间 t 为 90d 时，不同土柱深度 z 处，磷污染红土的矿物组成 $Al(OH)_3$、TiO_2、Qtz、$\alpha-Fe_2O_3$、$\beta-NaFeO_2$ 以及 $\alpha-Fe_2O_3+\beta-NaFeO_2$ 等含量 K_1、K_2、K_3、K_4、K_5、K_6 的变化情况。图中，$z=0$ 时的数值表示素红土的矿物组成含量。

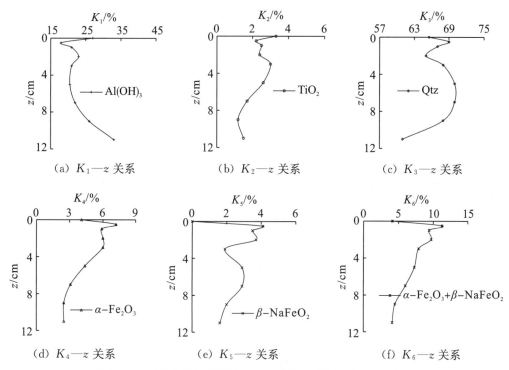

图 5-6 迁移条件下磷污染红土的矿物组成与土柱深度的关系

图 5-6 表明：素红土中的主要矿物为石英 Qtz、三水铝石 Al(OH)₃、赤铁矿 $\alpha-$ Fe₂O₃ 和锐钛矿 TiO₂，分别占了 65.5%、27.0%、4.1%、3.3%。与素红土比较，磷污染红土中的矿物除了石英、三水铝石、赤铁矿和锐钛矿以外，还新生成了 4.1% 的 $\beta-$钠铁矿 $\beta-$NaFeO₂，表明磷污染改变了红土中的矿物类型。随土柱深度的增加，Al(OH)₃ 的含量呈波动增大的变化趋势，TiO₂、Qtz、$\alpha-$Fe₂O₃、$\beta-$NaFeO₂ 以及 $\alpha-$Fe₂O₃+$\beta-$NaFeO₂ 含量呈波动减小的变化趋势。其变化程度见表 5-5。

表 5-5 迁移条件下磷污染红土的矿物组成含量随土柱深度的变化程度

土柱深度 z/cm	矿物组成含量的变化/%					
	Al(OH)₃	TiO₂	Qtz	$\alpha-$Fe₂O₃	$\beta-$NaFeO₂	$\alpha-$Fe₂O₃+$\beta-$NaFeO₂
	K_{1-z}	K_{2-z}	K_{3-z}	K_{4-z}	K_{5-z}	K_{6-z}
0→0.5	−33.3	−33.3	5.3	75.6	409.0	175.6
0.5→11	83.3	−31.8	−11.6	−65.3	−61.0	−63.7
0→11	22.2	−54.5	−6.9	−39.0	159.0	0.0

注：K_{1-z}、K_{2-z}、K_{3-z}、K_{4-z}、K_{5-z}、K_{6-z} 分别代表迁移条件下，磷污染红土的 Al(OH)₃、TiO₂、Qtz、$\alpha-$Fe₂O₃、$\beta-$NaFeO₂ 以及 $\alpha-$Fe₂O₃+$\beta-$NaFeO₂ 等含量随土柱深度的变化程度。

由表 5-5 可知，与素红土（$z=0$cm）相比，表层 0.5cm 处，磷污染红土中的三水铝石 Al(OH)₃、TiO₂ 的含量分别减小了 33.3%、33.3%，Qtz、$\alpha-$Fe₂O₃、$\beta-$NaFeO₂ 以及 $\alpha-$Fe₂O₃+$\beta-$NaFeO₂ 的含量则分别增大了 5.3%、75.6%、409.0%、175.6%；

底部 11cm 处，$Al(OH)_3$、$\beta-NaFeO_2$ 的含量则分别增大了 22.2%、159.0%，TiO_2、Qtz、$\alpha-Fe_2O_3$ 的含量则分别减小了 54.5%、6.9%、39.0%。而当土柱深度由 0.5cm 延伸到 11cm 时，$Al(OH)_3$ 的含量增大了 83.3%，TiO_2、Qtz、$\alpha-Fe_2O_3$、$\beta-NaFeO_2$、$\alpha-Fe_2O_3+\beta-NaFeO_2$ 的含量则分别减小了 31.8%、11.6%、65.3%、61.0%、63.7%。说明磷污染减小了土柱表层的 $Al(OH)_3$、TiO_2 含量，增大了 Qtz、$\alpha-Fe_2O_3$、$\beta-NaFeO_2$ 以及 $\alpha-Fe_2O_3+\beta-NaFeO_2$ 的含量；而土柱深度的延伸，增大了 $Al(OH)_3$ 的含量，减小了 TiO_2、Qtz、$\alpha-Fe_2O_3$、$\beta-NaFeO_2$、$\alpha-Fe_2O_3+\beta-NaFeO_2$ 的含量。

5.3.2 化学组成的变化

图 5-7 给出了六偏磷酸钠溶液沿素红土土柱铅直向下的迁移条件下，磷浓度 a_w 为 4.0%、迁移时间 t 为 90d 时，不同土柱深度 z 处，磷污染红土的化学组成含量 H_{z1}（SiO_2、Al_2O_3、Fe_2O_3、TiO_2），H_{z2}（K_2O、Na_2O、CaO、MgO），H_{z3}（P_2O_5、FeO、有机质），H_{z4}（阳离子交换量 CEC、K+Na+Ca+Mg）的变化情况。图中，$z=0$ 时的数值代表素红土的化学组成含量。

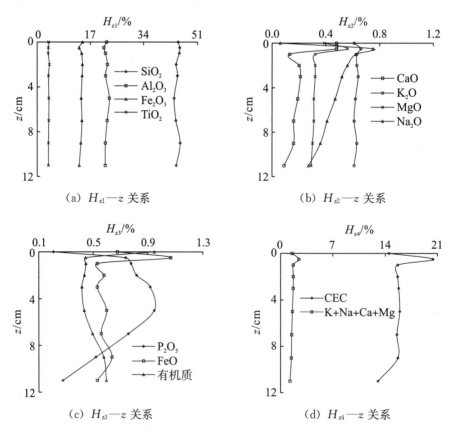

图 5-7　迁移条件下磷污染红土的化学组成含量与土柱深度的关系

表 5-6 给出了迁移条件下，磷污染红土的各化学组成含量随土柱深度的变化程度。

表 5-6　迁移条件下磷污染红土的化学组成含量随土柱深度的变化程度

土柱深度 z/cm	化学组成含量的变化 H_{z-z}/%											
	SiO_2	Al_2O_3	Fe_2O_3	TiO_2	CaO	K_2O	MgO	Na_2O	FeO	P_2O_5	CEC	有机质
0→0.5	1.1	−4.1	−7.3	−1.6	0.0	8.2	43.6	1150.0	57.4	252.4	40.8	−53.7
0.5→11	−2.3	2.2	0.0	0.0	−81.3	−7.6	−48.2	−64.0	−50.5	−62.2	−36.2	36.4
0→11	−1.2	−2.1	−7.3	−1.6	−81.3	0.0	−25.6	350.0	−22.1	33.3	−10.2	−36.8

注：H_{z-z} 代表迁移条件下，磷污染红土的各化学组成含量随土柱深度的变化程度。

图 5-7、表 5-6 表明：素红土和磷污染红土的化学组成都以 SiO_2、Al_2O_3、Fe_2O_3 和 TiO_2 为主。相比素红土（$z=0cm$），土柱表层位置处（$z=0.5cm$），磷污染红土的 SiO_2、K_2O、MgO、Na_2O、FeO、P_2O_5、CEC 等化学组成的含量分别增大了 1.1%、8.2%、43.6%、1150.0%、57.4%、252.4%、40.8%，其中 MgO、Na_2O、FeO、P_2O_5、CEC 的含量增大程度明显，尤其是 Na_2O 和 P_2O_5；而 Al_2O_3、Fe_2O_3、TiO_2、有机质等化学组成的含量分别减小了 4.1%、7.3%、1.6%、53.7%，其中有机质含量减小程度明显。

相比素红土（$z=0cm$），土柱底部位置处（$z=11cm$），磷污染红土的 Na_2O、P_2O_5 的含量分别增大了 350.0%、33.3%；而 SiO_2、Al_2O_3、Fe_2O_3、TiO_2、CaO、MgO、FeO、CEC、有机质等含量分别减小了 1.2%、2.1%、7.3%、1.6%、81.3%、0.0%、25.6%、22.1%、10.2%、36.8%，其中 CaO、MgO、FeO、CEC、有机质等含量减小程度明显。

随土柱深度的增加（$z=0.5cm→11cm$），磷污染红土的 Al_2O_3、有机质含量分别波动增大了 2.2% 和 36.4%，其中有机质含量增大程度明显；而 SiO_2、CaO、K_2O、MgO、Na_2O、FeO、P_2O_5、CEC 等含量分别波动减小了 2.3%、81.3%、7.6%、64.0%、50.5%、62.2%、36.2%，其中 CaO、MgO、Na_2O、FeO、P_2O_5、CEC 的含量减小程度明显。说明磷污染明显改变了土柱红土的各化学组成。

5.3.3　化学元素的变化

图 5-8 给出了六偏磷酸钠溶液沿素红土土柱铅直向下的迁移条件下，磷浓度 a_w 为 4.0%，迁移时间 t 为 90d 时，磷污染红土的 Si、Fe、Al、O、Ti、P 等各化学元素的含量（质量百分比）C_h 随土柱深度 z 的变化关系。图中，$z=0$ 时的数值代表素红土的化学元素的质量百分比含量。

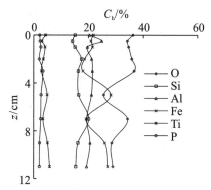

图 5-8　迁移条件下磷污染红土的化学元素含量与土柱深度的关系

图 5-8 表明：迁移过程中，随土柱深度的增加，磷污染红土中各化学元素的含量呈波动增减的变化趋势。其变化程度见表 5-7。

表 5-7　迁移条件下磷污染红土的化学元素含量随土柱深度的变化程度

土柱深度 z/cm	化学元素含量的变化 C_{h-z}/%					
	Si	Fe	Al	O	Ti	P
0→0.5	−6.4	−3.9	22.2	−5.7	−30.0	6.4
0.5→11	8.9	30.1	−21.9	−15.1	91.5	−9.4
0→11	1.2	25.0	−4.6	−19.9	33.9	−3.6

注：C_{h-z} 代表迁移条件下，磷污染红土中的各化学元素的含量随土柱深度的变化程度。

由表 5-7 可知，相比素红土（$z=0\text{cm}$），土柱表层 0.5cm 位置处，磷污染红土中的 Si、Fe、O、Ti 元素的含量减小了 3.9%～30.0%，Al、P 元素的含量增大了 6.4%～22.2%；土柱底部 11cm 位置处，Si、Fe、Ti 元素的含量增大了 1.2%～33.9%，Al、O、P 元素的含量减小了 2.7%～14.2%。说明磷污染引起整个土柱红土中的 O 元素减少外，其他元素在土柱表层红土与底部红土中的含量增减相反，土柱表层红土中的 Si、Fe、Ti 元素的含量减小，Al、P 元素的含量增大；底部红土中的 Si、Fe、Ti 元素的含量增大，Al、P 元素的含量减小。

当土柱深度由 0.5cm 延伸到 11cm 时，磷污染红土中的 Si、Fe、Ti 元素的含量增大了 8.9%～91.5%；而 Al、O、P 元素的含量减小了 9.4%～21.9%。说明磷溶液从土柱顶部迁移到土柱底部，引起磷污染红土中的 Si、Fe、Ti 元素增多，Al、O、P 元素减少。

5.3.4　离子组成的变化

5.3.4.1　浸泡液的离子浓度

1. 迁移时间的影响

图 5-9 给出了六偏磷酸钠溶液沿素红土土柱铅直向下的迁移条件下，磷溶液浓度

a_w 不同时，土柱顶部磷污染红土的浸泡液中的铁离子浓度 a_{jFe}、铝离子浓度 a_{jAl}、磷酸根离子浓度 a_{jP} 随迁移时间 t 的变化情况。

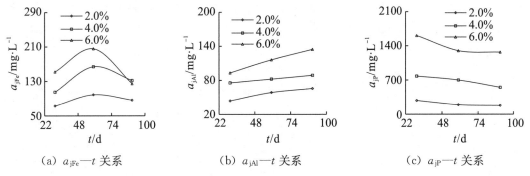

(a) a_{jFe}—t 关系　　　　　(b) a_{jAl}—t 关系　　　　　(c) a_{jP}—t 关系

图 5-9　迁移条件下磷污染红土的浸泡液的离子浓度与迁移时间的关系

图 5-9（a）表明：迁移过程中，就浸泡液中的铁离子来看，不同磷浓度时，随迁移时间的延长，磷污染红土的浸泡液中的铁离子浓度呈先增大后减小的凸形变化趋势。其变化程度见表 5-8。可见，磷浓度在 2.0%～6.0% 之间，迁移时间由 30d 延长到 60d 时，浸泡液中的铁离子浓度增大了 35.4%～56.2%；迁移时间由 60d 延长到 90d 时，浸泡液中的铁离子浓度减小了 12.6%～39.4%。但迁移时间由 30d 延长到 90d 时，磷浓度为 2.0%、4.0% 时，浸泡液中的铁离子浓度分别增大了 18.7% 和 25.7%；而磷浓度为 6.0% 时，浸泡液中的铁离子浓度减小了 17.9%。说明磷溶液的迁移时间较短或较长时，浸泡液中的铁离子都较少；迁移时间约为 60d 时，浸泡液中的铁离子较多。

表 5-8　迁移条件下磷污染红土的浸泡液的离子浓度随迁移时间的变化程度

迁移时间 t/d	浸泡液离子浓度的变化/%	磷浓度 a_w/%		
		2.0	4.0	6.0
30→60	a_{jFe-t}	35.9	56.2	35.4
60→90		−12.6	−19.5	−39.4
30→90	a_{jFe-t}	18.7	25.7	−17.9
	a_{jAl-t}	49.8	17.6	44.5
	a_{jP-t}	−35.4	−29.5	−21.1

注：a_{jFe-t}、a_{jAl-t}、a_{jP-t} 分别代表迁移条件下，磷污染红土的浸泡液中的铁、铝、磷酸根离子浓度随迁移时间的变化程度。

图 5-9（b）（c）表明：迁移过程中，就浸泡液中的铝离子、磷酸根离子来看，不同磷浓度时，随迁移时间的延长，磷污染红土浸泡液中的铝离子浓度呈逐渐增大的变化趋势，磷酸根离子浓度呈逐渐减小的变化趋势。其变化程度见表 5-8。可见，磷浓度在 2.0%～6.0% 之间，迁移时间由 30d 延长到 90d 时，浸泡液中的铝离子浓度增大了 17.6%～49.8%，磷酸根离子浓度减小了 21.1%～35.4%。说明迁移时间越长，浸泡液中的铝离子越多，磷酸根离子越少。

2. 磷溶液浓度的影响

图 5-10 给出了六偏磷酸钠溶液沿素红土土柱铅直向下的迁移条件下，迁移时间 t 不同时，土柱顶部磷污染红土的浸泡液中的铁离子浓度 a_{jFe}、铝离子浓度 a_{jAl}、磷酸根离子浓度 a_{jP} 随磷浓度 a_w 的变化关系。

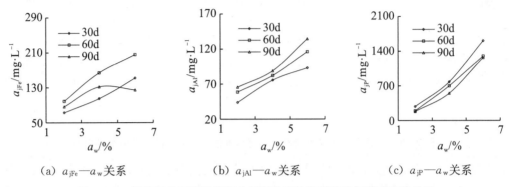

(a) a_{jFe}—a_w 关系   (b) a_{jAl}—a_w 关系   (c) a_{jP}—a_w 关系

图 5-10　迁移条件下磷污染红土的浸泡液的离子浓度与磷浓度的关系

图 5-10 表明：迁移条件下，就迁移到浸泡液中的离子来看，随磷浓度的增大，除迁移时间 90d 时，磷污染红土的浸泡液中的铁离子浓度呈凸形变化外，其他迁移时间下，磷污染红土的浸泡液中的铁离子浓度、铝离子浓度、磷酸根离子浓度均呈增大的变化趋势。其变化程度见表 5-9。

表 5-9　迁移条件下磷污染红土的浸泡液的离子浓度随磷浓度的变化程度

磷浓度 a_w/%	浸泡液离子浓度的变化/%	迁移时间 t/d		
		30	60	90
2.0→6.0	a_{jFe-aw}	108.7	108.0	44.3
	a_{jAl-aw}	112.6	98.1	105.0
	a_{jP-aw}	472.7	567.4	599.7

注：a_{jFe-aw}、a_{jAl-aw}、a_{jP-aw} 分别代表迁移条件下，磷污染红土的浸泡液中的铁、铝、磷酸根离子浓度随磷浓度的变化程度。

由表 5-9 可知，迁移时间在 30～90d 之间，磷浓度由 2.0% 增大到 6.0% 时，浸泡液中的铁离子浓度增大了 44.3%～108.7%，铝离子浓度增大了 98.1%～112.6%，磷酸根离子浓度增大了 472.7%～599.7%。但迁移时间 90d、磷浓度由 4.0%→6.0% 时，铁离子的浓度减小了 5.5%。说明在磷溶液的迁移过程中，磷浓度的提高，引起浸泡液中的铁离子、铝离子、磷酸根离子增多，但铁离子的增大程度减小。

综合对比表 5-8 和表 5-9 可知，迁移条件下磷浓度和迁移时间对磷污染红土浸泡液中的离子浓度的影响程度，见表 5-10。

表 5-10 迁移条件下磷污染红土浸泡液中离子浓度的变化程度对比

浸泡液中离子浓度变化对比					
迁移时间 t 的影响			磷浓度 a_w 的影响		
$t=30d \rightarrow 90d$, $a_w=2.0\% \sim 6.0\%$			$a_w=2.0\% \rightarrow 6.0\%$, $t=30d \sim 90d$		
$a_{jFe-t}/\%$	$a_{jAL-t}/\%$	$a_{jP-t}/\%$	$a_{jFe-aw}/\%$	$a_{jAL-aw}/\%$	$a_{jP-aw}/\%$
$-17.9 \sim 25.7$	$17.6 \sim 49.8$	$-21.1 \sim -35.4$	$44.3 \sim 108.7$	$98.1 \sim 112.6$	$472.7 \sim 599.7$

由表 5-10 可知，迁移时间由 30d→90d 时，磷污染红土的浸泡液中铁离子浓度的变化程度在 $-17.9\% \sim 25.7\%$ 之间，铝离子浓度的增大程度在 $17.6\% \sim 49.8\%$ 之间，磷酸根离子浓度的减小程度在 $21.1\% \sim 35.4\%$ 之间；磷浓度由 2.0%→6.0% 时，浸泡液中铁离子浓度的增大程度在 $44.3\% \sim 108.7\%$ 之间，铝离子浓度的增大程度在 $98.1\% \sim 112.6\%$ 之间，磷酸根离子浓度的增大程度在 $472.7\% \sim 599.7\%$ 之间。就绝对值比较，对于浸泡液中的铁离子、铝离子、磷酸根离子浓度的变化，磷浓度的影响大于迁移时间的影响。

5.3.4.2 渗滤液的离子浓度

1. 迁移时间的影响

图 5-11 给出了六偏磷酸钠溶液沿素红土土柱铅直向下的迁移条件下，不同磷浓度 a_w 时，土柱底部磷污染红土的渗滤液中的铁离子浓度 a_{sFe}、铝离子浓度 a_{sAl}、磷酸根离子浓度 a_{sP} 随迁移时间 t 的变化情况。

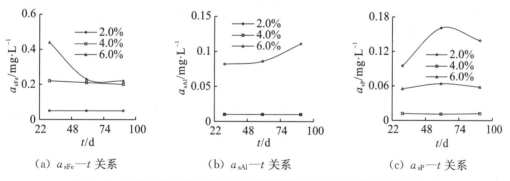

(a) a_{sFe}—t 关系   (b) a_{sAl}—t 关系   (c) a_{sP}—t 关系

图 5-11 迁移条件下磷污染红土的渗滤液的离子浓度与迁移时间的关系

图 5-11（a）表明：迁移条件下，就铁离子的迁移来看，迁移时间由 30d 延长到 90d，磷浓度为 2.0% 时，磷污染红土的渗滤液中铁离子浓度很小，低于 $0.05mg/L$；磷浓度为 4.0%、6.0% 时，渗滤液中铁离子浓度呈减小变化趋势；浓度 4.0% 时仅减小了 9.1%，而浓度 6.0% 时则显著减小了 50.0%。其变化程度见表 5-11。表明迁移时间越长，磷浓度越高，磷污染红土后迁移到渗滤液中的铁离子越少；而浓度较低时，铁离子基本迁移不出来。本试验条件下，磷浓度为 6.0% 时，迁移到渗滤液中的铁离子浓度随迁移时间的变化较为明显。

表 5-11　迁移条件下磷污染红土的渗滤液的离子浓度随迁移时间的变化程度

迁移时间 t/d	渗滤液离子浓度的变化/%	磷浓度 $a_w/\%$		
		2.0	4.0	6.0
30→90	a_{sFe-t}	0	-9.1	-50.0
	a_{sAl-t}	35.4	0.0	0.0
	a_{sP-t}	46.3	0.0	5.5

注：a_{sFe-t}、a_{sAl-t}、a_{sP-t} 分别代表迁移条件下，磷污染红土的渗滤液中的铁、铝、磷酸根离子浓度随迁移时间的变化程度。

图 5-11（b）表明：迁移条件下，就铝离子的迁移来看，随迁移时间的延长，磷浓度为 2.0% 时，磷污染红土的渗滤液中铝离子浓度呈增大的变化趋势，相比 30d，90d 时增大了 35.4%；磷浓度为 4.0%、6.0% 时，渗滤液中铝离子浓度很小，低于 0.01mg/L，变化程度为 0%。其变化程度见表 5-11。表明迁移时间越长，磷浓度越低，磷污染红土后迁移到渗滤液中的铝离子越多；而浓度较高时，铝离子基本迁移不出来。本试验条件下，磷浓度为 2.0% 时，迁移到渗滤液中的铝离子浓度随迁移时间的变化较为明显。

图 5-11（c）表明：迁移条件下，就磷酸根离子的迁移来看，随迁移时间的延长，磷浓度为 2.0% 时，磷污染红土的渗滤液中磷酸根离子浓度显著增大，相比 30d，90d 时增大了 46.3%；磷浓度为 6.0% 时，渗滤液中磷酸根离子浓度稍有变化，分别增大了 5.5%。其变化程度见表 5-11。表明迁移时间越长，磷浓度越低，迁移到渗滤液中的磷酸根离子越多；而磷浓度较高时，迁移到渗滤液中的磷酸根离子减少。本试验条件下，磷浓度为 2.0%，迁移时间达到 60d 时，迁移到渗滤液中的磷酸根离子浓度存在极大值。

2. 磷溶液浓度的影响

图 5-12 给出了六偏磷酸钠溶液沿素红土土柱铅直向下的迁移条件下，迁移时间 t 不同时，土柱底部磷污染红土的渗滤液中的铁离子浓度 a_{sFe}、铝离子浓度 a_{sAl}、磷酸根离子浓度 a_{sP} 随磷浓度 a_w 的变化情况。

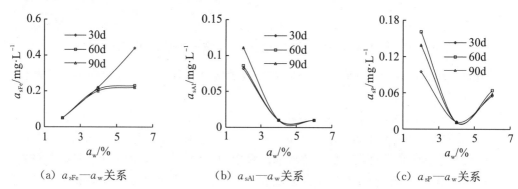

（a）a_{sFe}—a_w 关系　　（b）a_{sAl}—a_w 关系　　（c）a_{sP}—a_w 关系

图 5-12　迁移条件下磷污染红土的渗滤液的离子浓度与磷浓度的关系

图 5-12（a）表明：迁移条件下，就铁离子的迁移来看，随磷浓度的增大，磷污

染红土的渗滤液中铁离子的浓度呈增大的变化趋势。其变化程度见表 5−12。可见，迁移时间在 30～90d 之间，当磷浓度由 2.0％增大到 6.0％时，渗滤液中铁离子的浓度增大了 340.0％～780.0％，而且迁移时间 30d 时的增大程度明显大于 60d 和 90d 时的增大程度。其中，磷浓度由 2.0％→4.0％时，铁离子的浓度明显增大了 300.0％～340.0％；而磷浓度由 4.0％→6.0％时，铁离子的浓度仅增大了 9.5％～100.0％。说明迁移过程中，磷浓度的增大引起渗滤液中的铁离子增多；当磷浓度较低、迁移时间较短时，迁移到渗滤液中的铁离子较多；当磷浓度较高、迁移时间较长时，铁离子迁移缓慢。

表 5−12　迁移条件下磷污染红土的渗滤液的离子浓度随磷浓度的变化程度

渗滤液离子浓度的变化		a_{sFe-aw}／％			a_{sAl-aw}／％			a_{sP-aw}／％		
磷浓度 a_w／％		2→4	4→6	2→6	2→4	4→6	2→6	2→4	4→6	2→6
迁移时间 t/d	30	340.0	100.0	780.0	−87.8	0.0	−87.8	−87.4	359.3	−42.1
	60	320.0	9.5	360.0	−88.4	0.0	−88.4	−93.2	481.8	−60.2
	90	600.0	10.0	340.0	−91.0	0.0	−91.0	−92.1	427.3	−58.3

注：a_{sFe-aw}、a_{sAl-aw}、a_{sP-aw} 分别代表迁移条件下，磷污染红土的渗滤液中的铁、铝、磷酸根离子浓度随磷浓度的变化程度。

图 5−12（b）、表 5−12 表明：迁移条件下，就铝离子的迁移来看，随磷浓度的增大，磷污染红土的渗滤液中铝离子的浓度呈减小的变化趋势。当迁移时间在 30～90d 之间，磷浓度由 2.0％增大到 6.0％时，渗滤液中的铝离子浓度减小了 87.8％～91.0％，变化基本一致。其中，磷浓度由 2.0％→4.0％时，铝离子浓度明显减小了 87.8％～91.0％；而磷浓度由 4.0％→6.0％时，渗滤液中的铝离子浓度基本不变化。说明磷浓度较低时，引起渗滤液中的铝离子快速减少；磷浓度较高时，铝离子的迁移缓慢，渗滤液中的铝离子浓度基本不变。本试验条件下，磷浓度为 4.0％时，迁移到渗滤液中的铝离子浓度存在极小值。

图 5−12（c）、表 5−12 表明：迁移条件下，就磷酸根离子的迁移来看，随磷浓度的增大，磷污染红土的渗滤液中的磷酸根离子的浓度呈凹形减小的变化趋势。迁移时间在 30～90d 之间，磷浓度由 2.0％→4.0％时，渗滤液中的磷酸根离子浓度减小了 87.4％～93.2％；而磷浓度由 4.0％→6.0％时，磷酸根离子浓度增大了 359.3％～481.1％。但磷浓度由 2.0％增大到 6.0％时，总体上磷酸根离子浓度还是减小了 42.1％～60.2％。说明磷浓度较低时，引起渗滤液中的磷酸根离子快速减少，存在极小值；磷浓度较高时，渗滤液中的磷酸根离子又逐渐增多。本试验条件下，磷浓度为 4.0％时，磷酸根离子浓度存在极小值；而且磷浓度达到 6.0％时的磷酸根离子浓度仍然小于磷浓度为 2.0％时的相应值。

综合对比表 5−11 和表 5−12 可知，迁移条件下磷浓度和迁移时间对磷污染红土渗滤液中的离子浓度的影响程度，见表 5−13。

表 5-13　迁移条件下磷污染红土的渗滤液中离子浓度的变化程度对比

渗滤液中离子浓度变化对比					
迁移时间 t 的影响			磷浓度 a_w 的影响		
$t=30\text{d}\rightarrow90\text{d}$，$a_w=2.0\%\sim6.0\%$			$a_w=2.0\%\rightarrow6.0\%$，$t=30\text{d}\sim90\text{d}$		
离子浓度随迁移时间变化			离子浓度随磷浓度变化		
$a_{sFe-t}/\%$	$a_{sAL-t}/\%$	$a_{sP-t}/\%$	$a_{sFe-aw}/\%$	$a_{sAL-aw}/\%$	$a_{sP-aw}/\%$
$0.0\sim50.0$	$0.0\sim35.4$	$0.0\sim46.3$	$340.0\sim780.0$	$-87.8\sim-91.0$	$-42.1\sim-60.2$

由表 5-13 可知，迁移时间由 30d→90d 时，磷污染红土的渗滤液中铁离子浓度的减小程度在 $0.0\%\sim50.0\%$ 之间，铝离子浓度的增大程度在 $0.0\%\sim35.4\%$ 之间，磷酸根离子浓度的变化程度在 $0.0\%\sim46.3\%$ 之间；磷浓度由 $2.0\%\rightarrow6.0\%$ 时，渗滤液中铁离子浓度的增大程度在 $340.0\%\sim780.0\%$ 之间，铝离子浓度的减小程度在 $87.8\%\sim91.0\%$ 之间，磷酸根离子浓度的减小程度在 $42.1\%\sim60.2\%$ 之间。就绝对值比较，对于渗滤液中的铁离子、铝离子、磷酸根离子浓度的变化，磷浓度的影响大于迁移时间的影响。

5.3.5　pH 值的变化

5.3.5.1　浸泡液的 pH 值

1. 迁移时间的影响

图 5-13（a）给出了六偏磷酸钠溶液沿素红土土柱铅直向下的迁移条件下，磷浓度 a_w 不同时，磷污染红土的浸泡液的 pH 值随迁移时间 t 的变化情况。

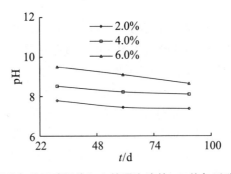

图 5-13　迁移条件下磷污染红土的浸泡液的 pH 值与迁移时间的关系

图 5-13 表明：迁移过程中，不同磷浓度下，磷污染红土的浸泡液的 pH 值均大于 7.0，在 $7.38\sim9.50$ 之间变化，表明浸泡液呈碱性；随迁移时间的延长，浸泡液的 pH 值呈逐渐减小的变化趋势。其变化程度见表 5-14。

表 5—14　不同磷浓度下磷污染红土的浸泡液的 pH 值随迁移时间的变化程度（pH$_{j-t}$/%）

迁移时间 t/d	磷浓度 a_w/%		
	2.0	4.0	6.0
30→90	−5.3	−4.8	−8.9

注：pH$_{j-t}$代表迁移条件下，磷污染红土的浸泡液的 pH 值随迁移时间的变化程度。

可见，磷浓度在 2.0%～6.0% 之间，当迁移时间由 30d 延长到 90d 时，磷污染红土的浸泡液的 pH 值由 7.79～9.50 减小到 7.38～8.65，其减小程度在 4.8%～8.9% 之间。说明磷溶液在土柱红土中的迁移时间越长，磷污染红土的浸泡液的 pH 值越小，碱性越弱。

2. 磷溶液浓度的影响

图 5—14 给出了六偏磷酸钠溶液沿素红土土柱铅直向下的迁移条件下，迁移时间 t 不同时，磷污染红土的浸泡液的 pH 值随磷浓度 a_w 的变化情况。

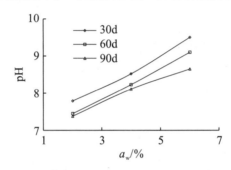

图 5—14　迁移条件下磷污染红土的浸泡液的 pH 值与磷浓度的关系

图 5—14 表明：迁移过程中，不同迁移时间下，随磷浓度的增大，磷污染红土的浸泡液的 pH 值呈逐渐增大的变化趋势，其变化范围在 7.38～9.50 之间，均大于 7.0，表明浸泡液呈碱性。其变化程度见表 5—15。

表 5—15　不同迁移时间下磷污染红土的浸泡液的 pH 值随磷浓度的变化程度（pH$_{j-aw}$/%）

磷浓度 a_w/%	迁移时间 t/d		
	30	60	90
2.0→6.0	22.0	22.1	17.2

注：pH$_{j-aw}$代表迁移条件下，磷污染红土的浸泡液的 pH 值随磷浓度的变化程度。

由表 5—15 可知，迁移时间在 30～90d 之间，当磷浓度由 2.0% 增大到 6.0% 时，磷污染红土的浸泡液的 pH 值由 7.79～7.38 增大到 9.5～8.65，其增大程度在 17.2%～22.1% 之间。说明磷溶液的浓度越高，磷污染红土的浸泡液的 pH 值越大，碱性越强。

综合对比表 5—14 和表 5—15 可知，迁移条件下磷浓度和迁移时间对磷污染红土的浸泡液的 pH 值的影响程度，见表 5—16。

表5-16 迁移条件下磷污染红土的浸泡液的pH值的变化程度对比

浸泡液的pH值变化对比	
迁移时间t的影响	磷浓度a_w的影响
$t=30d→90d$，$a_w=2.0\%～6.0\%$	$a_w=2.0\%→6.0\%$，$t=30d～90d$
pH值随迁移时间变化$pH_{j-t}/\%$	pH值随磷浓度变化$pH_{j-aw}/\%$
$-4.8～-8.9$	$17.2～22.1$

由表5-16可知，迁移时间由30d→90d时，磷污染红土浸泡液的pH值的减小程度在4.8%～8.9%之间；磷浓度由2.0%→6.0%时，浸泡液pH值的增大程度在17.2%～22.1%之间。可见，本试验条件下，对于磷污染红土的浸泡液的pH值的变化，磷浓度的影响大于迁移时间的影响。

5.3.5.2 渗滤液的pH值

1. 迁移时间的影响

图5-15给出了六偏磷酸钠溶液沿素红土土柱铅直向下的迁移条件下，磷浓度a_w不同时，土柱底部磷污染红土的渗滤液的pH值随迁移时间t的变化情况。

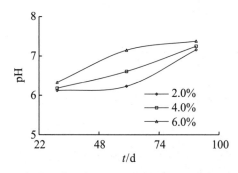

图5-15 迁移条件下磷污染红土的渗滤液的pH值与迁移时间的关系

图5-15表明：迁移过程中，不同磷浓度下，磷污染红土的渗滤液的pH值在6.12～7.38之间变化；随迁移时间的延长，渗滤液的pH值呈增大的变化趋势。其变化程度见表5-17。

表5-17 不同磷浓度下磷污染红土的渗滤液的pH值随迁移时间的变化程度（$pH_{s-t}/\%$）

迁移时间 t/d	磷浓度$a_w/\%$		
	2.0	4.0	6.0
30→90	17.0	17.3	16.6

注：pH_{s-t}代表迁移条件下，磷污染红土的渗滤液的pH值随迁移时间的变化程度。

可见，磷浓度在2.0%～6.0%之间，当迁移时间由30d延长到90d时，磷污染红土的渗滤液的pH值由6.12～6.33增大到7.16～7.38，其增大程度在16.6%～17.3%之间，各个浓度下的增大程度基本一致。说明本试验条件下，磷溶液在土柱红土中的迁移时间越长，磷污染红土的渗滤液的 pH 值越大，渗滤液的酸性减弱，碱性增强。

2. 磷溶液浓度的影响

图 5－16 给出了六偏磷酸钠溶液沿素红土土柱铅直向下的迁移条件下，迁移时间 t 不同时，磷污染红土的渗滤液的 pH 值随磷浓度 a_w 的变化情况。

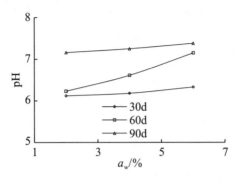

图 5－16　迁移条件下磷污染红土的渗滤液的 pH 值与磷浓度的关系

图 5－16 表明：磷溶液沿土柱铅直向下的迁移过程中，不同迁移时间下，磷污染红土的渗滤液的 pH 值在 6.12～7.38 之间变化；随磷浓度的增大，渗滤液的 pH 值呈增大的变化趋势。迁移时间在 30～90d 之间，当磷浓度由 2.0％增大到 6.0％时，渗滤液的 pH 值由 6.12～7.16 增大到 6.33～7.38，其增大程度在 3.1％～14.8％之间。其变化程度见表 5－18。说明磷浓度越大，磷溶液污染红土后，引起渗滤液的酸性减弱，碱性增强。

表 5－18　不同迁移时间下磷污染红土的渗滤液的 pH 值随磷浓度的变化程度（pH_{s-aw}/％）

磷浓度 a_w/％	迁移时间 t/d		
	30	60	90
2.0→6.0	3.4	14.8	3.1

注：pH_{s-aw} 代表迁移条件下，磷污染红土的渗滤液的 pH 值随磷浓度的变化程度。

综合对比表 5－17 和表 5－18 可知，迁移条件下磷浓度和迁移时间对磷污染红土的渗滤液的 pH 值的影响程度，见表 5－19。

表 5－19　迁移条件下磷污染红土的渗滤液 pH 值的变化程度对比

渗滤液的 pH 值变化对比	
迁移时间 t 的影响	磷浓度 a_w 的影响
t＝30d→90d，a_w＝2.0％～6.0％	a_w＝2.0％→6.0％，t＝30d～90d
pH 值随迁移时间变化 pH_{j-t}/％	pH 值随磷浓度变化 pH_{j-aw}/％
16.6～17.3	3.1～14.8

由表 5－19 可知，当迁移时间由 30d→90d 时，磷污染红土的渗滤液的 pH 值的增大程度在 16.6％～17.3％之间；当磷浓度由 2.0％→6.0％时，磷污染红土的渗滤液的

pH 值的增大程度在 3.1%～14.8% 之间。可见，本试验条件下，对于磷污染红土的渗滤液 pH 值的变化，迁移时间的影响大于磷浓度的影响。

5.3.5.3　磷污染红土的 pH 值

图 5-17 给出了六偏磷酸钠溶液沿素红土土柱铅直向下的迁移条件下，磷浓度 a_w 为 4.0%、迁移时间 t 为 90d 时，磷污染红土的 pH 值随土柱深度 z 的变化情况。图中，$z=0cm$ 时的数值代表素红土的 pH 值。

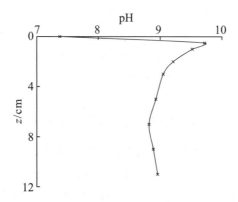

图 5-17　迁移条件下磷污染红土的 pH 值随土柱深度的变化

图 5-17 表明，迁移条件下，与素红土（$z=0cm$）比较，随土柱深度的增加，磷污染红土的 pH 值呈先急剧增大后缓慢减小的变化趋势；磷污染红土的 pH 值（9.22～8.46）大于素红土的 pH 值（6.88）。其变化程度见表 5-20。

表 5-20　迁移条件下磷污染红土的 pH 值随土柱深度的变化程度

土柱深度 z/cm	0→0.5	0.5→11	0→11
pH_z/%	34.0	−8.2	23.0

注：pH_z 代表迁移条件下，磷污染红土的 pH 值随土柱深度的变化程度。

可见，土柱表层 0.5cm 位置处，磷污染红土的 pH 值增大了 34.0%；土柱底部 11cm 位置处，磷污染红土的 pH 值增大了 23.0%。当土柱深度由 0.5cm 延伸到 11cm 时，磷污染红土的 pH 值从 9.22 减小到 8.46，减小了 8.2%。说明磷溶液的迁移过程中，磷污染增大了土柱红土的 pH 值。土柱位置越浅，磷溶液对红土的 pH 值影响程度越大；土柱位置较深时，磷溶液对红土的 pH 值影响程度降低。

5.3.6　烧失量的变化

图 5-18 给出了六偏磷酸钠溶液沿素红土土柱铅直向下的迁移条件下，磷浓度 a_w 为 4.0%、迁移时间 t 为 90d 时，磷污染红土的烧失量 S_s 随土柱深度 z 的变化情况。图中，$z=0cm$ 时的数值代表素红土的烧失量。

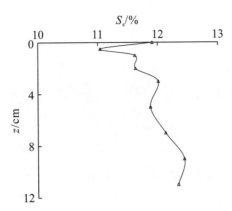

图 5-18 迁移条件下磷污染红土的烧失量随土柱深度的变化

图 5-18 表明：迁移过程中，相比素红土（$z=0$cm），磷污染红土的烧失量呈先减小后波动增大的变化趋势；随土柱深度的增加，磷污染红土的烧失量呈波动增大的变化趋势。其变化程度见表 5-21。

表 5-21 迁移条件下磷污染红土的烧失量随土柱深度的变化程度

土柱深度 z/cm	0→0.5	0.5→11	0→11
烧失量的变化 S_{s-z}/%	-7.3	11.8	3.6

注：S_{s-z} 代表迁移条件下，磷污染红土的烧失量随土柱深度的变化程度。

由表 5-21 可知，土柱表层 0.5cm 位置处，磷污染红土的烧失量比素红土的烧失量减小了 7.3％；土柱底部 11cm 位置处，磷污染红土的烧失量仍比素红土的烧失量增大了 3.6％。而当土柱深度由 0.5cm 延伸到 11cm 时，磷污染红土的烧失量增大了 11.8％。说明磷溶液的迁移污染，减小了土柱表层红土中的烧失量，增大了土柱中下部红土的烧失量；而且磷污染红土的烧失量与土柱深度的变化基本呈正比关系。

5.4 迁移条件下六偏磷酸钠污染红土的微结构特性

5.4.1 放大倍数的影响

5.4.1.1 素红土的微结构

图 5-19 给出了含水率 ω 为 25.2％、干密度 ρ_d 为 1.20g/cm³ 时，素红土（$a_w=0.0$％）的微结构图像随不同放大倍数 X 的变化情况。

图 5-19 表明：随着放大倍数由 500X 增大到 20000X，素红土的微结构图像呈现出密实性降低、孔隙性增大、颗粒粗糙性降低、团粒性增强的微结构特征。放大倍数较低时，在 500～2000X 之间，素红土的微结构图像的整体性较好、密实性较高、孔隙较

少、颗粒较粗糙、团粒性不明显；放大倍数较高时，在 5000～20000X 之间，素红土的微结构图像的密实性较低、孔隙较多、颗粒的粗糙性较低、团粒性较明显、层次感强。

（a）500X　　　　　　（b）1000X　　　　　　（c）2000X

（d）5000X　　　　　　（e）10000X　　　　　　（f）20000X

图 5-19　素红土的微结构图像与放大倍数的关系（a_w=0.0%）

5.4.1.2　磷污染红土的微结构

图 5-20 给出了六偏磷酸钠溶液沿素红土土柱铅直向下的迁移条件下，含水率 ω 为 25.2%，干密度 ρ_d 为 1.20g/cm³，磷浓度 a_w 为 4.0%，迁移时间 t 为 90d，土柱深度 z 在 1～2cm 处时，磷污染红土的微结构图像随不同放大倍数 X 的变化情况。

（a）500X　　　　　　（b）1000X　　　　　　（c）2000X

（d）5000X　　　　　　（e）10000X　　　　　　（f）20000X

图 5-20　迁移条件下磷污染红土的微结构图像与放大倍数的关系（a_w=4.0%，t=90d）

图 5-20 表明：随着放大倍数由 500X 增大到 20000X，磷污染红土的微结构图像呈现出密实性降低、孔隙性增大、胶结性降低、颗粒细小的微结构特征，其密实性高于素红土（见图 5-19）。放大倍数在 500～2000X 之间，磷污染红土的微结构图像呈致密状态，整体性较好，板结；放大倍数在 5000～20000X 之间，其微结构图像较粗糙、密实性较低、颗粒较细、孔隙较多。相应的，随着放大倍数 X 的增大，磷污染红土的微结构图像的孔隙比 e 增大，颗粒数 S、颗粒面积 A_s、圆形度 Y、定向度 H、分维数 D_v 等微结构参数呈波动减小的变化趋势，见图 5-21。

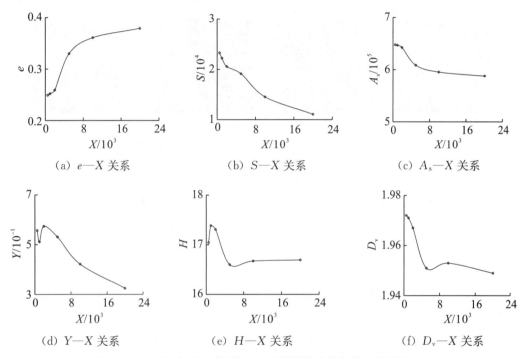

（a）e—X 关系　　（b）S—X 关系　　（c）A_s—X 关系

（d）Y—X 关系　　（e）H—X 关系　　（f）D_v—X 关系

图 5-21　迁移条件下磷污染红土的微结构参数与放大倍数的关系

可见，当放大倍数由 500X 增大到 20000X 时，磷污染红土的微结构图像的孔隙比增大了 52.2%，颗粒数、颗粒面积、圆形度、定向度、分维数等分别减小了 52.4%、9.2%、41.7%、2.0%、1.2%。其中，孔隙比、颗粒数、圆形度的变化较为显著。说明迁移过程中，对于磷污染红土，较高的放大倍数下，观察到的土体微结构的局部范围较小，相应的颗粒数以及颗粒面积较小，颗粒的圆形度降低，颗粒排列的有序化程度提高，分散程度降低，但微观孔隙越多。

5.4.2　土柱深度的影响

5.4.2.1　放大倍数 2000X

图 5-22 给出了六偏磷酸钠溶液沿素红土土柱铅直向下的迁移条件下，磷浓度 a_w 为 4.0%，迁移时间 t 为 90d，放大倍数为 2000X 时，磷污染红土的微结构图像随不同

土柱深度 z 的变化情况。

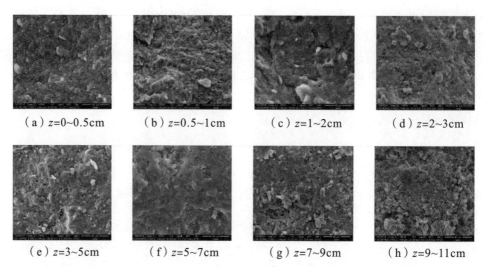

（a）z=0~0.5cm　　（b）z=0.5~1cm　　（c）z=1~2cm　　（d）z=2~3cm

（e）z=3~5cm　　　（f）z=5~7cm　　　（g）z=7~9cm　　　（h）z=9~11cm

图 5—22　迁移条件下磷污染红土的微结构图像与土柱深度的关系（2000X）

图 5—22 表明：2000X 的放大倍数下，磷污染红土的微结构图像的整体性较好、板结。随土柱深度的增加，微结构图像呈现出密实性降低、松散性增强、孔隙性增大、颗粒粗糙性增强的微结构特征。相应的，微结构图像的孔隙比 e、颗粒面积 A_s、圆形度 Y、定向度 H、分维数 D_v 等特征参数呈波动变化的趋势，见图 5—23。

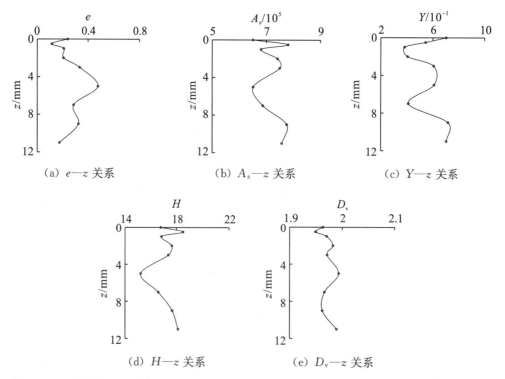

（a）e—z 关系　　　　（b）A_s—z 关系　　　　（c）Y—z 关系

（d）H—z 关系　　　　（e）D_v—z 关系

图 5—23　迁移条件下磷污染红土的微结构参数与土柱深度的关系（a_w=4.0%，t=90d，2000X）

可见，相比素红土（$z=0$cm），土柱表层 0.5cm 位置，磷污染红土的微结构图像的孔隙比、颗粒圆形度明显减小了 52.1％和 45.4％；土柱底部 11cm 位置处，微结构图像的孔隙比减小了 27.1％。而当土柱深度由 0.5cm→11cm 位置时，微结构图像的孔隙比、颗粒圆形度明显增大了 52.2％和 83.1％。说明迁移过程中，相比素红土，土柱表层由于磷溶液的浸泡，破坏了红土的颗粒连接；而在土柱底部，由于向下迁移的磷溶液的长时间淤积，同样破坏了红土颗粒间的连接；细小的颗粒堵塞了颗粒间的孔隙通道，增大了磷污染红土的密实性，孔隙比相应减小。

5.4.2.2　放大倍数 20000X

图 5−24 给出了六偏磷酸钠溶液沿素红土土柱铅直向下的迁移条件下，磷浓度 a_w 为 4.0％，迁移时间 t 为 90d，放大倍数为 20000X 时，磷污染红土的微结构图像随不同土柱深度 z 的变化情况。

（a）$z=0\sim0.5$cm　　（b）$z=0.5\sim1$cm　　（c）$z=1\sim2$cm　　（d）$z=2\sim3$cm

（e）$z=3\sim5$cm　　（f）$z=5\sim7$cm　　（g）$z=7\sim9$cm　　（h）$z=9\sim11$cm

图 5−24　迁移条件下磷污染红土的微结构图像与土柱深度的关系（20000X）

图 5−21 表明：20000X 的放大倍数下，磷污染红土的微结构图像存在明显的团粒、层状结构特征。随土柱深度的增加，微结构图像的完整性降低、密实性降低、团粒性降低、松散性增强、孔隙增多。土柱表层位置（0.5～2cm）处，微结构图像的质地较致密，整体性较好；随土柱深度的增加（2→11cm），微结构图像较松散，孔隙较多。

第6章 硫酸亚铁污染红土的迁移特性

6.1 试验设计

6.1.1 试验材料

6.1.1.1 试验红土

本试验土料选用昆明阳宗海地区的红土，其基本特性见表 6-1。可见，该红土的比重为 2.89，大于 2.75；液限为 53.8%，超过 50.0%；塑性指数为 22.6，大于 17.0，颗粒组成以粉粒和黏粒为主，含量之和达到 97.5%。数据表明，该红土具有比重大、液塑限高、塑性指数大、细颗粒（<0.1mm）占绝对优势的特点，分类属于高液限红黏土。

表 6-1 红土样的基本特性

比重 G_s	界限含水指标			颗粒组成 P_g/%		
	液限 ω_L/%	塑限 ω_p/%	塑性指数 I_p	砂粒/mm	粉粒/mm	黏粒/mm
				2.0~0.075	0.005~0.075	<0.005
2.89	53.8	31.2	22.6	2.5	42.5	55.0

注：G_s 代表红土样的颗粒比重，ω_L、ω_p、I_p 分别代表红土样的液限、塑限和塑限指数，P_g 代表红土样的颗粒组成中砂粒、粉粒、黏粒的含量。

6.1.1.2 污染物的选取

污染物选取在自来水和废水处理中广泛应用的硫酸亚铁（$FeSO_4$）。硫酸亚铁是一种单斜晶体，易溶于水，相对密度为 1.8987。

6.1.2 试验方案

6.1.2.1 硫酸亚铁迁入条件

迁入条件是指硫酸亚铁溶液浸泡迁入素红土中污染侵蚀红土的过程。以素红土作为被污染土，以硫酸亚铁作为污染物，考虑硫酸亚铁溶液浓度 a_w 和浸泡时间（迁入时间）t_r 的影响，先制备不同浓度的硫酸亚铁溶液，再通过硫酸亚铁溶液浸泡素红土的迁入试验，模拟硫酸亚铁溶液浸泡迁入红土中污染侵蚀红土的过程。硫酸亚铁溶液浓度分别设定为 0.0％、0.5％、1.0％、2.0％、4.0％，迁入时间分别设定为 5d、10d、20d、45d。其中，硫酸亚铁溶液浓度为 0.0％时代表未污染的素红土。

试验过程中，控制环境温度为 20℃，先将烘干的素红土浸泡于不同浓度的硫酸亚铁溶液中；再根据设定的迁入时间，采用比重瓶法和密度计法，测试分析硫酸亚铁溶液浸泡污染红土的迁入条件下，硫酸亚铁污染红土的比重和颗粒组成的变化特性。

6.1.2.2　硫酸亚铁迁出条件

迁出条件是指硫酸亚铁溶液从被污染红土中迁出到水溶液中的过程。以素红土作为被污染土，以硫酸亚铁作为污染物，考虑硫酸亚铁溶液浓度 a_w 和浸泡时间（迁出时间）t_c 的影响，先制备硫酸亚铁污染红土试样，再通过水溶液浸泡硫酸亚铁污染红土试样的迁出试验，模拟硫酸亚铁溶液从污染红土中迁出到水溶液中的过程。硫酸亚铁溶液浓度分别设定为 0.0％、0.5％、1.0％、2.0％、4.0％，迁出时间分别设定为 2d、5d、10d、20d。其中，硫酸亚铁溶液浓度为 0.0％时，代表未污染的素红土。

试验过程中，控制环境温度为 20℃，控制制样干密度为 1.20g/cm³，根据制样含水率 30.0％，先制备不同浓度的硫酸亚铁溶液；再分层均匀喷洒在素红土上，浸润污染 18h；然后采用分层击样法制备硫酸亚铁污染红土试样（直剪、压缩）；接着将制好的硫酸亚铁污染红土试样浸泡于水溶液中；最后根据设定的迁出时间，取出试样开展直剪试验和压缩试验，测试分析硫酸亚铁溶液迁出红土的条件下，硫酸亚铁污染红土的强度特性和压缩特性。

6.2　迁移条件下硫酸亚铁污染红土的颗粒特性

6.2.1　比重的变化

6.2.1.1　硫酸亚铁浓度的影响

图 6-1 给出了硫酸亚铁溶液浸泡素红土的迁入条件下，迁入时间 t_r 不同时，硫酸亚铁污染红土的比重 G_s 以及时间加权比重 G_{sjt} 随硫酸亚铁迁入浓度 a_{wr} 的变化情况。时间加权比重是指硫酸亚铁浓度相同时，对不同迁入时间下的比重按时间进行加权平均，用以衡量迁入时间对比重的影响。图中，$a_{wr}=0.0％$ 时的数值代表素红土的比重值。

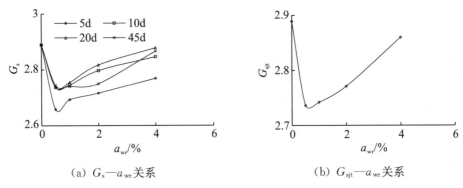

（a）G_s—a_{wr}关系　　　　　　　　　　（b）G_{sjt}—a_{wr}关系

图 6-1　迁入条件下硫酸亚铁污染红土的比重与硫酸亚铁迁入浓度的关系

图 6-1 表明：迁入条件下，与浸泡前的素红土比较，硫酸亚铁溶液浸泡后，不同迁入时间、不同硫酸亚铁浓度时，硫酸亚铁污染红土的比重呈减小的变化趋势。相比素红土（a_{wr}=0.0%），迁入时间在 5~45d 之间，硫酸亚铁浓度为 0.5% 时，硫酸亚铁污染红土的比重减小的程度在 5.0%~8.0% 之间，对应比重的时间加权平均值减小了 5.3%；硫酸亚铁浓度为 4.0% 时，比重减小的程度在 0.4%~4.2% 之间，对应比重的时间加权平均值减小了 1.0%。其变化程度见表 6-2。说明硫酸亚铁溶液的浸泡，减小了红土颗粒的质量，引起硫酸亚铁污染红土的比重减小；硫酸亚铁浓度越低，比重减小程度越大。

表 6-2　迁入条件下硫酸亚铁污染红土的比重随硫酸亚铁浓度的变化程度

硫酸亚铁浓度 a_{wr}/%	比重的变化 G_{s-aw}/%				时间加权比重的变化 G_{sjt-aw}/%
	t_r=5d	t_r=10d	t_r=20d	t_r=45d	
0.0→4.0	−4.2	−1.5	−0.4	−0.8	−1.0
0.0→0.5	−8.0	−5.3	−5.3	−5.0	−5.3
0.5→4.0	4.2	4.0	5.2	4.4	4.5

注：G_{s-aw}、G_{sjt-aw} 分别代表迁入条件下，硫酸亚铁污染红土的比重以及时间加权比重随硫酸亚铁迁入浓度的变化程度。

随着硫酸亚铁溶液浓度的增大，硫酸亚铁污染红土的比重呈增大的变化趋势。当硫酸亚铁浓度由 0.5% 增大到 4.0%，迁入时间在 5~45d 之间，硫酸亚铁污染红土的比重增大的程度在 4.0%~5.2% 之间，对应比重的时间加权平均值增大了 4.5%。其变化程度见表 6-2。说明硫酸亚铁溶液浸泡过程中，浓度较低时，浸泡红土的质量较小，引起硫酸亚铁污染红土的比重较小；浓度较高时，浸泡红土的质量较大，因而硫酸亚铁污染红土的比重较大。

图 6-2 给出了以浓度效果系数 R_{Gs-aw} 来衡量硫酸亚铁溶液浓度 a_w 对红土颗粒比重 G_s 的浸泡效果。浓度效果系数是指迁入时间相同时，以 0.5% 浓度为基准，以其他浓度与 0.5% 浓度下污染红土颗粒的比重之差与 0.5% 浓度下的比重之比来衡量，反映了硫酸亚铁溶液浓度对红土颗粒比重的影响。

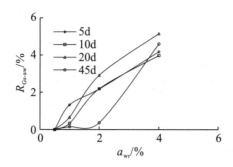

图 6-2　迁入条件下硫酸亚铁污染红土的比重随硫酸亚铁浓度的浸泡效果

图 6-2 表明：硫酸亚铁溶液浸泡素红土后，不同硫酸亚铁浓度下，以 0.5% 浓度为基准，硫酸亚铁污染红土的比重的浓度效果系数为正，说明硫酸亚铁溶液的浸泡，增大了红土颗粒的比重。相同浸泡迁入时间下，随着硫酸亚铁溶液浓度的增大，浸泡红土颗粒比重的浓度效果系数逐渐增大，在 0.2%~5.2% 之间变化。当硫酸亚铁溶液浓度按 1.0%→2.0%→4.0% 增大，浸泡迁入时间为 10d 时，其浓度效果系数按 0.3%→2.2%→4.0% 的趋势增大；浸泡时间为 20d 时，其浓度效果系数按 0.7%→2.9%→5.2% 的趋势增大。说明硫酸亚铁溶液浓度越大，红土颗粒比重的浸泡效果越好。

6.2.1.2　迁入时间的影响

图 6-3 给出了硫酸亚铁溶液浸泡素红土的迁入条件下，硫酸亚铁迁入浓度 a_{wr} 不同时，硫酸亚铁污染红土的比重 G_s 以及浓度加权比重 G_{sjaw} 随硫酸亚铁迁入时间 t_r 的变化情况。浓度加权比重是指迁入时间相同时，对不同硫酸亚铁浓度下的比重按浓度进行加权平均，用以衡量硫酸亚铁浓度对比重的影响。图中，$t_r=0d$ 时的数值代表素红土的比重值。

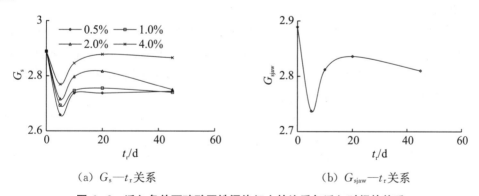

（a）G_s-t_r 关系　　　　　　　　　（b）$G_{sjaw}-t_r$ 关系

图 6-3　迁入条件下硫酸亚铁污染红土的比重与迁入时间的关系

图 6-3 表明：迁入条件下，与浸泡前的素红土比较，硫酸亚铁溶液浸泡后，不同硫酸亚铁浓度、不同迁入时间时，硫酸亚铁污染红土的比重呈减小的变化趋势。相比素红土，硫酸亚铁浓度在 0.5%~4.0% 之间，迁入时间 5d 时，硫酸亚铁污染红土的比重减小的程度在 4.2%~8.0% 之间，对应比重的浓度加权平均值减小了 5.3%；迁入时间 45d 时，比重减小的程度在 0.8%~5.2% 之间，对应比重的浓度加权平均值减小了

2.7%。其变化程度见表 6-3。说明硫酸亚铁溶液浸泡，减小了红土颗粒的质量，引起硫酸亚铁污染红土的比重减小；迁入时间越短，比重减小的程度越大。

表 6-3　迁入条件下硫酸亚铁污染红土的比重随迁入时间的变化程度

迁入时间 t_r/d	比重的变化 $G_{s-t}/\%$				浓度加权比重的变化 $G_{sjaw-t}/\%$
	$a_{wr}=0.5\%$	$a_{wr}=1.0\%$	$a_{wr}=2.0\%$	$a_{wr}=4.0\%$	
0→45	−5.0	−5.2	−4.8	−0.8	−2.7
0→5	−8.0	−6.8	−6.0	−4.2	−5.3
5→20	3.0	2.3	3.7	3.9	3.6
20→45	0.3	−0.5	−2.4	−0.4	−0.9
5→45	3.2	1.7	1.3	3.5	2.7

注：G_{s-t}、G_{sjaw-t} 分别代表迁入条件下，硫酸亚铁污染红土的比重以及浓度加权比重随迁入时间的变化程度。

随浸泡迁入时间的延长，硫酸亚铁污染红土的比重呈增大—缓慢减小的变化趋势。硫酸亚铁浓度在 0.5%～4.0% 之间，迁入时间由 5d 延长到 20d 时，硫酸亚铁污染红土的比重增大，其增大的程度在 2.3%～3.9% 之间，对应比重的浓度加权平均值增了 3.6%；迁入时间由 20d 延长到 45d，浓度 0.5% 时比重缓慢增大了 0.3%，其他浓度下比重减小的程度在 0.4%～2.4% 之间，对应比重的浓度加权平均值减小了 0.9%。而迁入时间由 5d 延长到 45d，各个浓度下的比重增大的程度在 1.3%～3.5% 之间，对应比重的浓度加权平均值增大了 2.7%。其变化程度见表 6-3。说明浸泡过程中，迁入时间较短时，浸泡红土的质量较小，因而硫酸亚铁污染红土的比重较小；迁入时间较长时，浸泡红土的质量增大，因而比重增大；随迁入时间的进一步延长，浸泡红土的质量有所减小，因而比重减小。

图 6-4 给出了以时间效果系数 R_{Gs-t} 来衡量硫酸亚铁溶液迁入时间 t 对红土颗粒比重 G_s 的浸泡效果。时间效果系数是指酸亚铁溶液浓度相同时，以 5d 迁入时间为基准，以其他浸泡时间与 5d 时间下污染红土颗粒的比重之差与 5d 时的比重之比来衡量，反映了硫酸亚铁溶液迁入时间对红土颗粒比重的影响。

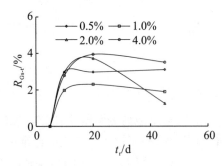

图 6-4　迁入条件下硫酸亚铁污染红土的比重随迁入时间的浸泡效果

图 6-4 表明：浸泡后，不论迁入时间如何变化，以 5d 时间为基准，硫酸亚铁溶液

污染红土的比重的时间效果系数都为正，说明硫酸亚铁溶液的浸泡，增大了污染红土颗粒的比重。相同硫酸亚铁溶液浓度下，随着迁入时间的延长，总体上，硫酸亚铁污染红土的比重的时间效果系数存在极大值，在 1.3%～3.9% 之间变化。当迁入时间按 10d→20d→45d 延长，硫酸亚铁溶液浓度为 1.0% 时，其时间效果系数分别为 2.0%、2.3%、1.9%；硫酸亚铁溶液浓度为 2.0% 时，其时间效果系数分别为 3.0%、3.7%、1.3%，在 20d 时存在极大值。说明迁入时间太短或太长，硫酸亚铁污染红土颗粒的比重都减小，只有迁入时间适中，红土颗粒比重的浸泡效果较好。本试验条件下，合适的迁入时间约为 20d。

对比分析表 6-2 和表 6-3、图 6-2 和图 6-4 可知，迁入条件下硫酸亚铁溶液对红土颗粒比重的浸泡效果，见表 6-4。

表 6-4　迁入条件下硫酸亚铁污染红土的比重浸泡效果比较

比重浸泡效果			
硫酸亚铁迁入浓度 a_{wr} 的影响		浸泡迁入时间 t_r 的影响	
t_r=5d～45d，a_w=0.5%～4.0%		a_w=0.5%～4.0%，t_r=5d→45d	
浓度效果系数 R_{Gs-aw}/%	时间加权平均 G_{sjt-aw}/%	时间效果系数 R_{Gs-t}/%	浓度加权平均 G_{sjaw-t}/%
0.2～5.2	4.5	1.3～3.9	2.7

由表 6-4 可知，就加权平均值来看，硫酸亚铁污染红土的颗粒比重的浓度效果系数在 0.2%～5.2% 之间变化，5d→45d 的时间加权比重随浓度增大了 4.5%；时间效果系数在 1.3%～3.9% 之间变化，0.5%～4.0% 之间的浓度加权比重随时间延长而增大了 2.7%。说明对于硫酸亚铁污染红土颗粒的比重，本试验条件下，硫酸亚铁溶液浓度的影响大于迁入时间的影响。

6.2.2　颗粒组成的变化

6.2.2.1　硫酸亚铁浓度的影响

1. 粉粒组成的变化

图 6-5 给出了硫酸亚铁溶液浸泡红土的迁入条件下，迁入时间 t_r 不同时，硫酸亚铁污染红土的粉粒含量 P_f 以及时间加权粉粒含量 P_{fjt} 随硫酸亚铁溶液浓度 a_{wr} 的变化情况。时间加权粉粒含量是指硫酸亚铁浓度相同时，对不同迁入时间下的粉粒含量按时间进行加权平均，用以衡量迁入时间对粉粒含量的影响。图中，a_{wr}=0.0% 时的数值代表素红土的粉粒含量。

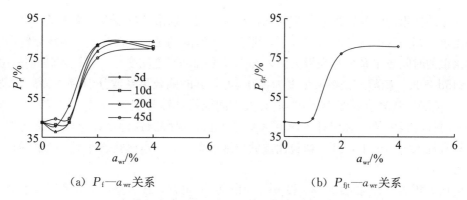

（a）$P_f—a_{wr}$关系　　　　　　（b）$P_{fjt}—a_{wr}$关系

图 6-5　迁入条件下硫酸亚铁污染红土的粉粒含量与硫酸亚铁浓度的关系

图 6-5 表明：迁入条件下，相比素红土，随硫酸亚铁浓度的增大，硫酸亚铁污染红土的粉粒含量呈 S 形增大的变化趋势；相应的时间加权粉粒含量也呈这一变化趋势。硫酸亚铁浓度较低或较高时，粉粒含量变化较小；硫酸亚铁浓度居中时，粉粒含量变化较大。其变化程度见表 6-5。

表 6-5　不同迁入时间下硫酸亚铁污染红土的粉粒含量随硫酸亚铁浓度的变化程度

硫酸亚铁浓度 $a_{wr}/\%$	粉粒含量的变化 $P_{f-aw}/\%$				时间加权粉粒含量的变化 $P_{fjt-aw}/\%$
	$t_r=5d$	$t_r=10d$	$t_r=20d$	$t_r=45d$	
0.0→0.5	−4.5	−2.8	−10.8	4.2	−1.0
0.0→4.0	87.3	90.1	96.7	88.0	90.4
0.5→4.0	96.1	95.6	120.6	80.4	92.2
0.5→2.0	101.5	97.1	107.4	69.5	83.4
2.0→4.0	−2.7	−0.7	6.4	6.4	4.8

注：P_{f-aw}、P_{fjt-aw} 分别代表迁入条件下，硫酸亚铁污染红土的粉粒含量以及时间加权粉粒含量随硫酸亚铁迁入浓度的变化程度。

由表 6-5 可知，相比素红土（$a_{wr}=0.0\%$），迁入时间在 5~45d 之间，硫酸亚铁迁入浓度达到 0.5% 时，除 45d 时硫酸亚铁污染红土的粉粒含量增大了 4.2% 外，其他时间下的粉粒含量减小了 2.8%~10.8%，但总体上相应的时间加权粉粒含量平均减小了 1.0%；硫酸亚铁浓度达到 4.0% 时，各个时间下的粉粒含量增大了 87.3%~96.7%，相应的时间加权粉粒含量平均增大了 90.4%。说明低浓度下的硫酸亚铁污染红土，稍微减少了粉粒组成，而高浓度下显著增加了粉粒组成。

当硫酸亚铁迁入浓度由 0.5% 增大到 4.0% 时，迁入时间在 5~45d 之间，硫酸亚铁污染红土的粉粒含量增大了 80.4%~120.6%，相应的时间加权粉粒含量平均增大了 92.2%。其中，浓度由 0.5%→2.0% 时，粉粒含量显著增大了 69.5%~107.4%，相应的时间加权粉粒含量平均增大了 83.4%；浓度由 2.0%→4.0% 时，粉粒含量波动增减了 −2.7%~6.4%，但相应的时间加权粉粒含量平均增大了 4.8%。说明本试验条件下，硫酸亚铁浓度在 0.5%~2.0% 之间，对红土粉粒含量的影响最大。

图 6-6 给出了以浓度效果系数 R_{Pf-aw} 来衡量硫酸亚铁溶液浓度 a_{wr} 对红土粉粒组成 P_f 的影响。浓度效果系数是指迁入时间相同时，以 0.5% 浓度为基准，以其他浓度与 0.5% 浓度下硫酸亚铁污染红土的粉粒含量之差与 0.5% 浓度下的粉粒含量之比来衡量，反映了硫酸亚铁溶液浓度对红土粉粒组成的影响。

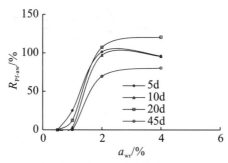

图 6-6　迁入条件下硫酸亚铁污染红土的粉粒含量随硫酸亚铁浓度的浸泡效果

图 6-6 表明：不论迁入时间长短，不论硫酸亚铁溶液浓度大小，以 0.5% 浓度为基准，硫酸亚铁污染红土粉粒的浓度效果系数为正，说明硫酸亚铁溶液的浸泡，增大了红土的粉粒含量。相同迁入时间下，随着硫酸亚铁浓度的增大，粉粒的浓度效果系数增大，在 0.5%～120.6% 之间变化。当以 0.5% 浓度为基准，硫酸亚铁溶液浓度按 1.0%→2.0%→4.0% 增大，迁入时间为 10d 时，其粉粒的浓度效果系数分别按 3.2%、97.1%、95.6% 的趋势变化；迁入时间为 20d 时，其粉粒的浓度效果系数分别按 12.4%、107.4%、120.6% 的趋势变化。

浓度从 1.0%→2.0%，不同迁入时间下粉粒的浓度效果系数增大较快；而浓度从 2.0%→4.0%，粉粒的浓度效果系数缓慢变化。说明低浓度（1.0% 以下）或高浓度（2.0% 以上）时，硫酸亚铁溶液浓度对红土粉粒的影响小于浓度 1.0% 到 2.0% 之间时的影响。

2. 黏粒组成的变化

图 6-7 给出了硫酸亚铁溶液浸泡红土的迁入条件下，迁入时间 t_r 不同时，硫酸亚铁污染红土的黏粒含量 P_n 以及时间加权黏粒含量 P_{njt} 随硫酸亚铁溶液浓度 a_{wr} 的变化情况。时间加权黏粒含量是指硫酸亚铁浓度相同时，对不同迁入时间下的黏粒含量按时间进行加权平均，用以衡量迁入时间对黏粒含量的影响。图中，$a_{wr}=0.0\%$ 时的数值代表素红土的黏粒含量。

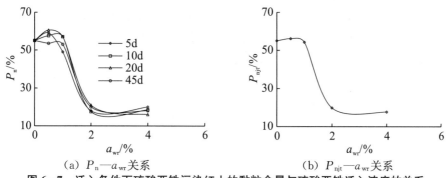

（a）P_n—a_{wr} 关系　　　　（b）P_{njt}—a_{wr} 关系

图 6-7　迁入条件下硫酸亚铁污染红土的黏粒含量与硫酸亚铁迁入浓度的关系

图 6-7 表明：迁入条件下，相比素红土，随硫酸亚铁浓度的增大，硫酸亚铁污染红土的黏粒含量呈反 S 形减小的变化趋势；相应的时间加权黏粒含量也呈这一变化趋势，与粉粒含量的变化趋势相反。硫酸亚铁浓度较低、较高时，黏粒含量变化较小；硫酸亚铁浓度居中时，黏粒含量变化较大。其变化程度见表 6-6。

表 6-6 不同迁入时间下硫酸亚铁污染红土的黏粒含量随硫酸亚铁迁入浓度的变化程度

硫酸亚铁浓度 $a_{wr}/\%$	黏粒含量的变化 $P_{n-aw}/\%$				时间加权黏粒含量的变化 $P_{njt-aw}/\%$
	$t_r=5d$	$t_r=10d$	$t_r=20d$	$t_r=45d$	
0.0→0.5	7.3	4.5	10.0	−2.7	2.0
0.0→4.0	−63.6	−66.4	−70.9	−67.3	−67.8
0.5→4.0	−66.1	−67.8	−73.6	−66.4	−68.5
0.5→2.0	−69.5	−69.6	−65.3	−62.6	−64.7
2.0→4.0	11.1	5.7	−23.8	−10.0	−10.7

注：P_{n-aw}、P_{njt-aw} 分别代表迁入条件下，硫酸亚铁污染红土的黏粒含量以及时间加权黏粒含量随硫酸亚铁迁入浓度的变化程度。

由表 6-6 可知，相比素红土（$a_{wr}=0.0\%$），迁入时间在 5~45d 之间，当硫酸亚铁浓度达到 0.5% 时，除 45d 时硫酸亚铁污染红土的黏粒含量减小了 2.7% 外，其他时间下的黏粒含量增大了 4.5%~10.0%，但总体上相应的时间加权黏粒含量平均增大了 2.0%；当浓度达到 4.0% 时，各个时间下的黏粒含量减小了 63.6%~70.9%，相应的时间加权黏粒含量平均减小了 67.8%。说明低浓度下的硫酸亚铁污染红土，稍微增加了黏粒组成；而高浓度下则显著减小了黏粒组成。

当硫酸亚铁浓度由 0.5% 增大到 4.0% 时，迁入时间在 5~45d 之间，硫酸亚铁污染红土的黏粒含量减小了 66.1%~73.6%，相应的时间加权黏粒含量平均减小了 68.5%。其中，浓度由 0.5%→2.0% 时，黏粒含量显著减小了 62.6%~69.6%，相应的时间加权黏粒含量平均减小了 64.7%；浓度由 2.0%→4.0% 时，黏粒含量波动变化了 −23.8%~11.1%，但相应的时间加权黏粒含量平均减小了 10.7%。说明本试验条件下，硫酸亚铁浓度在 0.5%~2.0% 之间，对红土黏粒含量的影响最大。

图 6-8 给出了以浓度效果系数 R_{Pn-aw} 来衡量硫酸亚铁溶液浓度 a_{wr} 对红土黏粒组成 P_n 的浸泡效果。浓度效果系数是指迁入时间相同时，以 0.5% 浓度为基准，以其他浓度与 0.5% 浓度下硫酸亚铁污染红土的黏粒含量之差与 0.5% 浓度下的黏粒含量之比来衡量，反映了硫酸亚铁溶液浓度对红土黏粒组成的影响。

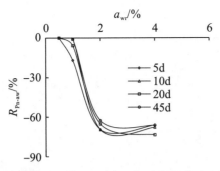

图 6-8　迁入条件下硫酸亚铁污染红土的黏粒含量随硫酸亚铁浓度的浸泡效果

图 6-8 表明：不论迁入时间长短，不论硫酸亚铁溶液浓度大小，以 0.5％浓度为基准，硫酸亚铁污染红土黏粒的浓度效果系数为负，说明硫酸亚铁溶液的浸泡，减小了红土的黏粒含量。相同迁入时间下，随着硫酸亚铁浓度的增大，黏粒的浓度效果系数减小。硫酸亚铁溶液浓度按 1.0％→2.0％→4.0％增大，迁入时间为 10d 时，其黏粒的浓度效果系数分别按－0.9％、－69.6％、－67.8％的趋势变化；迁入时间为 20d 时，浓度效果系数分别按－5.8％、－65.3％、－73.6％的趋势变化。

浓度从 1.0％→2.0％，不同迁入时间下黏粒的浓度效果系数减小较快；而浓度从 2.0％→4.0％，黏粒的浓度效果系数变化缓慢。说明低浓度（1.0％以下）或高浓度（2.0％以上）时，硫酸亚铁溶液的浓度对红土黏粒的影响小于浓度 1.0％到 2.0％之间时的影响。

对比分析表 6-5 和表 6-6、图 6-6 和图 6-8 可知，就时间加权平均值来看，迁入时间在 5～45d 之间，当硫酸亚铁浓度由 0.0％→4.0％时，硫酸亚铁污染红土的粉粒含量增大了 90.4％，黏粒含量减小了 67.8％；相应的，粉粒的浓度效果系数在 0.5％～120.6％之间变化，黏粒的浓度效果系数在－73.6％～－0.9％之间变化。就绝对值比较，硫酸亚铁溶液浓度对红土粉粒的影响大于对黏粒的影响。

6.2.2.2　迁入时间的影响

1. 粉粒组成的变化

图 6-9 给出了硫酸亚铁溶液浸泡素红土的迁入条件下，硫酸亚铁浓度 a_{wr} 不同时，硫酸亚铁污染红土的粉粒含量 P_f 以及浓度加权粉粒含量 P_{fjaw} 随迁入时间 t_r 的变化情况。浓度加权粉粒含量是指迁入时间相同时，对不同硫酸亚铁浓度下的粉粒含量按浓度进行加权平均，用以衡量硫酸亚铁浓度对粉粒含量的影响。图中，t_r=0d 时的数值代表素红土的粉粒含量。

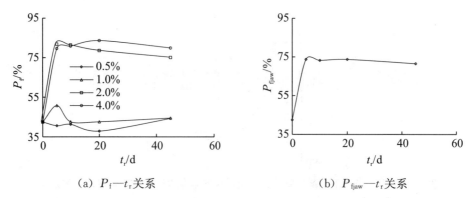

（a）P_f—t_r关系　　　　　　　　　（b）P_{fjaw}—t_r关系

图6-9　迁入条件下硫酸亚铁污染红土的粉粒含量与迁入时间的关系

图6-9表明：迁入条件下，相比素红土，随着浸泡迁入时间的延长，硫酸亚铁污染红土的粉粒含量在低浓度（0.5%、1.0%）下变化平缓，在高浓度（2.0%、4.0%）下变化较大，而且低浓度下的曲线明显低于高浓度下的曲线，相应的浓度加权粉粒含量呈厂形变化趋势。其变化程度见表6-7。

表6-7　迁入条件下硫酸亚铁污染红土的粉粒含量随迁入时间的变化程度

迁入时间 t_r/d	粉粒含量的变化 P_{f-t}/%				浓度加权粉粒含量的变化 P_{fjaw-t}/%
	$a_{wr}=0.5\%$	$a_{wr}=1.0\%$	$a_{wr}=2.0\%$	$a_{wr}=4.0\%$	
0→5	−4.5	19.5	92.5	87.3	73.5
0→45	4.2	4.7	76.7	88.0	68.3
5→45	9.1	−12.4	−8.2	0.4	−3.0

注：P_{f-t}、P_{fjaw-t}分别代表迁入条件下，硫酸亚铁污染红土的粉粒含量以及浓度加权粉粒含量随迁入时间的变化程度。

由表6-7可知，相比素红土，迁入时间达到5d时，硫酸亚铁浓度在0.5%~1.0%之间，硫酸亚铁污染红土的粉粒含量仅波动增减了−4.5%~19.5%；而浓度在2.0%~4.0%之间，粉粒含量则显著增大了87.3%~92.5%，但总体上相应的浓度加权粉粒含量平均增大了73.5%。当迁入时间延长到45d时，浓度在0.5%~1.0%之间，粉粒含量仅增大了4.2%~4.7%；而浓度在2.0%~4.0%之间，粉粒含量则显著增大了76.7%~88.0%；相应的浓度加权粉粒含量平均增大了68.3%。说明硫酸亚铁溶液的浸泡，增加了红土的粉粒组成；但低浓度下影响较小，高浓度下影响较大。本试验条件下，硫酸亚铁浓度为0.5%~1.0%时划分为低浓度，硫酸亚铁浓度为2.0%~4.0%时划分为高浓度。

当迁入时间由5d延长到45d时，硫酸亚铁浓度在0.5%~4.0%之间，硫酸亚铁污染红土的粉粒含量波动变化了−12.4%~9.1%，但总体上相应的浓度加权粉粒含量平均减小了3.0%。说明迁入时间的延长对硫酸亚铁污染红土的粉粒含量影响较小。

图6-10给出了以时间效果系数R_{Pf-t}来衡量硫酸亚铁溶液迁入时间t对红土粉粒组成P_f的浸泡效果。时间效果系数是指浓度相同时，以5d迁入时间为基准，以其他浸泡时间与5d时间下污染红土的粉粒含量之差与5d时的粉粒含量之比来衡量，反映了硫

酸亚铁溶液迁入时间对红土粉粒组成的影响。

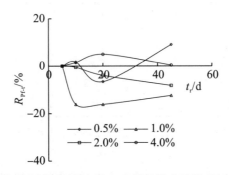

图 6-10　迁入条件下硫酸亚铁污染红土的粉粒含量随迁入时间的浸泡效果

图 6-10 表明：不同硫酸亚铁浓度下，随着迁入时间的延长，硫酸亚铁污染红土粉粒的时间效果系数大部分试验点位于横坐标轴以下，仅有少数试验点位于横坐标轴以上。由 5d 延长到 10d、20d、45d 时，红土粉粒的时间效果系数在 $-16.1\%\sim9.1\%$ 之间变化。以 5d 迁入时间为基准，硫酸亚铁浓度为 1.0% 时，粉粒的时间效果系数分别为 -16.1%、-16.1%、-12.4%；浓度为 4.0% 时，粉粒的时间效果系数分别为 1.5%、5.0%、0.4%。说明硫酸亚铁溶液的浸泡总体上引起红土的粉粒减少，迁入时间越长，红土粉粒的浸泡效果降低。

2. 黏粒组成的变化

图 6-11 给出了硫酸亚铁溶液浸泡红土的迁入条件下，硫酸亚铁浓度 a_{wr} 不同时，硫酸亚铁污染红土的黏粒含量 P_n 以及浓度加权黏粒含量 P_{njaw} 随迁入时间 t_r 的变化情况。浓度加权黏粒含量是指迁入时间相同时，对不同硫酸亚铁浓度下的黏粒含量按浓度进行加权平均，用以衡量硫酸亚铁浓度对黏粒含量的影响。图中，$t_r=0d$ 时的数值代表素红土的黏粒含量。

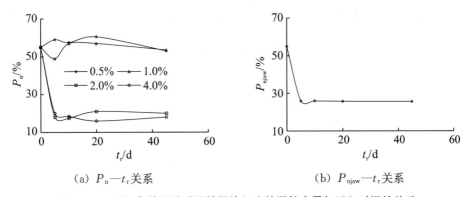

（a）P_n—t_r 关系　　　　　　　（b）P_{njaw}—t_r 关系

图 6-11　迁入条件下硫酸亚铁污染红土的黏粒含量与迁入时间的关系

图 6-11 表明：迁入条件下，相比素红土，随着浸泡迁入时间的延长，硫酸亚铁污染红土的黏粒含量在低浓度（0.5%、1.0%）下变化平缓，在高浓度（2.0%、4.0%）下变化较大，而且低浓度下的曲线位置在高浓度下的曲线位置的上方，相应的浓度加权黏粒含量呈 L 形变化趋势。其变化程度见表 6-8。

表 6-8　不同浓度下硫酸亚铁污染红土的黏粒含量随迁入时间的变化程度

迁入时间 t_r/d	黏粒含量的变化 $P_{n-t}/\%$				浓度加权黏粒含量的变化 $P_{njaw-t}/\%$
	$a_{wr}=0.5\%$	$a_{wr}=1.0\%$	$a_{wr}=2.0\%$	$a_{wr}=4.0\%$	
$0\rightarrow5$	7.3	-10.9	-67.3	-63.6	-52.9
$0\rightarrow45$	-3.6	-2.7	-63.6	-67.4	-53.5
$5\rightarrow45$	-10.2	9.2	11.1	-10.0	-1.3

注：P_{n-t}、P_{njaw-t} 分别代表迁入条件下，硫酸亚铁污染红土的黏粒含量以及浓度加权黏粒含量随迁入时间的变化程度。

由表 6-8 可知，相比素红土（$a_{wr}=0.0\%$），迁入时间达到 5d 时，硫酸亚铁浓度在 0.5%～1.0% 之间，硫酸亚铁污染红土的黏粒含量仅波动增减了 -10.9%～7.3%，而浓度在 2.0%～4.0% 之间，黏粒含量则显著减小了 63.6%～67.3%，但总体上相应的浓度加权黏粒含量平均减小了 52.9%。当迁入时间延长到 45d 时，浓度在 0.5%～1.0% 之间，黏粒含量仅减小了 2.7%～3.6%；而浓度在 2.0%～4.0% 之间，黏粒含量则显著减小了 63.6%～67.4%；相应的浓度加权黏粒含量平均减小了 53.5%。说明硫酸亚铁溶液的浸泡，减少了红土的黏粒组成；但低浓度下影响较小，高浓度下影响较大。本试验条件下，硫酸亚铁浓度为 0.5%～1.0% 时划分为低浓度，硫酸亚铁浓度为 2.0%～4.0% 时划分为高浓度。

当迁入时间由 5d 延长到 45d 时，硫酸亚铁浓度在 0.5%～4.0% 之间，硫酸亚铁污染红土的黏粒含量波动变化了 -10.2%～11.1%，但总体上相应的浓度加权黏粒含量平均减小了 1.3%。说明迁入时间的延长对硫酸亚铁污染红土的黏粒含量影响较小。

图 6-12 给出了以时间效果系数 R_{Pn-t} 来衡量硫酸亚铁溶液迁入时间 t 对红土黏粒组成 P_n 的浸泡效果。时间效果系数是指浓度相同时，以 5d 迁入时间为基准，以其他浸泡时间与 5d 时间下污染红土的黏粒含量之差与 5d 时的黏粒含量之比来衡量，反映了硫酸亚铁溶液迁入时间对红土粉粒黏粒组成的影响。

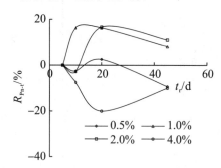

图 6-12　迁入条件下硫酸亚铁污染红土的黏粒含量随迁入时间的浸泡效果

图 6-12 表明：不同硫酸亚铁浓度下，随着浸泡迁入时间的延长，硫酸亚铁污染红土的黏粒的时间效果系数大部分试验点位于横坐标轴以上，仅有少数试验点位于横坐标轴以下，与图 6-10 中粉粒的时间效果系数的变化趋势相反。迁入时间由 5d 延长到 10d、20d、45d 时，硫酸亚铁污染红土黏粒的时间效果系数在 -20.0%～16.7% 之间变

化。以 5d 迁入时间为基准，硫酸亚铁浓度为 1.0% 时，黏粒时间效果系数分别为 16.3%、16.3%、8.2%；浓度为 4.0% 时，黏粒时间效果系数分别为 −7.5%、−20.0%、−10.0%。说明硫酸亚铁溶液的浸泡，总体上引起红土的黏粒增多；但迁入时间越长，红土黏粒的浸泡效果降低。

对比分析表 6−5 和表 6−6、表 6−7 和表 6−8、图 6−6 和图 6−8、图 6−10 和图 6−12 可知，迁入条件下硫酸亚铁溶液对红土粉粒和黏粒的浸泡效果，见表 6−9。

表 6−9　迁入条件下硫酸亚铁污染红土的颗粒组成的浸泡效果对比

粉粒浸泡效果				黏粒浸泡效果			
硫酸亚铁浓度的影响		浸泡迁入时间的影响		硫酸亚铁浓度的影响		浸泡迁入时间的影响	
0d~45d，0.0%→4.0%		0.0%~4.0%，0d→45d		0d~45d，0.0%→4.0%		0.0%~4.0%，0d→45d	
浓度效果系数 R_{Pf-aw}/%	时间加权平均 P_{fjt-aw}/%	时间效果系数 R_{Pf-t}/%	浓度加权平均 P_{fjaw-t}/%	浓度效果系数 R_{Pn-aw}/%	时间加权平均 P_{njt-aw}/%	时间效果系数 R_{Pn-t}/%	浓度加权平均 P_{njaw-t}/%
0.5~120.6	90.4	−16.1~9.1	68.3	−73.6~−0.9	−67.8	−20.0~16.7	−53.5

由表 6−9 可知，本试验条件下，硫酸亚铁浓度在 0.0%~4.0% 之间，浸泡迁入时间在 0d~45d 之间，就硫酸亚铁浓度和迁入时间的影响程度比较，硫酸亚铁污染红土的时间加权粉粒含量随浓度增大了 90.4%，浓度加权粉粒含量随时间增大了 68.3%；时间加权黏粒含量随浓度减小了 67.8%，浓度加权黏粒含量随时间减小了 53.5%。说明不论是粉粒还是黏粒，硫酸亚铁溶液浓度的影响显著大于浸泡迁入时间的影响。就粉粒和黏粒的变化程度比较，硫酸亚铁污染红土的粉粒的浓度效果系数在 0.5%~120.6% 之间变化，黏粒的浓度效果系数在 −73.6%~−0.9% 之间变化，说明硫酸亚铁溶液浓度对粉粒的影响大于对黏粒的影响；而硫酸亚铁污染红土的粉粒的时间效果系数在 −16.1%~9.1% 之间变化，黏粒的时间效果系数在 −20.0%~16.7% 之间变化，说明硫酸亚铁溶液的浸泡迁入时间对黏粒的影响稍大于对粉粒的影响。

6.3　迁移条件下硫酸亚铁污染红土的力学特性

6.3.1　抗剪强度的变化

6.3.1.1　硫酸亚铁浓度的影响

图 6−13 给出了水溶液浸泡硫酸亚铁污染红土的迁出条件下，垂直压力 σ 为 300kPa、不同迁出时间 t_c 时，硫酸亚铁污染红土的抗剪强度 τ_f 以及时间加权抗剪强度 τ_{fjt} 随硫酸亚铁迁出浓度 a_{wc} 的变化情况。时间加权抗剪强度是指硫酸亚铁浓度相同时，对不同迁出时间下的抗剪强度按时间进行加权平均，用以衡量迁出时间对抗剪强度的影响。

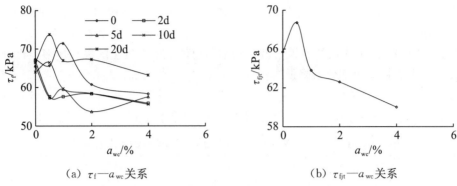

（a）τ_f—a_{wc}关系　　　　　　　　（b）τ_{fjt}—a_{wc}关系

图6-13　迁出条件下硫酸亚铁污染红土的抗剪强度与硫酸亚铁迁出浓度的关系

图6-13表明：迁出条件下，相比素红土，随硫酸亚铁浓度的增大，硫酸亚铁污染红土的抗剪强度呈波动减小的变化趋势。浓度较低时，抗剪强度波动性较大；浓度较高时，抗剪强度的波动性较小。但总体上，相应的时间加权抗剪强度呈凸形变化趋势。其变化程度见表6-10。

表6-10　不同迁出时间下硫酸亚铁污染红土的抗剪强度随硫酸亚铁迁出浓度的变化程度

硫酸亚铁浓度 a_{wc}/%	抗剪强度的变化 τ_{f-aw}/%					时间加权抗剪强度的变化 τ_{fjt-aw}/%
	$t_c=0d$	$t_c=2d$	$t_c=5d$	$t_c=10d$	$t_c=20d$	
0.0→0.5	−2.5	−13.9	−12.7	3.8	10.9	4.6
0.5→4.0	−11.2	−3.0	0.4	−16.4	−14.3	−12.7
0.0→4.0	−13.4	−16.5	−12.3	−13.2	−14.3	−8.7

注：τ_{f-aw}、τ_{fjt-aw}分别代表迁出条件下，硫酸亚铁污染红土的抗剪强度以及时间加权抗剪强度随硫酸亚铁浓度的变化程度。

由表6-10可知，迁出时间为0d，相比素红土（$a_{wc}=0.0\%$），硫酸亚铁浓度达到0.5%、4.0%时，硫酸亚铁污染红土的抗剪强度分别减小了2.5%、13.4%；而当硫酸亚铁浓度由0.5%增大到4.0%时，抗剪强度减小了11.2%。说明硫酸亚铁迁出前，硫酸亚铁浓度的增大，引起红土的抗剪强度减小。

迁出时间在2~20d之间，相比素红土（$a_{wc}=0.0\%$），硫酸亚铁浓度达到0.5%时，硫酸亚铁污染红土的抗剪强度波动变化了−13.9%~3.8%，但相应的时间加权抗剪强度增大了4.6%；硫酸亚铁浓度达到4.0%时，抗剪强度减小了12.3%~16.5%，相应的时间加权抗剪强度减小了12.7%；而当浓度由0.5%增大到4.0%时，除5d时抗剪强度约增大了0.4%外，其他时间下的抗剪强度减小了3.0%~16.4%，但相应的时间加权抗剪强度减小了8.7%。说明硫酸亚铁迁出红土的过程中，就时间加权平均值来看，较低的浓度，引起红土的抗剪强度增大；但较高浓度下，最终还是减小了红土的抗剪强度。本试验条件下，硫酸亚铁浓度为0.5%时，抗剪强度存在极大值；但浓度达到4.0%时的抗剪强度最终还是小于素红土的抗剪强度。

6.3.1.2　迁出时间的影响

图6-14给出了水溶液浸泡硫酸亚铁污染红土的迁出条件下，垂直压力σ为

300kPa、不同硫酸亚铁迁出浓度 a_{wc} 时，硫酸亚铁污染红土的抗剪强度 τ_f 以及浓度加权抗剪强度 τ_{fjaw} 随硫酸亚铁迁出时间 t_c 的变化情况。浓度加权抗剪强度是指迁出时间相同时，对不同硫酸亚铁浓度下的抗剪强度按浓度进行加权平均，用以衡量硫酸亚铁浓度对抗剪强度的影响。

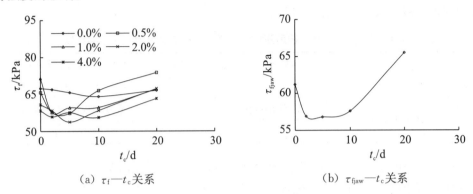

（a）τ_f—t_c 关系　　　　　　（b）τ_{fjaw}—t_c 关系

图 6-14　迁出条件下硫酸亚铁污染红土的抗剪强度与迁出时间的关系

图 6-14 表明：相比迁出前，迁出过程中，随迁出时间的延长，硫酸亚铁污染红土的抗剪强度呈凹形变化趋势；相应的浓度加权抗剪强度也呈这一变化趋势。迁出时间较短，抗剪强度较浸泡之前减小；迁出时间较长时，抗剪强度增大。其变化程度见表 6-11。

表 6-11　不同浓度下硫酸亚铁污染红土的抗剪强度随迁出时间的变化程度

迁出时间 t_c/d	抗剪强度的变化 $\tau_{f-t}/\%$					浓度加权抗剪强度的变化 $\tau_{fjaw-t}/\%$
	$a_{wc}=0.0\%$	$a_{wc}=0.5\%$	$a_{wc}=1.0\%$	$a_{wc}=2.0\%$	$a_{wc}=4.0\%$	
0→2	−0.7	−12.3	−19.4	−4.0	−4.2	−7.0
2→20	−0.6	28.0	16.3	15.3	13.2	15.1
0→20	−1.2	12.3	−6.2	10.9	8.4	7.0

注：τ_{f-t}、τ_{fjaw-t} 分别代表迁出条件下，硫酸亚铁污染红土的抗剪强度以及浓度加权抗剪强度随迁出时间的变化程度。

由表 6-11 可知，对于素红土（$a_{wc}=0.0\%$），相比迁出前（$t_c=0d$），迁出时间达到 2d、20d 时，素红土的抗剪强度分别减小了 0.7%、1.2%；迁出时间由 2d 延长到 20d 时，抗剪强度也减小了 0.6%。说明水溶液浸泡素红土的过程中，迁出时间的延长，引起素红土的抗剪强度减小。

当硫酸亚铁浓度在 0.5%～4.0% 之间，相比迁出前（$t_c=0d$），迁出时间达到 2d 时，硫酸亚铁污染红土的抗剪强度减小了 4.0%～19.4%，相应的浓度加权抗剪强度平均减小了 7.0%；迁出时间达到 20d 时，抗剪强度波动变化了 −6.2%～12.3%，但总体上，相应的浓度加权抗剪强度平均增大了 7.0%；当迁出时间由 2d 延长到 20d 时，抗剪强度增大了 13.2%～28.0%，相应的浓度加权抗剪强度平均增大了 15.1%。说明水溶液的短时间浸泡，降低了硫酸亚铁污染红土的抗剪强度；而水溶液的长时间浸泡，有利于提高硫酸亚铁污染红土的抗剪强度。本试验条件下，就加权平均值来看，迁出时间达到 2d 时，抗剪强度存在极小值；而迁出时间达到 20d 时的抗剪强度已经大于迁出前的抗剪强度。

综合对比分析表 6-10 和表 6-11 可知，迁出条件下水溶液浸泡硫酸亚铁污染红土的抗剪强度的浸泡效果，见表 6-12。

表 6-12　迁出条件下硫酸亚铁污染红土的抗剪强度的浸泡效果比较

影响因素	硫酸亚铁迁出浓度的影响	浸泡迁出时间的影响
	$t_c=2d\sim20d$，$a_{wc}=0.5\%\rightarrow4.0\%$	$a_{wc}=0.5\%\sim4.0\%$，$t_c=2d\rightarrow20d$
抗剪强度的浸泡效果/%	时间加权抗剪强度 τ_{fjt-aw}	浓度加权抗剪强度 τ_{fjaw-t}
	−12.7	15.1

由表 6-12 可知，就加权平均抗剪强度比较，本试验的迁出条件下，水溶液浸泡硫酸亚铁污染红土的时间加权抗剪强度随浓度增大而减小了 12.7%，浓度加权抗剪强度随时间延长而增大了 15.1%。就绝对值比较，对于硫酸亚铁污染红土的抗剪强度，硫酸亚铁浓度的影响稍小于浸泡迁出时间的影响。

6.3.2　压缩特性的变化

6.3.2.1　硫酸亚铁浓度的影响

1. 压缩系数的变化

图 6-15 给出了水溶液浸泡硫酸亚铁污染红土的迁出条件下，迁出时间 t_c 不同时，硫酸亚铁污染红土的压缩系数 a_v 以及时间加权压缩系数 a_{vjt} 随硫酸亚铁迁出浓度 a_{wc} 的变化情况。时间加权压缩系数是指硫酸亚铁浓度相同时，对不同迁出时间下的压缩系数按时间进行加权平均，用以衡量迁出时间对压缩系数的影响。

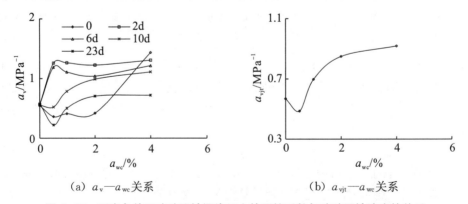

（a）a_v—a_{wc}关系　　　　　　　（b）a_{vjt}—a_{wc}关系

图 6-15　迁出条件下硫酸亚铁污染红土的压缩系数与硫酸亚铁浓度的关系

图 6-15 表明：相比素红土，硫酸亚铁从污染红土中迁出后，短时间内硫酸亚铁污染红土的压缩系数呈先增大后减小趋于平缓的变化趋势；长时间内硫酸亚铁污染红土的

压缩系数呈先减小后增大趋于平缓的变化趋势；但总体上，相应的时间加权压缩系数呈先减小后增大趋于平缓的变化趋势，与抗剪强度的变化趋势相反。其变化程度见表6－13。

表 6－13　不同迁出时间下硫酸亚铁污染红土的压缩系数随硫酸亚铁浓度的变化程度

硫酸亚铁浓度 a_{wc}/%	压缩系数的变化 a_{v-aw}/%					时间加权压缩系数的变化 a_{vjt-aw}/%
	$t_c=0$d	$t_c=2$d	$t_c=6$d	$t_c=10$d	$t_c=23$d	
0.0→0.5	−33.9	122.7	111.9	−5.8	−61.8	−14.6
0.0→4.0	163.1	131.3	116.6	100.9	24.9	61.3
0.5→4.0	298.3	3.9	2.2	113.2	226.7	88.9

注：a_{v-aw}、a_{vjt-aw} 分别代表迁出条件下，硫酸亚铁污染红土的压缩系数及时间加权压缩系数随硫酸亚铁浓度的变化程度。

由图 6－15 及表 6－13 可知，浸泡迁出前（$t_c=0$d），素红土（$a_{wc}=0.0\%$）的压缩系数为 0.55MPa^{-1}，大于 0.50MPa^{-1}，属于高压缩性。当硫酸亚铁浓度达到 0.5% 时，硫酸亚铁污染红土的压缩系数减小到 0.36MPa^{-1}，介于 0.1～0.5MPa^{-1} 之间，属于中压缩性；相比素红土，硫酸亚铁污染红土的压缩系数减小了 33.9%。当浓度达到 4.0% 时，硫酸亚铁污染红土的压缩系数又明显增大到 1.43MPa^{-1}，远大于 0.5MPa^{-1}，属于高压缩性；相比素红土，硫酸亚铁污染红土的压缩系数显著增大了 163.1%。说明硫酸亚铁迁出红土前，低浓度下的污染引起红土的压缩系数减小，降低了红土的压缩性；高浓度下的污染引起红土的压缩系数增大，提高了红土的压缩性。

迁出后，当硫酸亚铁浓度由 0.0%→0.5% 时，迁出时间在 2～6d 之间，硫酸亚铁污染红土的压缩系数显著增大了 111.9%～122.7%；而在 10～23d 之间，压缩系数则减小了 5.8%～61.8%；但总体上，相应的时间加权压缩系数平均减小了 14.6%。当浓度由 0.0%→4.0% 时，各个迁出时间下的压缩系数增大了 24.9%～131.3%，相应的时间加权压缩系数平均增大了 61.3%。说明低浓度下的污染，水溶液的浸泡降低了红土的压缩性；而高浓度下的污染，水溶液的浸泡最终增大了红土的压缩性。本试验条件下，硫酸亚铁浓度达到 0.5% 时，压缩系数存在极小值；但浓度到 4.0% 时的压缩系数最终大于素红土的压缩系数。

迁出时间在 0～23d 之间，当浓度由 0.5% 增大到 4.0% 时，硫酸亚铁污染红土的压缩系数增大了 2.2%～298.3%，其中迁出时间为 2d、6d 时压缩系数仅增大了 3.9% 和 2.2%，其他时间下的压缩系数增大明显，但相应的时间加权压缩系数平均增大了 88.9%。说明水溶液浸泡迁出前后，硫酸亚铁浓度的增大，引起硫酸亚铁污染红土的压缩性增大。

2. 压缩模量的变化

图 6－16 给出了水溶液浸泡硫酸亚铁污染红土的迁出条件下，不同迁出时间 t_c 时，硫酸亚铁污染红土的压缩模量 E_s 以及时间加权压缩模量 E_{sjt} 随硫酸亚铁迁出浓度 a_{wc} 的变化情况。时间加权压缩模量是指硫酸亚铁浓度相同时，对不同迁出时间下的压缩模量按时间进行加权平均，用以衡量迁出时间对压缩模量的影响。

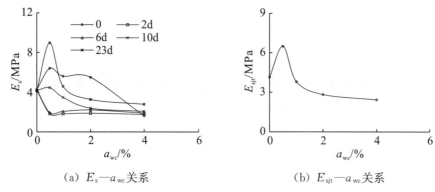

（a）E_s—a_{wc}关系　　　　　　（b）E_{sjt}—a_{wc}关系

图 6-16　迁出条件下硫酸亚铁污染红土的压缩模量与硫酸亚铁迁出浓度的关系

图 6-16 表明：迁出过程中，相比素红土，随硫酸亚铁浓度的增大，短时间内硫酸亚铁污染红土的压缩模量呈先减小后趋于平缓的变化趋势，长时间内硫酸亚铁污染红土的压缩模量先增大后减小最后趋于平缓；但总体上，相应的时间加权压缩模量呈凸形变化趋势，与压缩系数的变化趋势相反，与抗剪强度的变化趋势一致。其变化程度见表 6-14。

表 6-14　不同迁出时间下硫酸亚铁污染红土的压缩模量随硫酸亚铁浓度的变化程度

硫酸亚铁浓度 a_{wc}/%	压缩模量的变化 E_{s-aw}/%					时间加权压缩模量的变化 E_{sjt-aw}/%
	$t_c=0d$	$t_c=2d$	$t_c=6d$	$t_c=10d$	$t_c=23d$	
0.0→0.5	50.1	−56.2	−54.4	6.7	117.4	56.2
0.0→4.0	−62.3	−57.9	−55.3	−50.4	−32.7	−41.6
0.5→4.0	−74.9	−3.8	−2.1	−53.5	−69.0	−62.6

注：E_{s-aw}、E_{sjt-aw} 分别代表迁出条件下，硫酸亚铁污染红土的压缩模量以及时间加权压缩模量随硫酸亚铁浓度的变化程度。

由表 6-14 可知，相比素红土，迁出前，硫酸亚铁迁出浓度达到 0.5% 时，硫酸亚铁污染红土的压缩模量增大了 50.1%；浓度达到 4.0% 时，压缩模量则减小了 62.3%。说明硫酸亚铁污染红土浸泡前，低浓度下的污染增大了红土的刚度；高浓度下的污染降低了红土的刚度。

迁出后，浓度由 0.0%→0.5% 时，迁出时间在 2~6d 之间的压缩模量减小了 54.4%~56.2%，迁出时间在 10~23d 之间的压缩模量则增大了 6.7%~117.4%；但相应的时间加权压缩模量平均增大了 56.2%。浓度由 0.0%→4.0% 时，各个迁出时间下的压缩模量减小了 32.7%~57.9%；相应的时间加权压缩模量平均减小了 41.6%。说明低浓度下的污染，水溶液的浸泡增大了红土的刚度；而高浓度下的污染，水溶液的浸泡最终降低了红土的刚度。本试验条件下，硫酸亚铁浓度达到 0.5% 时，压缩模量存在极大值；但浓度到 4.0% 时的压缩模量最终小于素红土的压缩模量。

迁出时间在 0~23d 之间，当浓度由 0.5% 增大到 4.0% 时，硫酸亚铁污染红土的压缩模量减小了 2.1%~74.9%，其中迁出时间为 2d、6d 时，压缩模量仅减小了 3.8% 和 2.1%，其他时间下的压缩模量减小明显，但相应的时间加权压缩模量平均减小了

62.6%。说明水溶液浸泡迁出前后，硫酸亚铁浓度的增大，引起硫酸亚铁污染红土的刚度降低。

6.3.2.2 迁出时间的影响

1. 压缩系数的变化

图 6-17 给出了水溶液浸泡硫酸亚铁污染红土的迁出到条件下，不同硫酸亚铁浓度 a_{wc} 时，硫酸亚铁污染红土的压缩系数 a_v 以及浓度加权压缩系数 a_{vjaw} 随硫酸亚铁迁出时间 t_c 的变化情况。浓度加权压缩系数是指迁出时间相同时，对不同硫酸亚铁浓度下的压缩系数按浓度进行加权平均，用以衡量硫酸亚铁浓度对压缩系数的影响。

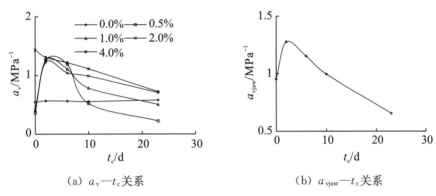

(a) a_v—t_c 关系   (b) a_{vjaw}—t_c 关系

图 6-17 迁出条件下硫酸亚铁污染红土的压缩系数与迁出时间的关系

图 6-17 表明：迁出过程中，随迁出时间的延长，素红土的压缩系数变化平缓；而硫酸亚铁污染红土的压缩系数在浓度为 0.5%～2.0% 之间呈凸形变化趋势，浓度为 4.0% 时压缩系数呈减小的变化趋势；但总体上，相应的浓度加权压缩系数呈凸形变化趋势，与抗剪强度的变化趋势相反。其变化程度见表 6-15。

表 6-15 不同浓度下硫酸亚铁污染红土的压缩系数随迁出时间的变化程度

迁出时间 t_c/d	压缩系数的变化 a_{v-t}/%					浓度加权压缩系数的变化 a_{vjaw-t}/%
	$a_{wc}=0.0\%$	$a_{wc}=0.5\%$	$a_{wc}=1.0\%$	$a_{wc}=2.0\%$	$a_{wc}=4.0\%$	
0→2	3.7	249.4	208.0	193.1	−8.9	33.6
0→23	6.1	−38.6	22.4	68.9	−49.7	−31.4
2→23	2.3	−82.4	−11.9	−42.4	−44.8	−48.7

注：a_{v-t}、a_{vjaw-t} 分别代表迁出条件下，硫酸亚铁污染红土的压缩系数以及浓度加权压缩系数随迁出时间的变化程度。

由表 6-15 可知，相比迁出前（$t_c=0d$），对于素红土（$a_{wc}=0.0\%$），迁出时间达到 2d 时，压缩系数增大了 3.7%；迁出时间延长到 23d 时，压缩系数增大了 6.1%。当迁出时间由 2d 延长到 23d 时，压缩系数增大了 2.3%。说明水溶液的浸泡，增大了素红土的压缩性。

相比迁出前（$t_c=0d$），对于硫酸亚铁污染红土（$a_{wc}=0.5\%～4.0\%$），迁出时间由

0d→2d，浓度在 0.5%～2.0% 之间的压缩系数显著增大了 193.1%～249.4%，而浓度为 4.0% 时的压缩系数则减小了 8.9%；但总体上，相应的浓度加权压缩系数平均增大了 33.6%。迁出时间由 0d→23d，压缩系数波动变化了 −49.7%～68.9%，但相应的浓度加权压缩系数平均减小了 31.4%。说明相比迁出前，水溶液的短时间浸泡迁出，增大了硫酸亚铁污染红土的压缩性；而长时间的浸泡迁出，最终降低了硫酸亚铁污染红土的压缩性。本试验条件下，迁出时间达到 2d 时，压缩系数存在极大值；而迁出时间延长到 23d 时的压缩系数最终小于迁出前的压缩系数。

迁出后，当迁出时间由 2d 延长到 23d，硫酸亚铁浓度在 0.5%～4.0% 之间，各个浓度下硫酸亚铁污染红土的压缩系数减小了 11.9%～82.4%，相应的浓度加权压缩系数平均减小了 48.7%。说明水溶液浸泡硫酸亚铁污染红土的时间越长，引起硫酸亚铁污染红土的压缩性越低。

综合对比表 6−13 和表 6−15 可知，迁出条件下水溶液浸泡硫酸亚铁污染红土的压缩系数的浸泡效果，见表 6−16。

表 6−16　迁出条件下水溶液浸泡硫酸亚铁污染红土的压缩系数的浸泡效果比较

影响因素	硫酸亚铁迁出浓度的影响	浸泡迁出时间的影响
	$t_c = 2d \sim 23d$，$a_{wc} = 0.5\% \to 4.0\%$	$a_{wc} = 0.5\% \sim 4.0\%$，$t_c = 2d \to 23d$
压缩系数的浸泡效果/%	时间加权压缩系数 a_{vjt-aw}	浓度加权压缩系数 a_{vjaw-t}
	88.9	−48.7

由表 6−16 可知，就加权平均压缩系数来看，迁出时间在 2～23d 之间，当硫酸亚铁浓度由 0.5% → 4.0% 时，水溶液浸泡硫酸亚铁污染红土的时间加权压缩系数随浓度增大而平均增大了 88.9%；而硫酸亚铁浓度在 0.5%～4.0% 之间，迁出时间由 2d→23d 时，硫酸亚铁污染红土的浓度加权压缩系数随时间延长而平均减小了 48.7%。就绝对值比较，本试验的迁出条件下，对于硫酸亚铁污染红土的压缩系数，硫酸亚铁浓度的影响大于浸泡迁出时间的影响。

2. 压缩模量的变化

图 6−18 给出了水溶液浸泡硫酸亚铁污染红土的迁出条件下，硫酸亚铁迁出浓度 a_{wc} 不同时，硫酸亚铁污染红土的压缩模量 E_s 以及浓度加权压缩模量 E_{sjaw} 随迁出时间 t_c 的变化情况。浓度加权压缩模量是指迁出时间相同时，对不同硫酸亚铁浓度下的压缩模量按浓度进行加权平均，用以衡量硫酸亚铁浓度对压缩模量的影响。

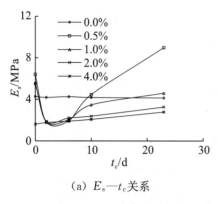
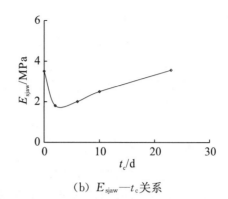

（a）E_s—t_c关系　　　　　　　（b）E_{sjaw}—t_c关系

图 6−18　迁出条件下硫酸亚铁污染红土的压缩模量与迁出时间的关系

图 6−18 表明：迁出过程中，随迁出时间的延长，素红土的压缩模量变化很小；而硫酸亚铁污染红土的压缩模量在浓度为 0.5%～2.0% 之间呈凹形变化趋势，浓度为 4.0% 时呈增大的变化趋势；但总体上，相应的浓度加权压缩模量呈凹形变化趋势，与压缩系数的变化趋势相反，与抗剪强度的变化趋势一致。其变化程度见表 6−17。

表 6−17　不同浓度下硫酸亚铁污染红土的压缩模量随迁出时间的变化程度

迁出时间 t_c/d	压缩模量的变化 E_{s-t}/%					浓度加权压缩模量的变化 E_{sjaw-t}/%
	$a_{wc}=0.0\%$	$a_{wc}=0.5\%$	$a_{wc}=1.0\%$	$a_{wc}=2.0\%$	$a_{wc}=4.0\%$	
0→2	−2.1	−71.5	−67.6	−65.9	9.3	−48.5
0→23	−3.3	40.1	−18.3	−40.8	72.7	1.7
2→23	−1.2	390.7	152.2	73.4	58.0	97.4

注：E_{s-t}、E_{sjaw-t} 分别代表迁出条件下，硫酸亚铁污染红土的压缩模量以及浓度加权压缩模量随迁出时间的变化程度。

由表 6−17 可知，对于素红土，相比迁出前，迁出时间达到 2d 时，压缩模量减小了 2.1%；迁出时间达到 23d 时，压缩模量减小了 3.3%；而当迁出时间由 2d 延长到 23d 时，压缩模量仍减小了 1.2%。说明水溶液浸泡时间的延长，降低了素红土的刚度。

对于硫酸亚铁污染红土，硫酸亚铁浓度在 0.5%～4.0% 之间，迁出时间由 0d→2d 时，除浓度 4.0% 时的压缩模量增大了 9.3% 外，其他浓度下的压缩模量明显减小了 65.9%～71.5%，但相应的浓度加权压缩模量平均减小了 48.5%；而迁出时间由 0d→23d 时，各个浓度下的压缩模量波动增减了 −40.8%～72.7%，但相应的浓度加权压缩模量仅平均增大了 1.7%。说明水溶液的短时间浸泡，明显降低了硫酸亚铁污染红土的刚度；水溶液的长时间浸泡，引起硫酸亚铁污染红土的刚度有所恢复。本试验条件下，迁出时间达到 2d 时，压缩模量存在极小值；而迁出时间延长到 23d 时，压缩模量逐步恢复到迁出前的数值。

当迁出时间由 2d→23d 时，硫酸亚铁浓度在 0.5%～4.0% 之间的压缩模量增大了 58.0%～390.7%，相应的浓度加权压缩模量平均增大了 97.4%。说明水溶液浸泡硫酸亚铁污染红土，浸泡迁出的时间延长，红土的刚度增大。

综合对比对比表 6-14 和表 6-17 可知，迁出条件下水溶液浸泡硫酸亚铁污染红土的压缩模量的浸泡效果，见表 6-18。

表 6-18　迁出条件下水溶液浸泡硫酸亚铁污染红土的压缩模量的浸泡效果比较

影响因素	硫酸亚铁迁出浓度的影响	浸泡迁出时间的影响
	$t_c=2d\sim23d$, $a_{wc}=0.5\%\rightarrow4.0\%$	$a_{wc}=0.5\%\sim4.0\%$, $t_c=2d\rightarrow23d$
压缩模量的浸泡效果/%	时间加权压缩模量 E_{sjt-aw}	浓度加权压缩模量 E_{sjaw-t}
	-62.6	97.4

由表 6-16 可知，就加权平均压缩模量来看，迁出时间在 2～23d 之间，当硫酸亚铁浓度由 0.5%→4.0% 时，水溶液浸泡硫酸亚铁污染红土的时间加权压缩模量随浓度增大而平均减小了 62.6%；而硫酸亚铁浓度在 0.5%～4.0% 之间，迁出时间由 2d→23d 时，硫酸亚铁污染红土的浓度加权压缩模量随时间延长而平均增大了 97.4%。就绝对值比较，本试验的迁出条件下，对于硫酸亚铁污染红土的压缩模量，硫酸亚铁浓度的影响小于浸泡迁出时间的影响。

6.4　迁移条件下硫酸亚铁污染红土的离子特性

6.4.1　铁离子浓度的变化

图 6-19 给出了水溶液浸泡硫酸亚铁污染红土引起铁离子（Fe^{3+}）迁出的条件下，不同击数 N_j、不同含水率 ω、不同温度 T_w、不同浸泡迁出时间 t 等影响因素下，迁出到水溶液（浸泡液）中铁离子浓度的变化 R_{Fe3+} 情况。其中，计算铁离子的浓度变化时，击数以 10 击为基准，含水率以 23.7% 为基准，温度以 7.5℃ 为基准。浓度增大为正，减小为负。

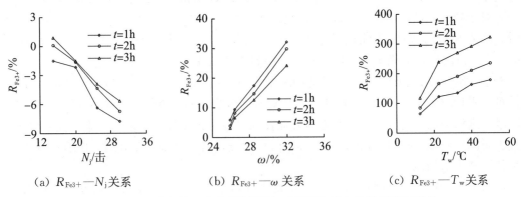

（a）R_{Fe3+}—N_j 关系　　（b）R_{Fe3+}—ω 关系　　（c）R_{Fe3+}—T_w 关系

图 6-19　迁出条件下硫酸亚铁污染红土的浸泡液中 Fe^{3+} 浓度的变化

图 6-19 表明：水溶液浸泡硫酸亚铁污染红土的迁出条件下，水溶液中的铁离子的浓

度变幅随击实功的增大而减小，随含水率的增大和温度的升高而增大，22.5℃以下温度增幅较大，22.5℃以上温度增幅变缓。击数引起的浓度变幅最小（0.9%~7.8%），温度引起的浓度变幅最大（64.8%~323.0%），含水率引起的浓度变幅居中（3.1%~32.1%）。随浸泡迁出时间的延长，相同击数下水溶液中铁离子的浓度降幅有所减小，相同含水率下的浓度增幅逐渐减小，相同温度下的浓度增幅逐渐增大。当浸泡迁出时间由 1h 延长到 3h，击数为 30 击时的浓度降幅由 7.8% 减小到 5.7%，含水率为 32.0% 时的浓度增幅由 32.1% 降低到 24.2%，温度为 50.0℃ 时的浓度增幅由 178.1% 增大到 323.0%。

　　说明不同影响因素作用下，硫酸亚铁污染红土迁出到水溶液中 Fe^{3+} 的总浓度随浸泡时间的延长而增大，随击数的增大而减小，随含水率的提高和温度的升高而增大。温度对水溶液中铁离子浓度的影响显著大于含水率和击数的影响，而含水率的影响又大于击数的影响。由此可见，击数的大幅提高引起浓度的减小不大，通过增大击数来减小铁离子的浓度效果并不显著，而通过降低含水率、降低温度和减少浸泡时间则可以大幅减小铁离子的浓度。特别是温度的降低，效果更为显著。实质上，水溶液中铁离子的浓度大小取决于硫酸亚铁污染红土中迁移出来的铁离子的多少。因此，水溶液中铁离子的浓度变化反映了硫酸亚铁污染红土中铁离子的迁移能力。

6.4.2　铁离子的迁移能力

　　图 6-19 给出的不同击数、含水率、温度、浸泡迁出时间等影响因素下，硫酸亚铁污染红土迁出到水溶液中铁离子浓度的变化特性，实际上反映了水环境条件下硫酸亚铁污染红土中铁离子的迁移特性，直观地体现了硫酸亚铁污染红土中铁离子的迁移能力。显然，硫酸亚铁污染红土中铁离子的迁移能力大小同样受到击数、含水率、温度以及浸泡迁出时间的影响，与水溶液中铁离子浓度的变化趋势一致。在红土中铁离子浓度一定的前提下，如果水溶液中铁离子的浓度越高，则红土中铁离子的浓度越低，表明红土中迁移出来的铁离子越多，红土中铁离子的迁移能力越强；如果水溶液中铁离子浓度越低，则红土中铁离子的浓度越高，表明红土中迁移出来的铁离子越少，红土中铁离子的迁移能力越弱。

　　由图 6-19 可知，水溶液中铁离子浓度的增幅随击数的增多而减小，随含水率的增大和温度的升高而增大，随浸泡时间的延长而减小。说明击数越多，硫酸亚铁污染红土中迁移出来的铁离子越少，红土中铁离子的迁移能力越弱；含水率越高或温度越高，红土中迁移出来的铁离子越多，红土中铁离子的迁移能力越强；浸泡迁出时间越长，水溶液中铁离子浓度增幅越小，说明硫酸亚铁污染红土中迁移出来的铁离子越少，红土中铁离子的迁移能力越弱。由于水溶液中铁离子的浓度变化受温度的影响最大，含水率的影响次之，击数的影响最小。相应的，红土中铁离子的迁移能力同样受到温度的影响最大，击数的影响最小、含水率的影响居中。

　　图 6-20 给出了水溶液浸泡硫酸亚铁污染红土的迁出条件下，硫酸亚铁污染红土中铁离子的迁移能力 Q_n 随击数 N_j、含水率 ω、温度 T_w、浸泡迁出时间 t 等不同影响因素变化关系。

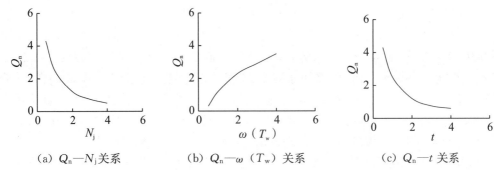

(a) Q_n—N_j关系　　　　(b) Q_n—ω (T_w) 关系　　　　(c) Q_n—t 关系

图6-20　迁出条件下硫酸亚铁污染红土中铁离子的迁移能力

图6-20表明：水溶液浸泡硫酸亚铁污染红土的迁出条件下，硫酸亚铁污染红土中铁离子的迁移能力随击数的增大而减弱，随含水率的增大和温度的升高而增强，随浸泡迁出时间的延长而减弱。其实质就在于不同影响因素下水溶液中铁离子的浓度变化取决于硫酸亚铁污染红土中铁离子的迁移程度，反映了硫酸亚铁污染红土与周围水环境之间水土相互作用。

6.4.3　铁离子的迁移机理

6.4.3.1　铁离子的迁移过程

迁出条件下，硫酸亚铁污染红土中铁离子的迁移过程实际上就是水环境条件下吸附在红土颗粒表面的铁离子溶解并迁移到水溶液中的过程。硫酸亚铁溶液加水稀释后，由于水解作用铁离子溶解到水中形成三价铁离子（Fe^{3+}），加入红土中并经击实后，带负电荷的红土颗粒吸附带正电荷的铁离子，使铁离子包裹在红土颗粒周围形成团粒。浸泡迁出过程中，由于水溶液中的铁离子浓度远远低于硫酸亚铁污染红土样中铁离子的浓度，水环境作用促使包裹在红土颗粒表面的铁离子溶解到孔隙水中，随着红土中的渗流通道往周围的水溶液中运动，引起硫酸亚铁污染红土中铁离子发生迁移，导致水溶液中铁离子的浓度增大，这一迁移过程受到红土的自身特性及外界环境的综合影响。迁移过程中，由于硫酸亚铁污染红土与周围水环境之间存在含水差、温度差以及离子浓度差而存在不平衡问题，则水土相互作用必将引起二者之间发生含水、温度和离子交换，最终导致铁离子的迁移。其迁移机理包括水环境平衡、温度平衡、离子浓度平衡三个方面。

6.4.3.2　铁离子的迁移机理

1. 水环境平衡

所谓水环境平衡，就是指硫酸亚铁污染红土的含水与周围的水环境之间达到的平衡。本书中的水环境条件就是水溶液浸泡，而浸泡过程相当于静水条件。在静水条件下，浸泡初期，由于硫酸亚铁污染红土样的含水远低于饱和含水，红土处于非饱和状态，与其周围的水环境存在差异，造成红土的含水与周围的水环境不平衡，产生含水交换问题。水环境条件就促使周围的水通过红土中的连通孔隙不断进入红土中，引起红土的含水增大，红土逐渐由非饱和状态向饱和状态转化；随着浸泡时间的延长，红土的含水逐渐增多，红土逐渐达到饱和状态，最终促成了红土的含水与周围水环境之间达到水环境平衡。

2. 温度平衡

所谓温度平衡，就是指硫酸亚铁污染红土的温度与周围水环境的温度之间达到的平衡。由于试样一般是在室温下制备，且红土的密度大于水溶液的密度。浸泡过程中，导致水溶液比红土更快达到试验温度，造成水溶液与红土之间的温度不平衡，产生热交换问题。在红土与水的热交换过程中，热量交换的快慢取决于红土与水的密度大小，当热量从高密度的红土流向低密度的水溶液时，热交换较快；当热量从低密度的水溶液流向高密度的红土时，热交换较慢。这样，低温时红土往水溶液中交换温度，高温时水溶液向红土中交换温度，最终促成了红土的温度与周围水环境的温度之间达到温度平衡。

3. 离子浓度平衡

所谓离子浓度平衡，就是指水溶液中的离子浓度与硫酸亚铁污染红土中的离子浓度之间达到的平衡。浸泡初期，硫酸亚铁污染红土与周围的水环境之间达到水环境平衡和温度平衡后，红土中的连通孔隙水就把红土与周围的水环境连接起来，由于红土中的铁离子浓度远远高于水环境中的铁离子浓度，造成红土中的铁离子浓度与周围水环境中的铁离子浓度不平衡，产生离子交换问题。而水环境平衡和温度平衡提供的连通孔隙水为铁离子的交换提供了桥梁，硫酸亚铁污染红土中高浓度的铁离子必将随着连通孔隙水被带出到土体外面进入低铁离子浓度的水溶液中，导致铁离子迁移，引起水溶液中铁离子的浓度增大，红土中铁离子的浓度减小。随着浸泡迁出时间的延长，硫酸亚铁污染红土中迁移出来的铁离子越多，水溶液中的铁离子浓度越高，红土中的铁离子浓度越小，红土中铁离子与水溶液中铁离子的浓度差越来越小，最终促成了硫酸亚铁污染红土中的铁离子与周围水环境中的铁离子达到离子浓度平衡。

实际上，浸泡过程一方面促成了红土与周围水环境之间达到水环境平衡和温度平衡；另一方面又促成了二者之间达到离子浓度平衡。整个迁移过程正是水环境平衡、温度平衡和离子浓度平衡三个方面综合作用的结果，三者的共同作用促成了红土中铁离子的迁移。

6.5　迁移条件下硫酸亚铁对红土特性的影响

6.5.1　硫酸亚铁的迁入对颗粒特性的影响

6.5.1.1　硫酸亚铁迁入浓度的影响

迁入条件下，先制备大量的硫酸亚铁溶液，再将素红土浸泡于硫酸亚铁溶液中，硫酸亚铁迁入红土，对红土产生污染侵蚀作用。

硫酸亚铁粉末溶解于水 H_2O，与水作用生成硫酸 H_2SO_4 和不稳定的氢氧化亚铁 $Fe(OH)_2$，氢氧化亚铁 $Fe(OH)_2$ 经氧化作用形成较稳定的 $Fe(OH)_3$ 胶体。硫酸亚铁浓度越低，水溶液中生成的硫酸和氢氧化铁越少；硫酸亚铁浓度越高，水溶液中生成的硫酸和氢氧化铁越多。硫酸亚铁浓度的高低，决定了硫酸亚铁溶液对红土的浸泡作用，包括 H_2O 的软化作用、H_2SO_4 的侵蚀作用和 $Fe(OH)_3$ 的胶结作用，其综合作用程度影响了硫酸亚铁污染红土的颗粒特性。

试验结果表明，与浸泡前的素红土相比，硫酸亚铁溶液浸泡后，0.5% 低浓度下，硫酸亚铁污染红土的粉粒减小、黏粒增大、比重减小；随浓度增大，硫酸亚铁污染红土的粉粒增大、黏粒减小、比重增大。这是因为，颗粒分析、比重试验是以松散的素红土颗粒浸泡于硫酸亚铁溶液中，红土颗粒与溶液充分接触。一方面，溶液中的 H_2O 软化红土颗粒，H_2SO_4 侵蚀红土颗粒，破坏了红土颗粒间的连接，特别是溶解了胶结物质（主要是游离氧化铁），导致红土的颗粒分散，黏粒增多，铁离子游离到水溶液中，生成新的 $Fe(OH)_3$ 胶体；另一方面，原溶液中的 $Fe(OH)_3$ 胶体连同新形成的 $Fe(OH)_3$ 胶体又被红土颗粒吸附，增强了红土颗粒间的连接能力，导致红土颗粒增大，粉粒增多。两个方面的综合作用决定了硫酸亚铁污染红土的颗粒特性。

硫酸亚铁浓度较低（0.5%），溶液中生成的 H_2SO_4 和 $Fe(OH)_3$ 较少，红土颗粒内外离子浓度差较小，虽然 H_2SO_4 对红土颗粒的侵蚀溶解相对较弱，新产生的 $Fe(OH)_3$ 也相对较少，但分散的红土颗粒吸附的 $Fe(OH)_3$ 也较少，而 H_2O 的软化较强，综合表现为 H_2O 的软化作用和 H_2SO_4 的侵蚀作用占优势，$Fe(OH)_3$ 的胶结作用占劣势，结果引起硫酸亚铁污染红土颗粒的粉粒减少、黏粒增多、比重减小。

随硫酸亚铁浓度增大，溶液中生成的 H_2SO_4 和 $Fe(OH)_3$ 增多，红土颗粒内外离子浓度差较大，H_2SO_4 对红土颗粒的侵蚀溶解较强，新产生的 $Fe(OH)_3$ 也较多，加上溶液中原有的较多的 $Fe(OH)_3$，对于分散的红土颗粒，$Fe(OH)_3$ 对红土颗粒的包裹作用越充分，综合表现为 $Fe(OH)_3$ 的胶结作用占优势，H_2O 的软化和 H_2SO_4 的侵蚀作用占劣势，结果引起硫酸亚铁污染红土的粉粒增多、黏粒减少、比重增大。

6.5.1.2 迁入时间的影响

试验结果表明，硫酸亚铁溶液迁入的浸泡条件下，随浸泡迁入时间的延长，硫酸亚铁污染红土的比重存在极大值。这是因为，浸泡时间较短时，由于红土颗粒的内外含水极不平衡，浓度极不平衡，导致 H_2O 和 H_2SO_4 强烈浸入红土颗粒及其颗粒间的连接中，特别是 H_2SO_4 的侵蚀作用，导致红土处于酸腐蚀的环境中，$Fe(OH)_3$ 的胶结作用来不及显现，结果引起硫酸亚铁污染红土颗粒的比重减小。随浸泡时间延长，红土颗粒的内外含水差、浓度差逐渐减小，一方面，H_2O 的软化和 H_2SO_4 的侵蚀不断破坏红土颗粒间的连接，同时又不断产生新的 $Fe(OH)_3$ 胶体；另一方面，由于环境适应性，红土颗粒不断吸附溶液中原有的 $Fe(OH)_3$ 和新产生的 $Fe(OH)_3$ 胶体，增强了红土颗粒间的连接，结果导致这一阶段 $Fe(OH)_3$ 的胶结作用占优势，体现出硫酸亚铁污染红土颗粒的比重增大。随浸泡时间进一步延长，红土颗粒的内外含水、浓度趋于平衡，一方面，H_2O 和 H_2SO_4 渗透到红土颗粒内部，继续软化侵蚀红土颗粒，破坏颗粒间的连接；

另一方面，原有 $Fe(OH)_3$ 胶体包裹的红土颗粒又受到 H_2SO_4 的侵蚀，硫酸亚铁溶液侵蚀红土的时间效应凸显，最终 H_2SO_4 的侵蚀作用强于 $Fe(OH)_3$ 的胶结作用，引起硫酸亚铁污染红土颗粒的比重缓慢减小。

6.5.2　硫酸亚铁的迁出对力学特性的影响

6.5.2.1　硫酸亚铁迁出浓度的影响

试验结果表明，水溶液浸泡硫酸亚铁污染红土的迁出条件下，随硫酸亚铁浓度的增大，硫酸亚铁污染红土的抗剪强度呈凸形变化，压缩系数呈凹形变化。

迁出条件下，根据控制含水率，先制备少量的硫酸亚铁溶液，再将硫酸亚铁溶液均匀喷洒在素红土中，对红土产生侵蚀作用，浸润一定时间后，制备硫酸亚铁污染红土试样。然后将硫酸亚铁污染红土试样浸泡于水溶液中，引起硫酸亚铁从红土中迁出。由于迁出时，硫酸亚铁已经污染侵蚀红土，生成了盐类、胶结物质，附着在红土颗粒表面，损伤了红土的微结构；水溶液浸泡过程中，引起盐类和胶结物质的溶解，迁出到水溶液中，引起红土中的侵蚀作用减弱，水溶液中的污染物质增多。

浓度较低（0.0%~0.5%）时，硫酸亚铁的侵蚀作用较弱，生成的盐类、胶结物质较少，微结构损伤程度较低，浸泡过程中，迁出到水溶液的物质较少，相比素红土，土体内部的盐类、胶结物质的附着，增大了硫酸亚铁污染红土的密实性，紧密的微观结构引起承载力增大，相应的抗剪强度增大，压缩性减小。

浓度较高（0.5%~4.0%）时，硫酸亚铁的侵蚀作用较强，生成的盐类、胶结物质较多，微结构损伤程度较高，浸泡过程中，迁出到水溶液中的物质较多，硫酸亚铁污染红土的微观结构松散，承载力降低，抗剪强度减小，压缩性增大。

6.5.2.2　迁出时间的影响

试验结果表明，水溶液浸泡硫酸亚铁污染红土的迁出条件下，随浸泡迁出时间的延长，硫酸亚铁污染红土的抗剪强度呈凹形变化，压缩系数呈凸形变化。

水溶液浸泡过程中，先是水溶液迁入硫酸亚铁污染红土中，对红土颗粒产生软化作用；然后硫酸亚铁侵蚀红土生成的盐类及胶结物质迁出到水溶液中，减弱了硫酸亚铁对红土的侵蚀作用。

浸泡时间较短（<2d）时，以水溶液的迁入为主，而硫酸亚铁侵蚀红土生成的盐类及胶结物质的迁出作用较弱，迁入的水溶液对红土颗粒的软化作用较强，破坏了红土颗粒间的连接，导致硫酸亚铁污染红土的微结构稳定性降低，承受外荷载的能力减弱，相应的，引起硫酸亚铁污染红土的抗剪强度减小，压缩性增大。

浸泡时间较长（2~23d）时，迁入的水溶液对硫酸亚铁污染红土的软化作用减弱，而硫酸亚铁侵蚀红土生成的盐类及胶结物质的迁出作用增强，相应的，硫酸亚铁对红土的侵蚀作用减弱，硫酸亚铁污染红土的微结构稳定性有所恢复，承受外荷载的能力增强，引起硫酸亚铁污染红土的抗剪强度增大，压缩性减小。

6.5.3 硫酸亚铁的迁出对离子特性的影响

6.5.3.1 击数的影响

图 6-20(a) 表明，水环境条件下硫酸亚铁污染红土中铁离子的迁移能力随击数的增大而减弱。这是由于温度保持室温 22.5℃不变，达到温度平衡较快；而 22.6%的含水率使土体处于偏干状态，对水的吸附作用较强。

击数越小，击实功越小，土体越呈现出松散、多孔、渗透性好等特点，其含水交换能力越强，达到水环境平衡的时间相对越短，同一时间迁移出的铁离子越多，水溶液中的铁离子浓度越大，红土中的铁离子浓度越小，红土中铁离子的迁移能力越强，达到离子浓度平衡的时间越短。

击数越多，击实功越大，土体越呈现出紧密、孔隙少、渗透性差等特点，其含水交换能力越弱，阻力越大，达到水环境平衡的时间越长，同一时间迁移出的铁离子越少，红土中铁离子的迁移过程越缓慢，水溶液中的铁离子浓度就越小，遗留在红土中铁离子越多，表明红土中铁离子的迁移困难，铁离子的迁移能力越弱，达到离子浓度平衡的时间越长。体现出红土中铁离子的迁移能力与击实功成反比。

6.5.3.2 含水率的影响

图 6-20(b) 表明，水环境条件下硫酸亚铁污染红土中铁离子的迁移能力随含水率的增大而增强。这是由于温度保持室温 22.5℃不变，达到温度平衡的时间很短，而保持 15 击的击实功不变，则含水率的变化过程相当于击实试验过程。

含水率较小时，土体呈现出偏干、不易击紧、松散、孔隙多、渗透性大等特点，含水交换加快；更是由于土体偏干，红土颗粒对水的吸附作用加强，进入红土中的水需要花更长的时间才能使红土颗粒含水均匀，所以，达到水环境平衡较慢，同一时间迁移出来的铁离子较少，水溶液中的铁离子浓度较小，遗留在红土中的铁离子度较多，表明红土中铁离子的迁移能力较弱，达到离子浓度平衡越慢。

随着含水率的增大，一方面，土体呈现出密实程度提高、孔隙减少、渗透性减弱等特点，含水交换减慢；另一方面，由于土样含水相对较多，红土颗粒对水的吸附作用减弱，红土颗粒含水均匀时间较短。二者的综合作用导致达到水环境平衡相对加快，同一时间迁移出来的铁离子增多，水溶液中铁离子的浓度增大，红土中铁离子减少，表明红土中铁离子的迁移能力加强，达到离子浓度平衡的时间加快。

随着含水率的进一步增大，土体呈现出偏湿、不易击紧、越松散、孔隙越多、渗透性越强等特点，含水交换越快；但由于土体越湿，红土颗粒对水的吸附作用越弱，红土颗粒含水均匀时间越短，达到水环境平衡越快，同一时间迁移出来的铁离子越多，水溶液中的铁离子浓度越大，遗留在红土中的铁离子越少，表明红土中铁离子的迁移能力越强，达到离子浓度平衡更快。体现出红土中铁离子的迁移能力与含水率成正比。

6.5.3.3　迁出温度的影响

图 6-20(b) 表明，水环境条件下硫酸亚铁污染红土中铁离子的迁移能力随温度的增大而增强。这时由于保持 15 击的击实功不变，土体的密实程度不变；保持 22.6% 含水率不变，土体处于偏干状态，对水的吸附作用较强。

温度越低，渗透水流的黏滞性越大，水流运动速度越慢，加上偏干土体对水的吸附作用加强，导致含水交换能力越弱，达到水环境平衡的时间越长；铁离子的热交换作用越弱，达到温度平衡的时间越长。同一时间迁移出的铁离子越少，水溶液中的铁离子浓度越小，遗留在红土中的铁离子越多，表明红土中铁离子的迁移能力越弱，达到离子浓度平衡越慢。

温度越高，渗透水流的黏滞性越小，水流运动速度越快，虽然偏干土体对水具有较强的吸附作用，但温度引起的热交换作用越强，达到水环境平衡和温度平衡越快，同一时间迁移出的铁离子越多，水溶液中的铁离子浓度越大，红土中的铁离子越少，表明红土中铁离子的迁移能力越强，达到离子浓度平衡越快。体现硫酸亚铁污染红土中铁离子的迁移能力与温度成正比。

需要说明的是，图 6-19(c) 中，温度在 22.5℃ 以下水溶液中铁离子浓度的增幅高于 22.5℃ 以上铁离子浓度的增幅，这是由于 22.5℃ 是当时的制样温度（室温），如果试验温度低于室温（本试验最低 7.5℃），则红土的温度高于水溶液的温度，热交换的方向是从红土中的高温向水溶液中的低温流动，这一过程由于热量是从高密度流向低密度，相对容易一些，所以达到温度平衡较快，同一时间能够迁移出较多的铁离子，水溶液中铁离子的增幅较大。如果试验温度高于室温（本试验最高 50.0℃），则红土的温度低于水溶液的温度，热交换的方向是从水溶液中的高温向红土中的低温流动，由于热量从低密度流向高密度，阻力较大，所以达到温度平衡的时间相对较长，但由于高温时热交换加快，同一时间迁移出的铁离子仍然较多，只是增幅有所减小。

6.5.3.4　迁出时间的影响

图 6-20(c) 表明，不管是击数、含水率还是温度的影响，水环境条件下硫酸亚铁污染红土中铁离子的迁移能力都随浸泡迁出时间的延长逐渐减弱。这是由于浸泡过程中，红土与周围水环境之间达到水环境平衡和温度平衡后，随浸泡迁出时间的延长，硫酸亚铁污染红土中的铁离子不断迁移到水溶液中，导致红土中的铁离子与水溶液中的铁离子的浓度差越来越小，越来越接近离子浓度平衡，红土中铁离子的迁移速度越来越慢，后一时段迁移出来的铁离子比前一时段迁移出来的铁离子越少，水溶液中铁离子浓度的增幅减小，表明红土中铁离子的迁移能力也越来越弱，体现出红土中铁离子的迁移能力与浸泡时间成反比。

参考文献

[1] 陈如海. 污染液在地基土体中迁移及控制研究 [D]. 杭州：浙江大学，2011.

[2] 宋雪英，杨继松，侯永侠，等. 重金属镉在土壤中迁移模拟研究（英文）[J]. RICULTURAL SCIENCE & TECHNOLOGY，2010，11 (9)：161−163.

[3] 左自波，张璐璐，王建华. 降雨条件下非饱和土中污染物迁移的数值模拟 [J]. 地下空间与工程学报，2011，7 (S1)：1347−1352.

[4] 刘鹏，黄英，金克盛，等. 云南红土铁离子迁移的试验研究 [J]. 中国地质灾害与防治学报，2012 (3)：114−119.

[5] 刘鹏. 稳定渗流条件下污染物迁移研究 [D]. 昆明：昆明理工大学，2009.

[6] 蔡红. 污染物在低渗透性土体中迁移的离心模型试验研究 [D]. 北京：中国农业大学，2007.

[7] 张建红，胡黎明. 重金属离子和 LNAPLs 在非饱和土中的运移规律研究 [J]. 岩土工程学报，2006，28 (2)：277−281.

[8] 陈乐，刘志彬，方伟，等. 土体固结变形对污染物运移行为影响研究进展 [J]. 工程地质学报，2015，23 (S1)：597−602.

[9] 李华伟，白冰，王梦恕，等. 可溶性污染物在非饱和成层土中的迁移规律研究 [J]. 土木工程学报，2015 (S1)：206−211.

[10] 何雨森，李骅锦，芦慧. 等. 基于数学建模的城市表层土壤重金属污染浅析 [J]. 物探化探计算技术，2013，35 (3)：318−323.

[11] 李成龙. 黏土固结变形对污染物迁移影响研究 [D]. 北京：北京交通大学，2013.

[12] 李涛，刘利，丁洲祥. 大变形黏土防渗层中的污染物迁移和转化规律研究 [J]. 岩土力学，2012，33 (3)：687−694.

[13] 陈威，杨亦霖，张爱国，等. 非饱和土壤中重金属污染物迁移机理分析 [J]. 安徽大学学报，2010，34 (5)：98−103.

[14] 张志红，赵成刚，李涛. 污染物在土壤、地下水及粘土层中迁移转化规律研究 [J]. 水土保持学报，2005，19 (1)：176−180.

[15] 孙智. 关于土体中污染物迁移转化问题的研究 [D]. 杭州：浙江大学，2004.

[16] 赵三青. 干湿循环对 Pb 污染土固化体力学和浸出特性的影响 [J]. 环境工程学报，2018，12 (1)：220−226.

[17] 陈宇龙，张宇宁，戴张俊，等. 酸性环境对污染土力学性质的影响 [J]. 东北大

学学报（自然科学版），2016，37（9）：1343-1348.

[18] 伍艳，杨忠芳，王玮屏，等. 滏阳河污染堤防土体力学性能研究 [J]. 水文地质工程地质，2015，42（3）：86-92.

[19] 查甫生，刘晶晶，郝爱玲，等. NaCl 侵蚀环境下水泥固化铅污染土强度及微观特性试验研究 [J]. 岩石力学与工程学报，2015，34（S2）：4325-4332.

[20] 王绪民，陈善雄，程昌炳. 酸性溶液浸泡下原状黄土物理力学特性试验研究 [J]. 岩土工程学报，2013，35（9）：1619-1626.

[21] 刘丽波. 污染环境对粉质粘土物理性质影响的试验研究 [J]. 山西建筑，2012，38（9）：228-230.

[22] 韩鹏举，白晓红，杜湧，等. 盐碱污染土的工程性质研究 [J]. 建筑科学，2012，28（S1）：99-103.

[23] 曹海荣. 酸性污染土物理力学性质的室内试验研究 [J]. 湖南科技大学学报，2012，27（2）：60-65.

[24] 师林，朱大勇，陈龙飞. 酸碱度值对土体液塑限的影响 [J]. 工业建筑，2011，41（7）：70-73.

[25] 相兴华，韩鹏举，王栋. NaOH 和 NH₃·H₂O 环境污染土的试验研究 [J]. 太原理工大学学报，2010，41（2）：134-138.

[26] 王栋. 碱性环境污染土的试验研究 [D]. 太原：太原理工大学，2009.

[27] 朱春鹏，刘汉龙，沈扬. 酸碱污染土强度特性的室内试验研究 [J]. 岩土工程学报，2011，33（7）：1146-1152.

[28] 刘汉龙，朱春鹏，张晓璐. 酸碱污染土基本物理性质的室内测试研究 [J]. 岩土工程学报，2008，30（8）：1213-1217.

[29] 孟庆芳. 污染粉质粘土液塑限试验研究 [D]. 太原：太原理工大学，2009.

[30] 张晓璐. 酸、碱污染土的试验研究 [D]. 南京：河海大学，2007.

[31] 王霄. 碱污染网纹红土的强度特性试验研究 [D]. 合肥：合肥工业大学，2019.

[32] 赵松克. NaCl 污染红黏土物理力学性质的试验研究 [D]. 桂林：桂林理工大学，2017.

[33] 刘奕畅. 酸污染红黏土的物理力学性质试验研究 [D]. 桂林：桂林理工大学，2017.

[34] 黄耀意. 铅离子污染桂林重塑红黏土力学性质与微观结构研究 [D]. 桂林：桂林理工大学，2017.

[35] 吕海波，季春生，谢超，等. 强酸对柳州红黏土物理力学特性的影响 [J]. 广西大学学报（自然科学版），2017，42（4）：1465-1471.

[36] 王志驹. 碱性环境下桂林红粘土三轴剪切试验研究 [D]. 桂林：桂林理工大学，2015.

[37] 李高，黄英，李瑶. 迁入条件下碱污染红土的工程特性研究 [J]. 工业建筑，2016，46（2）：4，78-83.

[38] 李高. 浸泡条件下碱污染红土宏微观特性研究 [D]. 昆明：昆明理工大

学，2016.

[39] 李瑶，黄英，李高. 不同迁移条件下铜污染红土的强度特性研究 [J]. 工程勘察，2016 (5)：6−11，37.

[40] 李瑶. 迁移条件下硫酸铜污染红土的特性研究 [D]. 昆明：昆明理工大学，2016.

[41] 杨小宝，黄英. 迁移条件下磷污染红土的宏微观特性研究 [J]. 工程地质学报，2016 (3)：352−362.

[42] 杨小宝. 磷污染红土的宏微观特性研究 [D]. 昆明：昆明理工大学，2015.

[43] 范华. 碱侵蚀过程中红土化学成分与工程性质的关系研究 [D]. 昆明：昆明理工大学，2015.

[44] 樊宇航，黄英，任礼强. 浸泡对酸污染红土抗剪强度的影响 [J]. 勘察科学技术，2014 (4)：1−6.

[45] 樊宇航. 酸污染红土的浸泡特性研究 [D]. 昆明：昆明理工大学，2014.

[46] 王盼，黄英，刘鹏，等. 硫酸亚铁侵蚀红土的受力特性 [J]. 水文地质工程地质，2013，40 (4)：112−116.

[47] 王盼. 硫酸亚铁侵蚀红土的受力特性研究 [D]. 昆明：昆明理工大学，2013.

[48] 杨华舒，王毅，符必昌. 碱侵蚀红土的工程指标与受损物质的关系探析 [J]. 岩石力学与工程学报，2014，33 (8)：1556−1562.

[49] 杨华舒，魏海，杨宇璐，等. 碱性材料与红土坝料的互损劣化试验 [J]. 岩土工程学报，2012，34 (1)：189−192.

[50] 陈刚. 红土大坝病害的氯离子侵蚀机理研究 [D]. 昆明：昆明理工大学，2011.